畜禽养殖与疫病防控

张 军 刘乃强 张子佳 刘志勇 主编

中国农业大学出版社
·北京·

内 容 简 介

本书汇总整理了唐山市动物疫病预防控制中心自 2009 年以来在畜牧养殖与疫病防治方面的科学研究成果与技术推广实践经验。主要内容包括猪病防治、奶牛"两病"防治、猪场消毒技术、毛皮动物养殖技术及地方标准等。本书语言通俗易懂、内容翔实、技术科学性与可操作性强。适用于有关科技工作者、广大畜禽养殖场(户)相关技术人员及管理人员。

图书在版编目(CIP)数据

畜禽养殖与疫病防控/张军等主编. —北京:中国农业大学出版社,2019.6
ISBN 978-7-5655-2229-1

Ⅰ.①畜…　Ⅱ.①张…Ⅲ.①畜禽-饲养管理②畜禽-动物疾病-防治
Ⅳ.①S815②S851.3

中国版本图书馆 CIP 数据核字(2019)第 112134 号

书　名	畜禽养殖与疫病防控		
作　者	张　军　刘乃强　张子佳　刘志勇　主编		
策划编辑	梁爱荣	责任编辑	梁爱荣
封面设计	郑　川		
出版发行	中国农业大学出版社		
社　址	北京市海淀区学清路甲 38 号	邮政编码	100083
电　话	发行部 010-62733489,1190	读者服务部	010-62732336
	编辑部 010-62732617,2618	出 版 部	010-62733440
网　址	http://www.caupress.cn	E-mail	cbsszs@cau.edu.cn
经　销	新华书店		
印　刷	涿州市星河印刷有限公司		
版　次	2019 年 6 月第 1 版　2019 年 6 月第 1 次印刷		
规　格	787×1 092　16 开本　25 印张　470 千字		
定　价	88.00 元		

图书如有质量问题本社发行部负责调换

编写指导委员会

主　任　张玉果

副主任　张　军

编　委　刘乃强　张子佳　马永兴　刘志勇
　　　　周建颖　张晓利　李　颖　周忠良

编 写 人 员

主　编　张　军　刘乃强　张子佳　刘志勇

副主编　周建颖　张晓利　李　颖　周忠良

编　者　于冬梅　李春芳　代　广　张秀环　齐　彪
　　　　李淑娜　崔　静　李　翀　孟德亮　王　琨
　　　　李春国　于　波　刘志民　姜得英　张立颖
　　　　梁有志　张铁军　刘　彬　朱秋艳　刘　菁
　　　　孙燕凤　王彩霞　范　宇　田亚群　郝振江
　　　　赵维洪　徐贺静　高长彬　阎满俊　刘　平
　　　　刘海好

主　审　马永兴

F 前 言
Foreword

唐山北依燕山,南临渤海,毗邻京津,总面积 13 472 km²,辖 7 县(市)、7 区和 4 个开发区(管理区),常住人口 789 万人,是全国较大城市、京津冀区域性中心城市。唐山是畜牧业大市,畜牧业年产值达 290 余亿元,奶牛、生猪、禽类、毛皮动物饲养量和肉、蛋、奶、毛皮产量位居河北省前列。

唐山畜牧业的持续健康发展得益于基础雄厚和配套完善的市、县、乡、村四级动物疫病预防控制体系。唐山市动物疫病预防控制中心作为隶属于唐山市农业农村局的全额拨款事业单位,承担着全市重大动物疫病防控、动物疫病检测、预警、预防、预报、实验室诊断、流行病学调查、防疫物资供应与储备工作,在指导全市动物疫病防控、确保全市连续 10 年未发生重大动物疫情中发挥了重要的技术支撑作用。同时,还承担着动物疫病防控、品种改良、饲料营养等方面关键技术的研究工作。2009 年以来,我中心全体技术人员锐意进取、拼搏创新,取得了多项科学研究和技术推广成果:承担国家、省、市科技项目 15 项,推广新技术 18 项,获得国家专利授权 12 项、国家计算机软件著作权 3 项,发表论文 30 余篇,出版专业著作 7 部;获得省级以上科技奖励 11 项,制定河北省地方标准 5 个、唐山市地方标准 18 个。

为尽快使研究成果转化成生产力,更好地服务基层,我们编辑整理了近 10 年来的科研、技术推广成果及地方标准,以供基层畜牧兽医技术人员及养殖场户借鉴、参考。

因编者水平所限,书中难免有不妥和疏漏之处,敬请广大读者给予批评指正。在此,向所有参加项目实施及标准制定的技术人员表示感谢。

编者
2019 年 3 月

C 目 录
ontents

第四篇　综合篇

▶ 第一篇　家畜篇

第一章　规模猪场猪瘟
流行病学调查及防控技术

猪瘟(swine fever,SF)又名猪霍乱(hog cholera,HC),我国俗称烂肠瘟,欧洲为了区别于非洲猪瘟称其为古典猪瘟(classical swine fever,CSF),是由猪瘟病毒(classical swine fever virus,CSFV)引起猪的一种高度接触性病毒性传染病,其特征是小血管壁变性,内脏器官多发性出血、坏死和梗死。传播快、流行广、发病率和死亡率高,危害极大。世界动物卫生组织将其列为法定报告动物传染病,国际兽医局(OIE)将其列为 A 类动物传染病,我国将其列为一类动物传染病。

本项目在河北省唐山市规模猪场通过猪瘟流行病学调查、实验室检测、建立免疫效果评估模型、不同生产阶段血清学及病原学普查等手段对猪瘟病毒感染阶段进行分析、对多种疫苗的免疫效果进行综合评价,进而形成依据评估模型淘汰阳性种猪、建立无猪瘟感染后备种猪群、逐步净化经产母猪群、商品猪程序化免疫结合综合饲养管理措施的防治技术方案来有效控制该病并逐步净化该病的策略。通过在河北省唐山市的推广应用,不但成功净化了 2 个种猪场,3 年来共累积免疫猪 881.12 万头次(其中种猪 20.5 万头次,免疫仔猪 860.62 万头次),建立了 2 个猪瘟净化示范场,使猪瘟的发病率和死亡率分别下降了 7.57 和 2.78 个百分点。猪瘟病原阳性率下降了 7.84 个百分点。

一、立项背景

猪瘟是危害养猪业的主要疫病之一,至今尚无有效治疗药物和手段。目前全世界有近 50 个国家和地区存在猪瘟。我国于 1956 年提出猪瘟的消灭计划,到目前猪瘟仍在不间断地流行,死亡率占养殖总量的 5%～10%,每年给我国养猪业造成的直接经济损失达 50 多亿元。据丘惠深 2001—2007 年对全国 7 个省份多个猪场的猪瘟检测结果,猪瘟感染在猪场感染率最高可达 20% 以上。河北省唐山市动物疫病预防控制中心检测显示,唐山市规模猪场猪瘟病毒感染率最高可达 18%,流行病学调查表明唐山市因病死亡猪只中有 1/3 由该病引发,给养猪业带来了巨大的损失。

国外主要采取扑杀发病和感染猪为主的净化措施,目前我国猪瘟的防控仍然采取以疫苗免疫为主的策略,因此,疫苗质量、生产工艺、病毒效价、免疫程序等都成为存在的潜在问题。我国南方一些省市规模猪场猪瘟净化主要采取活体采扁桃体,采用荧光抗体试验检验,淘汰阳性猪的手段,该方法由于采样难度大、非特异性高等问题不适用中小规模养殖场应用。虽然经过多年的免疫预防,猪瘟不论从发病率和死亡率均有所下降,临床表现为非典型性,但受养殖环境、诊疗水平、疫苗和免疫程序等因素影响,目前猪瘟仍然是危害规模养猪场的主要猪病之一,所以这就迫切需要制定一套适合当前规模养猪发展的猪瘟综合防控措施来指导养猪业健康发展。

河北省唐山市为养猪大市,年出栏商品猪可达 1 000 万头以上,每年由于发生猪瘟造成的损失是巨大的。本项目技术成果的推广和应用必将为唐山养猪业减少经济损失、取得巨大的经济效益,为构建和谐社会做出巨大的贡献。

二、总体思路

该病目前有 2 种净化方法,其一可以通过检疫、淘汰阳性猪的方法进行净化,其二就是使用疫苗进行免疫净化,前者用时短,但净化成本较高;后者用时较长,净化成本较低。针对现在猪场该病阳性率较高的现状,课题组拟采用首先开展猪场猪瘟流行病学调查,开展试验示范建立猪瘟免疫效果评估模型,应用评估模型淘汰阳性种猪、建立净化母猪群、修订免疫程序并程序化免疫商品猪的防控技术措施,探索现实生产条件下经济、有效的净化方案。

三、实施方案

(一)选定示范场

课题组经实地调查选定了猪瘟发病率相对较低的河北迁安市某种猪场(示范场Ⅰ)、河北遵化市某种猪场(示范场Ⅱ)、唐山市开平区某猪场(示范场Ⅲ)、唐山市路南区某猪场(示范场Ⅳ)、河北玉田县某猪场(示范场Ⅴ)作为试验示范场。各场存栏情况见表 1-1。

表 1-1　示范试验场基本情况　　　　　　　　　　　　　头

序号	场名	公猪存栏	母猪存栏	年出栏数
1	示范场Ⅰ	22	522	10 300
2	示范场Ⅱ	18	463	9 800
3	示范场Ⅲ	25	425	8 500
4	示范场Ⅳ	16	368	7 700
5	示范场Ⅴ	19	405	7 900
合计		100	2 183	44 200

（二）猪瘟流行病学调查

1. 门诊病例汇总

汇总 2009—2011 年唐山市动物疫病预防控制中心及河北遵化市、河北玉田县、唐山市丰南区、河北滦县等县（市、区）化验室接诊猪病病例，4 年共接诊猪病 1 959 例，其中初步诊断为猪瘟的病例 486 例，占接诊病例的 24.81%。见附表 1-1、图 1-1。

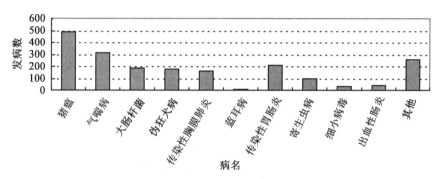

图 1-1　2009—2010 年唐山市及各县门诊病例汇总

2. 唐山市猪瘟普查

课题组在 2011 年分别在试验示范场和规模猪场中开展了猪瘟普查工作，以临床表现高烧、便秘、皮肤出血，剖检淋巴结肿大出血、切面呈大理石样，脾脏梗死，膀胱黏膜出血，回盲瓣纽扣状溃疡等特征性病变即为猪瘟病例，采取实地调查及填写调查表的形式。

1）示范场猪瘟发病率普查

普查结果见表 1-2。

表 1-2　2011 年示范场猪瘟发病情况

序号	场名	存栏数/头	发病数/头	死亡数/头	发病率/%	死亡率/%
1	示范场Ⅰ	6 250	506	57	8.10	0.91
2	示范场Ⅱ	5 020	485	48	9.66	0.96
3	示范场Ⅲ	4 753	763	81	16.05	1.70
4	示范场Ⅳ	4 258	625	76	14.68	1.78
5	示范场Ⅴ	4 780	536	69	11.21	1.44
合计		25 061	2 915	331	11.63	1.32

表 1-2 显示，示范场猪瘟发病率和死亡率分别为 11.63% 和 1.32%。

2)唐山市规模猪场猪瘟普查

普查结果见表1-3。

表1-3　2011年唐山市规模猪场猪瘟发病情况

县(市、区)	调查场数	存栏数/头	发病数/头	死亡数/%	发病率/%	死亡率/%
遵化市	6	6 856	985	276	14.37	4.03
玉田县	14	28 750	3 728	1 232	12.97	4.29
丰润区	8	12 865	1 860	689	14.46	5.36
丰南区	9	12 426	1 343	482	10.81	3.88
滦县	9	11 285	1 207	457	10.70	4.05
滦南县	22	47 682	6 358	2 154	13.33	4.52
乐亭县	7	7 985	923	281	11.56	3.52
曹妃甸区	4	5 942	987	273	16.61	4.59
古冶区	4	4 860	556	174	11.44	3.58
其他	23	50 840	6 358	2115	12.51	4.16
合计	106	189 491	24 305	8 133	12.83	4.29

表1-3显示,唐山市规模猪场猪瘟发病率和死亡率分别为12.83%和4.29%,示范场和规模猪场加权平均后的发病率和死亡率分别是12.69%和3.94%。

3. 病原学普查

为摸清猪瘟病原感染情况,课题组于2011年9—12月在示范场及唐山市相关县(市、区)开展了猪瘟病原学普查工作。

1)材料与方法

(1)样本采集　在示范场和养猪相对集中的河北玉田县、河北滦县、河北滦南县、唐山市丰润区、唐山市丰南区、河北乐亭县等县(市、区)的猪场采集样本,示范场共采集样本222份,其他县(市、区)猪场共采集样本2 155份。

(2)试剂　检测试剂购自北京世纪元亨生物公司,采用海博莱生产的猪瘟病原ELISA试剂盒,按试剂盒说明书操作。

2)普查结果

(1)示范场普查结果　示范场普查结果见表1-4。

表1-4显示,示范场猪瘟病原阳性率为10.81%,其中示范场Ⅰ和场Ⅱ发病率、死亡率、病原阳性率均较低,则选为净化示范场开展净化技术研究与示范。

表 1-4　2011 年示范场猪瘟病原学普查结果

序号	场名	存栏数/头	样本数/份	阳性数/份	阳性率/%
1	示范场 Ⅰ	6 250	55	2	3.64
2	示范场 Ⅱ	5 020	42	3	7.14
3	示范场 Ⅲ	4 753	40	7	17.50
4	示范场 Ⅳ	4 258	40	6	15.00
5	示范场 Ⅴ	4 780	45	6	13.33
合计		25 061	222	24	10.81

（2）规模猪场普查结果　见表 1-5。

表 1-5　2011 年唐山市规模猪场猪瘟病原学普查结果

县（市、区）	调查场数	存栏数/头	样本数/份	阳性数/份	阳性率/%
遵化市	6	6 856	120	15	12.50
玉田县	14	28 750	283	21	7.42
丰润区	8	12 865	160	24	15.00
丰南区	9	12 426	185	25	13.51
滦县	9	11 285	180	23	12.78
滦南县	22	47 682	441	80	18.14
乐亭县	7	7 985	153	11	7.19
曹妃甸区	4	5 942	86	14	16.28
古冶区	4	4 860	80	7	8.75
其他	23	50 840	467	51	10.92
合计	106	189 491	2 155	271	12.58

表 1-5 显示,唐山市规模猪场猪瘟病原阳性率平均 12.58%,最高可达 18.14%,示范场和规模猪场加权平均后,唐山市规模猪场猪瘟病原阳性率平均为 12.41%。

4. 猪瘟病原分布情况普查

为摸清唐山市猪瘟病原在猪不同饲养阶段的分布情况,课题组在 2012 年 3 月开展了猪瘟病原分布情况普查。选择了养殖规模较大的 5 个种猪场(河北滦县京安斯格猪场、唐山市古冶区东方种猪场、河北滦南县京东猪场、河北遵化市绿盟养猪场、河北滦县宝福猪场),采用猪瘟病原 ELISA 方法检测病原。

1)材料与方法

（1）试剂　试剂购自北京世纪元亨生物公司,采用海博莱生产的猪瘟病原 ELISA 试剂盒,按试剂盒说明书操作。

（2）方法　样本采用种猪分阶段、仔猪按周龄分别采集公猪、后备母猪,1～2胎、3～4胎、5～6胎、7胎以上母猪,1、2、4、6、8、10、12、14、16周及以上仔猪血清,每个阶段至少采集5头份。

2）结果

猪瘟病原分布情况检测结果见附表1-2、图1-2。

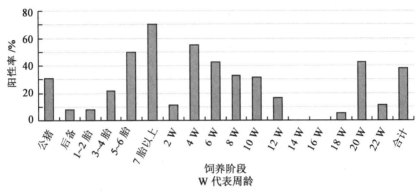

图1-2　猪瘟病原分布情况

3）结果分析

检测结果表明:5个规模较大猪场猪瘟病原均有不同程度感染,其中种公猪、5～6胎及以上母猪、4～10周龄仔猪、20周龄以上仔猪阳性率较高,而后备母猪、4周龄以下仔猪及12～20周龄仔猪阳性率较低。

4）各阶段阳性率相关性分析

使用Excel对各阶段阳性率进行相关性分析,分析结果见表1-6(10周龄以后与公猪和母猪相关性较低,故略去)。

表1-6　各生产阶段猪瘟阳性率的相关系数

	公猪	后备	1～2胎	3～4胎	5～6胎	7胎以上	2 W	4 W	6 W	8 W
公猪	1.00									
后备	0.34	1.00								
1～2胎	0.06	0.96	1.00							
3～4胎	0.98	0.13	0.16	1.00						
5～6胎	0.99	0.48	0.21	0.93	1.00					
7胎以上	0.99	0.48	0.21	0.93	1.00	1.00				
2 W	0.99	0.48	0.21	0.93	1.00	1.00	1.00			
4 W	0.17	0.87	0.97	0.38	0.01	0.01	0.02	1.00		
6 W	0.83	0.24	0.51	0.93	0.74	0.74	0.74	0.69	1.00	
8 W	0.94	0.01	0.27	0.99	0.88	0.88	0.88	0.48	0.97	1.00

公猪与 3 胎以上母猪和 2 周龄、6 周龄、8 周龄仔猪呈现相对较高的相关性;后备母猪与 1～2 胎母猪呈现相对较高的相关性;母猪与仔猪呈现相对较高的相关性。

通过开展猪瘟病例门诊汇总、猪瘟流行病学调查及血清学普查等工作,初步摸清了唐山市猪瘟发生及病原分布情况,并确定了示范场Ⅰ、示范场Ⅱ两个发病率、死亡率及阳性率均较低的猪场作为净化示范场开展净化技术研究与示范,并辐射所有规模猪场开展防控技术研究,以降低猪瘟发病率、死亡率及病原阳性检出率。

5.普查结论

(1)猪瘟是危害养猪业的首要猪病。

(2)猪瘟在规模猪场发病率和死亡率分别是 12.69% 和 3.94%。

(3)规模猪场猪瘟病原阳性率平均为 12.41%。

(4)猪瘟病原分布情况为:种公猪、5～6 胎及以上母猪、4～10 周龄仔猪、20 周龄以上仔猪阳性率较高,而后备母猪、4 周龄以下仔猪及 12～20 周龄仔猪阳性率较低或无感染。

(三)猪瘟防控技术研究

1.净化技术研究

1)猪瘟免疫效果评估模型的建立

(1)评估方法

①建立防疫档案。对评估对象猪场建立防疫档案,详细记录生产状况、发病情况、诊断情况、免疫程序、免疫时间、所用疫苗生产厂家和疫苗批号、检测时间、检测病种和检测结果等有关生产和防疫的相关内容。

②检测方法。采用猪瘟抗体 ELISA 和猪瘟病毒 ELISA 法。具体操作按试剂盒使用说明进行,但每板均做阴、阳性对照,只有阴、阳性对照全部成立时,检测结果才为有效数据。

③采样方法。按分层随机采样方法进行采样,公猪全部采样,种猪分阶段、仔猪按周龄,具体按下列分群:后备公猪、种公猪、后备母猪、1～2 胎母猪、3～4 胎母猪、5～6 胎母猪、7 胎以上母猪、2 周龄仔猪、4 周龄仔猪……23 周龄育肥猪;各周龄上下浮动天数不得超过 3 d,每一阶段采样至少 5 份以上。具体编号方法如表1-7 所示。

(2)检测结果分析　以唐山市动物疫病预防控制中心兽医实验室 2011 年为唐山市某猪场开展的猪瘟免疫效果评估结果为例,分析如下。

表 1-7　猪场采样编号

日龄	2 W	4 W	6 W	8 W	10 W	13 W	16 W	19 W
	1	6	11	16	21	26	31	36
编	2	7	12	17	22	27	32	37
	3	8	13	18	23	28	33	38
号	4	9	14	19	24	29	34	39
	5	10	15	20	25	30	35	40

日龄	23 W	P1～2	P3～4	P5～6	P7 以上	公猪	后备种猪
	41	46	51	56	61	66	71
编	42	47	52	57	62	67	72
	43	48	53	58	63	68	73
号	44	49	54	59	64	69	74
	45	50	55	60	65	70	75

注:W 代表周龄;P 代表胎次。

①免疫抗体检测结果分析。按采样分组分别计算免疫合格率、平均值和离散度,按周龄顺序制作免疫抗体消长曲线图,以上 3 项指标前 2 项指标高于临界值、离散度低于 40% 为免疫状况良好,反之,为免疫状况不理想;除免疫注射后 1 个月左右,免疫抗体平均值出现高出或低于前后坐标 20% 以上的,要追查原因。具体情况如表 1-8、图 1-3 和图 1-4 所示。从结果可以看出,该猪场 4 周龄、8 周龄、14 周龄、19～23 周龄的猪免疫效果差,其他阶段猪瘟免疫状况良好。

表 1-8　某猪场猪瘟抗体检测结果

指标	2 W	4 W	6 W	8 W	10 W	13 W	16 W	19 W
抗体值	10	5	4	4	4	5	6	7
	10	5	4	3	4	12	6	3
	11	5	4	7	5	5	9	4
	9	6	4	4	5	3	7	7
	10	6	6	3	9	7	7	4
抗体平均值	10	5	4	5	5	6	7	5
合格数/份	5	5	1	2	3	4	5	2
合格率/%	100	100	20	40	60	80	100	40
离散度/%	7.07	10.14	20.33	42.70	38.40	53.67	17.50	37.42

续表1-8

指标	23 W	P1～2	P3～4	P5～6	P7 以上	公猪	后备种猪
抗体值	3	12	11	8	12	7	12
	6	12	11	10	10	12	12
	3	11	12	7	11	8	12
	3	10	11	12	10	10	9
	3	11	9	12	8	12	10
抗体平均值	4	11	11	10	10	10	11
合格数/份	1	5	5	5	5	12	5
合格率/%	20	100	100	100	100	100	100
离散度/%	37.27	7.47	10.14	23.27	14.54	23.11	12.86

注:采用正向间接血凝试验,抗体值≥5为合格。W代表周龄,P代表胎次。

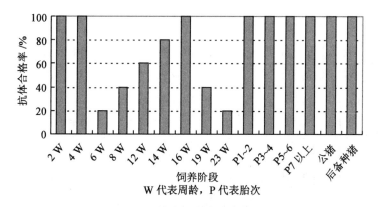

图 1-3　某猪场猪瘟抗体合格率

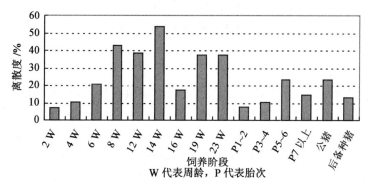

图 1-4　某猪场猪瘟抗体检测离散度

②猪瘟病毒检测结果分析。为防止猪瘟病原扩散,早期病原检测非常重要,因为猪瘟感染抗体在感染后1～3周才会出现。按采样分组分别计算感染率,对出现阳性的组别(或各组别均有阳性,某组别阳性率突出的)要追查原因,并定位为免疫程序调整的重点。结果见表1-9、图1-5。

结果显示,该猪场6～12周龄、5胎以上为猪瘟野毒感染高峰期。公猪和后备母猪存在野毒感染,应淘汰阳性猪。

表1-9 某猪场猪瘟病原检测结果

指标	2 W	4 W	6 W	8 W	10 W	13 W	16 W	19 W
样本数/份	5	5	5	5	5	5	5	5
阳性数/份	0	1	3	4	2	0	0	1
阳性率/%	0.00	20.00	60.00	80.00	40.00	0.00	0.00	20.00

指标	23 W	P1～2	P3～4	P5～6	P7以上	公猪	后备种猪
样本数/份	5	5	5	5	5	22	5
阳性数/份	3	0	1	2	4	4	2
阳性率/%	60.00	0.00	20.00	40.00	80.00	18.18	40.00

注:W代表周龄,P代表胎次。

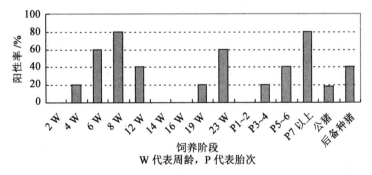

图1-5 某猪场猪瘟病原检测阳性率

(3)防控措施的制定

①依据养猪场流行病学调查、血清学、病原学检测结果,首先确定高发时段,然后依据所用疫苗剂型(剂型不同,注射后产生有效抗体的用时不同)在高发时段向前推一定的时间作为免疫注射时间点。根据被检测场猪瘟抗体及病原学检测结果,由于6～12周龄仔猪免疫抗体水平较低而病原阳性率较高,所以应将免疫注射时间定为3～4周,1个月后加强免疫一次。按免疫后7～10 d产生坚强免疫力,或1～2周产生坚强免疫力计。

②鉴于高胎次母猪阳性率较高,应淘汰高胎次母猪。

③淘汰阳性种公猪和后备母猪,公猪和后备母猪应全部采样进行病原检测,淘汰种公猪,后备母猪阳性的转为商品猪饲养并采用程序化免疫。

④如果新出生仔猪即为高发时段的,仔猪出生后进行超前免疫。

⑤当某一阶段免疫抗体检测结果与野毒感染抗体结果不一致时,结合流行病学调查结果分析,多数情况下野毒感染抗体结果与发病情况相符。无病原感染时,按免疫抗体消长规律调整免疫程序,以免疫合格率低于70.00%或平均值接近临界值或离散度大于60.00%为需要进行免疫的临界点。无病原检出的时段,按免疫抗体检测结果调整免疫程序。

(4)评估时间间隔　通常为2次/年,有突发疫情时,可针对确诊或疑似病种进行检测和评估。通过以上技术措施,课题组经过多次试验示范建立了猪瘟免疫效果评估模型,并应用此模型开展猪瘟防控及净化工作。

2)多种疫苗免疫效果比较试验

为了比较多种猪瘟疫苗的免疫效果,选择防控猪瘟的最佳用苗,项目组在3个猪场分别选择100头新生仔猪应用不同的疫苗采用相同的免疫程序,开展了多种猪瘟疫苗免疫效果比较试验。

(1)材料与方法

①疫苗种类及分组。试验场应用疫苗品种见表1-10。

表 1-10　疫苗比较试验分组及用苗情况

序号	场名	免疫数量/头	疫苗名称
1	A猪场	100	齐鲁组织苗
2	B猪场	100	大北农脾淋苗
3	C猪场	100	乾元浩细胞苗

②免疫程序。仔猪产后20~30日龄首免,剂量按疫苗使用说明书,50~60日龄加强免疫一次。

③样本采集。分别在二免后21 d、40 d和60 d分3次采集血清样本,每次每组采集不少于40头。

④检测方法。采用正向间接血凝试验,设阴、阳性对照,按国家《猪瘟防控技术规范》中规定的操作方法进行实验室检测。结果判定标准为每份样本的猪瘟免疫抗体效价≥5为合格,群体免疫抗体合格率≥70%为群体免疫抗体合格。

(2)结果及分析　检测结果见表1-11。检测结果显示,3种疫苗3次检测抗体平均值均≥5、群体合格率均≥70%,以3个猪场抗体合格率为基础数据,经t检验P>0.05(0.094),差异不显著,表明3种疫苗免疫效果良好。

表 1-11 疫苗比较试验抗体检测结果

场名	疫苗种类	第一次检测				第二次检测				第三次检测			
		检测数/头	平均抗体值	合格数/份	合格率/%	检测数/头	平均抗体值	合格数/份	合格率/%	检测数/头	平均抗体值	合格数/份	合格率/%
A 猪场	齐鲁组织苗	30	9.5	30	100.00	38	8	37	97.37	45	7.5	41	91.11
B 猪场	大北农脾淋苗	32	8	31	96.88	40	7.5	38	95.00	45	7	42	93.33
C 猪场	乾元浩细胞苗	37	9	36	97.30	40	8	38	95.00	48	8	44	91.67

2.猪瘟净化场的建立

课题组通过应用猪瘟免疫效果评估模型、程序化免疫等技术措施,选取两个猪场开展了猪瘟净化技术研究与示范。下面以 A 猪场为例,介绍其净化过程如下。

1)猪场情况

该猪场存栏基础母猪 522 头,种公猪 22 头,年出栏商品猪约 10 000 头,原免疫程序为:仔猪 28 日龄首免乳兔苗,50 日龄二免脾淋苗,110 日龄脾淋苗 1 头份;后备母猪配种前脾淋苗 2 头份;母猪产后 28 d 脾淋苗 2 头份;公猪每年 2 次脾淋苗 2 头份。于 2011 年 5 月至 2013 年 3 月开展猪瘟净化工作。

2)试剂

猪瘟抗原 ELISA 检测试剂盒、猪瘟抗体阻断 ELISA 试剂盒,购自北京世纪元亨生物公司(海博莱和瑞士 Prionics 公司产品)。

3)样本采集

按种公猪、后备母猪、1~2 胎母猪、3~4 胎母猪、5~6 胎母猪、7 胎以上母猪,仔猪 2、4、6、8、10、12、14、16、18 周龄,除种公猪全部采样外,每个阶段分别采集 10 头份血清样本。

4)试验操作

按试剂说明书进行,严格设阴、阳性对照。猪瘟抗体值≥40 为免疫合格,猪瘟抗原 PP≥15% 为阳性。

5)评估时间

每年 2 次,每次间隔 6 个月。

6)第一次评估

(1)第一次评估猪瘟抗体结果分析 按采样分组分别计算免疫合格率、平均值和离散度,按周龄顺序制作免疫抗体消长曲线图,以上 3 项指标前 2 项指标高于临界值,离散度低于 40% 为免疫状况良好,反之,为免疫状况不理想;除免疫注射后 1 个月左右,免疫抗体平均值出现高出或低于前后坐标 20％以上的,要追查原因。具体情况如表 1-12、图 1-6 所示。

表 1-12　A 猪场第一次猪瘟抗体检测结果

指标	2 W	4 W	6 W	8 W	12 W	14 W	16 W
抗体平均值	68	35.5	33	44.5	57.5	47.6	38.4
样本数/头	10	10	10	10	10	10	10
合格数/份	9	8	9	8	9	8	8
合格率/％	90	80	90	80	90	80	80
离散度/％	7.07	13.14	20.33	32.70	28.40	23.67	20.50

指标	18 W	P1～2	P3～4	P5～6	P7 以上	公猪	后备种猪
抗体平均值	47.5	48.6	58.4	47.9	53.2	55	51.3
样本数/头	10	10	10	10	10	20	10
合格数/份	8	9	8	10	10	18	8
合格率/％	80	90	80	100	100	90	80
离散度/％	27.42	7.47	10.14	23.27	14.54	23.11	12.86

注:W 代表周龄,P 代表胎次。

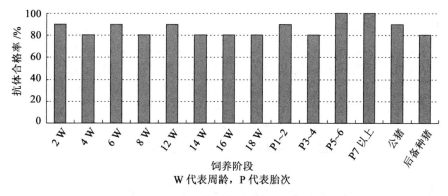

图 1-6　A 猪场第一次猪瘟抗体消长规律

从结果可以看出,该猪场各饲养阶段猪瘟免疫抗体合格率均大于 80％,表明免疫效果良好,但流行病学调查显示该猪场猪瘟发病率 8％左右,死亡率 1％左右,也就是说在免疫抗体合格率较高的情况下,仍然有猪瘟病毒存在,且造成发病、死亡,所以有必要摸清该猪场猪瘟病原的分布情况。

(2)第一次评估猪瘟病原结果分析　为防止猪瘟病原扩散,早期病原检测非常重要,因为猪瘟感染抗体在感染后 1～3 周才会出现。

按采样分组分别计算阳性率,对出现阳性的组别(或各组别均有阳性,某组别阳性率突出的)要追查原因,并定位为免疫程序调整的重点,见表 1-13 和图 1-7。

表 1-13　A 猪场第一次评估猪瘟病原检测结果

指标	2 W	4 W	6 W	8 W	12 W	14 W	16 W
平均值/%	0	6.21	5.95	1.65	0	0	18.4
样本数/头	10	10	10	10	10	10	10
阳性数/份	0	2	3	1	0	0	3
阳性率/%	0	20	30	10	0	0	30

指标	18 W	P1~2	P3~4	P5~6	P7 以上	公猪	后备种猪
平均值/%	0	3.2	5.32	17.9	13.2	15.23	0
样本数/头	10	10	10	10	10	20	10
阳性数/份	0	1	1	1	4	6	0
阳性率/%	0	10	10	10	40	30	0

注:W 代表周龄,P 代表胎次。

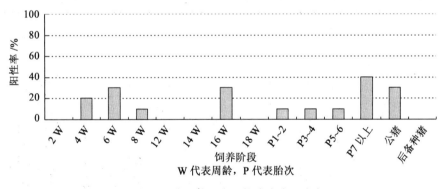

图 1-7　A 猪场第一次评估猪瘟病原分布

从结果可以看出该猪场除 2 周龄前、12、14、18 周龄和后备母猪无猪瘟病原感染外,其他各阶段都有不同程度的猪瘟病原感染,其中 6 周龄、16 周龄及 7 胎以上的母猪感染率最高,而流行病学调查显示,发病和死亡也多数发生在此阶段,所以应改变相关防控措施。

(3)防控措施

①免疫程序修改。根据抗体和病原检测结果,鉴于该场 4 周龄、6 周龄、16 周龄猪瘟免疫抗体水平较低,而病原感染较重,将猪瘟免疫程序修改为 21 d 首免,二免不变,在 105 d 加强免疫一次。

②淘汰措施。由于带毒种公猪污染面积大,所以要坚决淘汰所有病原阳性种

公猪。淘汰1～6胎临床表现流产、产死胎(弱胎)等所有问题母猪。

③加强饲养管理,建立健全环境控制措施。在净化过程中,要加强饲养管理和环境卫生控制,尤其是引进种猪及外销商品猪、人员、饲料等流动方面一定要加强管理,防止净化猪群再次感染,禁止同时饲养犬、猫、家禽等其他动物,且要做好防鼠、防野鸟等措施。

7)第二次评估

应用第一次评估后的防控措施后,于6个月后开展了第二次免疫效果评估。

(1)第二次免疫抗体评估结果分析　第二次猪瘟免疫效果评估结果见表1-14、图1-8。

表1-14　A猪场第二次免疫效果评估结果

指标	2 W	4 W	6 W	8 W	12 W	14 W	16 W
抗体平均值	68	63.5	63	74.5	57.5	47.6	58.4
样本数/头	10	10	10	10	10	10	10
合格数/份	10	10	9	10	9	8	9
合格率/%	100	100	90	100	90	80	90
离散度/%	7.07	10.2	20.3	15.2	8.6	10.21	11.3

指标	18 W	P1～2	P3～4	P5～6	P7 以上	公猪	后备种猪
抗体平均值	47.5	48.6	58.4	47.9	53.2	55	51.3
样本数/头	10	10	10	10	10	22	10
合格数/份	8	9	8	10	10	18	10
合格率/%	80	90	80	100	100	81.8	100
离散度/%	15.8	7.47	10.14	13.27	14.54	23.11	12.86

注:W 代表周龄,P 代表胎次。

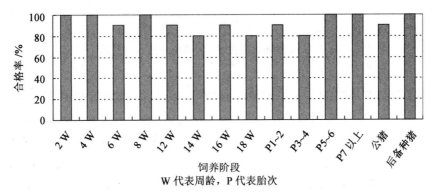

图1-8　A猪场第二次免疫效果评估结果

从结果可以看出,该猪场经采取措施后,各饲养阶段猪只免疫抗体合格率均达到80%以上,经分析和第一次免疫抗体检测结果无差异。

(2)第二次猪瘟病原评估结果分析 第二次猪瘟病原感染情况见表1-15、图1-9。A猪场两次评估猪瘟病原情况见图1-10。

表1-15 A猪场第二次评估猪瘟病原分布

指标	2 W	4 W	6 W	8 W	12 W	14 W	16 W
阳性率平均值	0	6.21	5.95	1.65	0	0	18.4
样本数/头	10	10	10	10	10	10	10
阳性数/份	0	0	0	0	0	0	1
阳性率/%	0.00	0.00	0.00	0.00	0.00	0.00	10.00

指标	18 W	P1~2	P3~4	P5~6	P7以上	公猪	后备种猪
阳性率平均值	0	3.2	5.32	17.9	13.2	15.23	0
样本数/头	10	10	10	10	10	22	10
阳性数/份	0	0	0	1	2	2	0
阳性率/%	0.00	0.00	0.00	10.00	20.00	9.09	0.00

注:W代表周龄,P代表胎次。

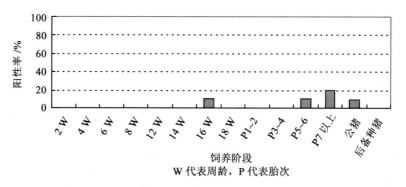

图1-9 A猪场第二次评估猪瘟病原分布柱状图

两次评估结果的阳性检出率经卡方检验 $\chi^2 = 10.31$,从卡方分布界值表查得,$\alpha = 0.05$,$\nu = 1$ 时,卡方值为3.84;$\alpha = 0.01$,$\nu = 1$ 时,卡方值为6.63,两个临界值都小于本例计算的卡方值。所以,无论在 $\alpha = 0.05$ 水平上,还是在 $\alpha = 0.01$ 水平上,两次检测的阳性检出率都有显著差异。依照此法每半年开展一次免疫效果评估及病原分布检测,淘汰阳性公猪和问题母猪,及时修订商品猪免疫程序,逐步净化种猪群建立无猪瘟病原感染种猪群,2~3年可达到净化的目的。

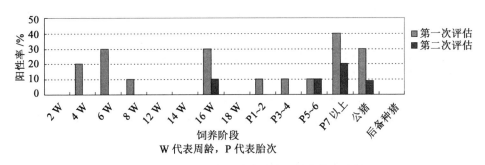

图 1-10　A 猪场两次评估猪瘟病原分布情况比较

8)净化效果

课题组于 2013 年 6 月和 2013 年 12 月,为了检验净化效果,分别在 2 个净化示范场采集样本,进行猪瘟病原检测,检测结果见表 1-16。

表 1-16　2013 年示范场猪瘟病原学检测结果

序号	场名	2013 年 6 月检测			2013 年 12 月检测		
		样本数/头	阳性数/头份	阳性率/%	样本数/头	阳性数/头份	阳性率/%
1	A 猪场	184	5	2.72	368	0	0.00
2	B 猪场	184	6	3.26	368	0	0.00

检测结果显示,第一次检测 A 猪场有 1 头高胎次母猪和 4 头仔猪阳性,B 猪场 2 头 6 胎母猪和 4 头仔猪阳性,立即做了淘汰处理,第二次检测加大了检测抽样比例,两个猪场均没有阳性检出。

截至目前,根据《无规定动物疫病区管理技术规范》中《无猪瘟区标准》的规定:①符合《无规定动物疾病区标准　通则》;②过去 12 个月内没有发生猪瘟疫情;③5 年内实施猪瘟疫苗接种;④对 6 月龄到 1 岁的猪病原学和血清学检测,至少连续 6 个月没有感染。

上述两个净化示范场符合上述规定,达到免疫无猪瘟场,即猪瘟净化标准。

9)结论

(1)当前免疫条件下,仅靠免疫抗体检测结果修改免疫程序,不能很好地净化该病,仅能提高免疫抗体水平和降低发病率和死亡率,并不能彻底清除猪瘟病原。

(2)免疫程序的确定必须在开展免疫抗体检测和摸清猪瘟病原分布情况下,结合流行病学调查,才能准确确定免疫节点。

(3)通过种猪群的全部采样、仔猪分阶段采样开展病原学检测,淘汰阳性种猪,程序化免疫仔猪的净化措施是当前净化该病的新途径。

(4)严格执行引种规定和饲养管理是净化该病的关键措施。

3.规模猪场猪瘟防控技术集成

课题组通过总结前期净化经验及技术措施,种猪群的净化和免疫是控制该病的关键,按规模养殖场和社会散养分别制定了该病净化和免疫控制实施方案。

1)规模养猪场猪瘟净化主要技术措施

(1)对所有新购入公猪和补充的后备母猪采取严格的猪瘟病原检测,确定阳性一律不能种用。

(2)母猪、仔猪按照评估结果实行程序化免疫。

(3)按母猪分阶段、仔猪分日龄采集样本,定期进行免疫抗体、猪瘟病原检测,适时调整免疫程序。

(4)加强产房的消毒工作,每天消毒1次,连续操作2个月,以后每2d消毒一次。保育和育肥猪舍2~3d消毒一次。及时淘汰生产性能低下的母猪。

(5)严格执行各项生物安全制度,最大限度地控制传染源的传入和切断其他传播途径。如定期灭鼠、灭蚊蝇等;严禁饲养其他动物,门窗加设防鸟类和其他野生动物进入的设备;定期清扫与消毒,保持猪舍和环境的卫生;废弃物无害化处理等。

(6)做好其他常见疫病的防治。

2)散养猪猪瘟控制主要措施

(1)对种公猪进行全面检疫。每年对种公猪进行一次全面病原学检测,确认阳性的予以强制淘汰。

(2)引种或购入仔猪时,必须购自取得种畜禽经营许可证的种猪场。最好购自猪瘟净化场。

(3)结合春、秋季集中开展猪瘟免疫抗体检测,群体免疫抗体合格率低于70%的要及时补免。有条件的规模猪场每年开展免疫效果评估,根据评估结果适时调整免疫程序。

(4)结合河北省及唐山市畜牧兽医主管部门下发的《规模畜禽养殖场主要动物疫病净化方案》的要求,开展猪瘟净化工作。

(5)通过举办培训班、发放明白纸、电视、报纸等宣传手段,普及推广猪瘟净化免疫技术。

(四)推广应用

课题组采用边研究边示范推广的技术措施,在示范场开展净化技术研究的同时,将净化免疫技术向所有规模猪场及社会散养户辐射推广,按研究成果适时调整防控措施,减少病原污染程度,降低猪瘟的发病率和死亡率。项目开展3年来共累积免疫猪 881.12 万头次(其中种猪 20.5 万头次,免疫仔猪 860.62 万头次)。

2014 年 8—9 月,为掌握猪瘟免疫效果和猪瘟病原分布情况,检验项目开展以来取得的推广成效,课题组开展了唐山市主要规模猪场猪瘟病原检测和流行病学调查工作。

1. 猪瘟流行病学调查

1)调查范围和方法

采取实地走访和填写调查表的形式在所有规模猪场开展猪瘟流行病学调查。

2)调查结果

见表 1-17。调查结果显示,项目开展后所有规模猪场猪瘟的发病率和死亡率分别为 5.12% 和 1.16%,较项目开展前的 12.69% 和 3.94% 分别下降了 7.57 和 2.78 个百分点。

表 1-17 2014 年唐山市猪瘟流行病学调查结果

县(市、区)	调查数/头	发病数/头	死亡数/头	发病率/%	死亡率/%
遵化市	20 465	1 028	212	5.02	1.04
玉田县	31 650	1 805	302	5.70	0.95
丰润区	35 210	1 953	632	5.55	1.79
丰南区	19 590	793	273	4.05	1.39
滦县	19 550	788	261	4.03	1.34
滦南县	89 500	5 520	907	6.17	1.01
乐亭县	9 510	402	76	4.23	0.80
曹妃甸区	10 000	638	135	6.38	1.35
古冶区	11 680	486	102	4.16	0.87
其他	90 840	3 895	1 027	4.29	1.13
合计	337 995	17 308	3 927	5.12	1.16

2. 主要猪场猪瘟病原检测

1)样本采集

共采集了 8 个规模猪场的 460 份血清样本。

2)材料与方法

采用猪瘟病原 ELISA 检测方法,试剂盒购自北京世纪元亨生物公司,为海博莱公司生产,按试剂盒说明书操作。

3)检测结果

检测结果见表 1-18。结果显示项目开展 3 年来,猪瘟病原阳性率为 4.57%,较项目开展前的 12.41% 下降了 7.84 个百分点。

表 1-18　2014 年主要猪场猪瘟病原检测结果

猪场编号	A	B	C	D	E	F	G	H	合计
检测数/头	60	60	55	62	56	61	61	45	460
阳性数/头	2	3	3	4	2	3	2	2	21
阳性率/%	3.33	5.00	5.45	6.45	3.57	4.92	3.28	4.44	4.57

四、研究结论与成果

(一)研究结论

(1)现行生产条件下规模养猪场猪瘟主要感染公猪、老龄母猪及 4~8 周龄和 16 周龄的仔猪。

(2)当前免疫条件下,仅靠免疫抗体检测结果修改免疫程序,不能很好地净化该病,仅能提高免疫抗体水平和降低发病率和死亡率,并不能彻底清除猪瘟病原。

(3)免疫程序必须在开展免疫抗体检测和摸清猪瘟病原分布情况下,结合流行病学调查,才能准确确定免疫节点。

(4)通过种猪群的全部采样、仔猪分阶段采样开展病原学检测,淘汰阳性种猪,建立无该病种猪群,程序化免疫仔猪的净化措施是当前净化该病的新途径。

(5)应用免疫效果评估模型不但可以对猪瘟免疫效果进行评估,还可以缩短免疫程序设计或调整的时间。

(6)现行猪瘟疫苗之间的免疫效果无明显差异。

(7)严格执行引种规定和饲养管理是净化该病的关键措施。

(二)取得的主要成果

(1)建立了主要动物疫病免疫效果评估模型。

(2)制定了一套适合所有猪场猪瘟防控的技术措施。

(3)项目开展 3 年来共累积免疫猪 682.12 万头次(其中种猪 20.5 万头次,免疫仔猪 661.62 万头次)。建立了 2 个猪瘟净化示范场。猪瘟的发病率和死亡率分别下降了 7.57 和 2.78 个百分点。猪瘟病原阳性率下降了 7.84 个百分点。

五、技术关键及创新点

(一)技术关键

(1)采取传统的临床病例汇总、流行病学调查方法与现代血清学、病原学检测手段相结合方法进行猪瘟发病情况调查。

(2)免疫效果评估模型的建立。

(3)多种猪瘟疫苗的免疫效果比较试验。

(二)创新点

(1)摸清了唐山市猪瘟的流行动态,制定了规模猪场猪瘟的净化和散养猪免疫控制实施方案。

(2)建立了"母猪分胎次、仔猪分周龄"分别检测猪瘟免疫抗体和病原分布情况的检测模型。并应用模型成功净化了2个规模猪场。

六、与国内外同类研究比较

目前全世界养猪国家防治猪瘟的办法有2种:一是以扑杀的方式,二是免疫的方式,前者主要是以切断传染源的原理来防治猪瘟,这就需要强大的经济支撑,后者主要是通过免疫使易感猪群变为有抵抗力的非易感猪群的方式来防治猪瘟,这些方法对于防治猪瘟都起到了非常好的效果,但同时也存在一个共同问题,就是没有及时发现和淘汰猪瘟持续感染带毒猪,结果造成目前在世界许多国家猪瘟仍有发生,即使宣布消灭猪瘟十多年的国家也不例外。

本项目研究成果与目前国际、国内猪瘟防控技术比较共同点为:一是都通过检测发现阳性猪,继而淘汰;二是都通过免疫的途径。不同点是:一是检测手段,目前通常采用的活体采集扁桃体、采用荧光抗体或RT-PCR等手段,不但样本采集困难,而且检测方法比较烦琐,非特异性也不高,而本项目采用的采集血清样本,应用准确率高、易操作的ELSIA方法来检测;二是免疫抗体检测时血清学样本就是按比例抽检,而本项目采取分阶段和日龄采集,这样就能掌握其消长规律和病原分布情况,以便按检测结果调整免疫程序;三是传统净化方式扑杀数量大,投入资金多,而本项目只是淘汰阳性公猪和多胎次母猪、仔猪采取程序化免疫,节省了净化费用。

七、应用前景分析

本研究取得的成果已在唐山市多数规模猪场进行了推广,为降低猪瘟的发病率、死亡率发挥了巨大作用,同时产生了巨大的社会效益和生态效益,若大面积推广可以创造更大的经济效益和社会效益。通过应用免疫效果评估模型检测免疫抗体和病原分布情况,适时调整免疫程序、淘汰阳性种猪和多胎次母猪,建立无猪瘟感染种猪群,达到逐步净化的目的,同时为社会散养户提供优质种猪和仔猪,本研究所形成的成套技术具有很好的推广应用前景。

八、存在的问题和今后研究方向

目前免疫效果评估模型仅应用于规模猪场,而小型猪场和社会散养猪猪瘟的防控只能靠免疫和治疗等方法,其净化方法和技术还有待进一步研究。

附表 1-1　2009—2012 年唐山市及各县疫控中心猪病接诊情况　　　　　　头

年份	猪瘟	气喘病	大肠杆菌	伪狂犬病	传染性胸膜肺炎	蓝耳病	传染性胃肠炎	寄生虫病	细小病毒	出血性肠炎	其他	合计
2009	128	82	52	50	50	1	39	21	12	9	68	512
2010	108	75	44	43	40	3	52	25	10	8	71	479
2011	152	69	42	47	36	1	50	30	8	12	52	499
2012	98	84	49	35	35	3	67	18	6	11	63	469
合计	486	310	187	175	161	8	208	94	36	40	254	1 959

附表1-2　2012年5个猪场猪瘟病原分布状况检测结果

分群	京安斯格			宝盾			东方			绿盟			京东			合计		
	检测数/头	阳性数/头	阳性率/%	检测数/头	阳性数/头	阳性率/%	检测数/头	阳性数/头	阳性率/%	检测数/头	阳性数/头	阳性率/%	检测数/头	阳性数/头	阳性率/%	检测数/头	阳性数/头	阳性率/%
公猪	10	3	30.00	10	2	20.00	6	2	33.33	5	2	40.00	5	2	40.00	36	11	30.56
后备母猪	5	1	20.00	5	0	0.00	5	0	0.00	5	0	0.00	5	1	20.00	25	2	8.00
1~2胎	6	0	0.00	5	1	20.00	5	0	0.00	5	0	0.00	5	1	20.00	26	2	7.69
3~4胎	6	1	16.67	6	1	16.67	6	2	33.33	5	1	20.00	5	1	20.00	28	6	21.43
5~6胎	5	3	60.00	6	3	50.00	5	2	40.00	5	3	60.00	5	2	40.00	26	13	50.00
7胎以上	5	4	80.00	5	3	60.00	5	4	80.00	7	5	71.43	5	3	60.00	27	19	70.37
2 W	10	1	10.00	5	0	0.00	10	2	20.00	5	0	0.00	5	1	20.00	35	4	11.43
4 W	10	6	60.00	7	4	57.14	10	5	50.00	10	5	50.00	5	3	60.00	42	23	54.76
6 W	10	5	50.00	5	2	40.00	10	5	50.00	5	1	20.00	5	2	40.00	35	15	42.86
8 W	10	3	30.00	5	2	40.00	10	3	30.00	10	4	40.00	5	1	20.00	40	13	32.50
10 W	10	4	40.00	5	2	40.00	5	0	0.00	10	5	50.00	5	0	0.00	35	11	31.43
12 W	10	1	10.00	10	3	30.00	10	2	20.00	7	1	14.29	5	0	0.00	42	7	16.67
14 W	10	0	0.00	10	0	0.00	10	0	0.00	5	0	0.00	5	0	0.00	40	0	0.00
16 W	10	0	0.00	10	0	0.00	10	0	0.00	5	0	0.00	5	0	0.00	40	0	0.00
18 W	10	1	10.00	8	0	0.00	10	1	10.00	5	0	0.00	5	0	0.00	38	2	5.26
20 W	10	4	40.00	10	3	30.00	10	4	40.00	5	2	40.00	5	4	80.00	40	17	42.50
22 W	10	1	10.00	10	2	20.00	5	0	0.00	5	1	20.00	5	0	0.00	35	4	11.43
合计	142	46	32.39	75	26	34.67	122	44	36.07	73	32	43.84	48	27	56.25	460	175	38.04

第二章 规模奶牛养殖场(小区)常见病防治技术

奶牛乳房炎、布鲁氏菌病(简称布病)不但造成奶牛生产性能下降,而且病牛乳汁中所含病原微生物及其所产生的毒素,可直接危害人类健康。该项研究一方面以控制隐性乳房炎为基础,降低隐性、显性乳房炎发病率;另一方面从探索免疫牛群布鲁氏菌病的鉴别诊断方法入手,制定净化实施方案,使唐山市芦台经济开发区、唐山市汉沽管理区两个区和项目示范场保持"奶牛布鲁氏菌病、奶牛结核病"零检出。3年累计为奶农挽回经济损失5 500万元,并使唐山市畜间、人间布病发病数始终处于河北省较低水平,社会效益、环保效益显著。

一、立项背景

唐山市奶业正处在快速成长期,进入成熟期尚待时日。截至2006年底,唐山市奶牛存栏45.7万头,鲜奶产量160.7万t,均居河北省首位;存栏50头及以上规模的奶牛场(区)达到了587个,饲养奶牛22.1万头,规模养殖比例为48.5%;唐山市共有乳品加工企业19家,固定资产11亿元,日处理鲜奶能力4 500t;奶业对农民增收的贡献巨大,在一些奶牛养殖比较集中的地方,农民收入一半以上来自奶业。奶业已经成为唐山市农业、农村经济发展的重要增长点,成为调整优化产业结构、促进农民增收、提高国民身体素质的重要产业。但是,不少养殖小区缺乏完善的奶牛免疫程序、防疫制度、消毒制度。具体表现为:消毒设施建设不当,一些养殖户防疫、隔离意识差,没有严格的防疫消毒制度,疏于日常管理;有些饲养人员甚至全家人都生活在养殖小区内,人员和物品随意进出小区,大大增加了传染病传播的机会。一旦某一户的奶牛出现传染病,在短时间内就会传染整个小区,同时还会造成人畜之间的交叉传染,增加了疫病在小区内传播的风险,非常不利于奶牛小区的防疫。奶牛主要疫病和兽药残留的问题也日益突显出来,奶牛的一些主要疫病已对人类健康构成严重危害,奶牛乳房炎、布病、结核病,尤其布病和结核病为人畜共患病,已成为危害唐山市奶牛主产区人畜健康的主要传染病,严重危害人类身体健康的人畜共患病越来越受到社会各界和广大消费者的广泛关注。

布鲁氏菌病流行范围广,持续时间长,不但严重威胁人类健康和畜牧业生产,同时也造成了巨大的经济损失。仅在拉丁美洲布病每年造成近6亿美元的经济损失(Corbel,1997)。中国每年牛、羊、猪感染有百万头之多,所造成的经济损失可达十几亿元。布病是新中国成立以来一直困扰中国畜牧业发展和人们身体健康的长期问题,是人医和兽医共同防御的重要疾病。

乳房炎是奶牛最常见的疾病之一,不仅发病率高,而且造成严重的奶牛业损失。当时,全世界约有2.2亿头奶牛,其中1/3的奶牛患有各类型乳房炎。国内外报道关于奶牛乳房炎的发病率均在46%～80%。据统计,临床型乳房炎占奶牛总发病的21%～23%,其淘汰数占奶牛总淘汰数的9%～10%。而隐性乳房炎流行面更广,为临床型乳房炎的15～40倍,不但引起奶产量降低4%～10%,影响牛奶质量,而且易转变为临床型乳房炎,造成更为严重的经济损失。

针对唐山市奶牛规模养殖场中奶牛养殖的实际情况,摸清奶牛布病、结核病、乳房炎病等疫病的流行情况,为制定相应的防治措施提供科学依据,开展"规模奶牛养殖场(小区)主要疫病防治与技术研究与示范"研究具有重要意义。

二、总体思路

课题组经查阅国内外相关资料,拟通过开展隐性乳房炎的控制试验、所有奶牛场常见疫病普查、布病鉴别诊断等试验研究,以达到掌握奶牛主要疫病的感染状况,降低奶牛隐性乳房炎的发病率,制定免疫牛群布病鉴别诊断规程的目的。

通过试验研究,首先建立奶牛布病、结核病净化示范场(区),建立隐性乳房炎控制示范场,总结其成功的经验,在奶牛养殖密集区选择推广示范场,逐步进行推广应用。

三、实施方案

(一)乳房炎的防治

1.乳房炎发生情况的普查

2006年6月至2007年5月,选择了唐山市芦台经济开发区、唐山市丰润区的5个奶牛养殖场/养殖小区,进行了奶牛乳房炎的跟踪调查。临床上乳房出现肿胀、触摸有热、疼痛感判定为发生了显性乳房炎,记入登记表,汇总结果见表2-1。

表 2-1　显性乳房炎调查结果

场名	存栏产奶牛数/头	2006 年							2007 年					合计/头	年发生率/%
		6月	7月	8月	9月	10月	11月	12月	1月	2月	3月	4月	5月		
A	246	0	1	4	6	5	1	0	0	0	0	0	1	18	7.32
B	525	7	11	10	43	22	8	5	8	7	3	8	6	138	26.29
C	367	8	15	19	37	22	6	5	5	3	5	5	5	135	36.78
D	430	8	11	21	31	35	15	4	5	2	4	6	7	149	34.65
E	184	2	4	7	9	6	2	0	0	1	2	0	1	34	18.48
合计	1 752	25	42	61	126	90	32	14	18	13	14	19	20	474	27.05

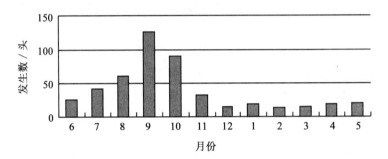

图 2-1　奶牛乳房炎分月发生数

图 2-1 结果显示,8—10 月为乳房炎的发病高峰。各养殖场/小区间发病率参差不齐,经卡方检验(χ^2 test),各场间 χ^2 值见表 2-2。

表 2-2　各场间 χ^2 值

场名	A	E	B	C
B	37.34	4.52		
C	68.28	19.32	11.21	
D	62.85	16.11	7.87	0.39
E	12.23			

从 χ^2 界值表查得 $\upsilon=1$ 时,$\alpha=0.05$、$\alpha=0.01$ 的 χ^2 值分别为 3.84、6.63,A 奶牛场对其他奶牛养殖场/小区 χ^2 值均大于 $\alpha=0.01$,即 $P<0.01$,差异极显著;A、B、E 3 个养殖场与 C、D 2 个养殖小区比较差异极显著;2 个奶牛养殖小区间差异不显著。表明奶牛养殖场对乳房炎的控制整体上优于养殖小区,但养殖场间也存在较大差异。

2.A 奶牛场隐性与显性乳房炎相关性分析

1)检测试剂

亚临床乳房炎快速诊断液(BMT),北京市奶牛研究所(北京市奶牛新技术公司)生产。

2)检测方法和结果判定

(1)检测方法 先将亚临床乳房炎快速诊断液用蒸馏水 1∶4 倍稀释备用,弃去前几把乳,并按乳头将乳分别挤在检测盘中,诊断盘倾斜 45°,弃去多余乳汁(乳面到皿口处),诊断盘中各乳皿大约留 2 mL 乳样,然后每个样品加 2 mL 稀释后的BMT 诊断液,做水平样同心圆摇动,上下倾斜摇动 50 s 后进行判定。

(2)结果判定 BMT 诊断液与乳汁混合后按凝胶反应的程度分为以下几个等级。

"一"乳中体细胞计数为 0～20 万/mL,反应物均质,流动无异常。颜色多呈黄色。

"±"乳中体细胞计数为 20 万～50 万/mL,倾斜诊断盘,反应流过盘底有薄絮层出现,颜色多为黄色或稍有绿色,判定为可疑。

"+"乳中体细胞计数为 50 万～150 万/mL,当 50 万～80 万/mL 时摇动可见物质不均匀,倾斜盘时混合物明显絮状,胶凝物反应可判定为"+1",当 80 万～150 万/mL 摇动时,反应物中间厚絮,不摇又分开可判定为"+2"。

"++"颜色为黄绿色,该乳区为亚临床乳房炎。乳中体细胞计数为 150 万～500 万/mL。摇动时反应物呈黏稠挂底。

"+++"乳中体细胞计数为＞500 万/mL,摇动反应物时呈一块胶冻物,边缘半透明,颜色淡绿或深绿。

以出现一个"+"以上,且临床无发热及明显子宫内膜炎、蹄叶炎症状的奶牛判为隐性乳房炎阳性。

3)检测结果

2006 年 6 月—2007 年 5 月,A 奶牛场共有挤奶员 4 名,每月 15 日对其所负责生产奶牛进行 BMT 检测,并做记录,结果见表 2-3。

表 2-3 A 奶牛场隐性乳房炎检测结果

检测人员	2006 年							2007 年					合计
	6 月	7 月	8 月	9 月	10 月	11 月	12 月	1 月	2 月	3 月	4 月	5 月	
刘某某	6	6	9	10	9	4	2	3	11	4	11	10	85
郑某某	5	9	12	13	19	7	5	3	2	6	8	6	95
王某某	6	8	22	19	11	3	7	5	10	5	11	4	111
杨某某	5	11	10	16	9	4	4	1	10	2	6	5	83
合计	22	34	53	58	48	18	18	12	33	17	36	25	374

与表 2-1 中显性乳房炎发生数进行相关性分析,相关系数为 0.68,表明隐性乳房炎与显性乳房炎呈现相对较高的正相关。

检测期间该场产奶牛为 246 头,按每月均检测 246 头计,隐性最高检出率为 23.58%,最低月份为 4.88%,月平均检出率为 12.67%。

3.隐性乳房炎的调查和防治方案的制定

1)隐性乳房炎的调查

2007 年 4—5 月,选择了 3 个奶牛场、1 个奶牛养殖小区及 1 个挤奶站(以下记为Ⅰ、Ⅱ、Ⅲ、Ⅳ、Ⅴ)进行了隐性乳房炎的检测,检测方法为 BMT 法,试剂与判定同上,检测结果见表 2-4。

表 2-4　隐性乳房炎检测结果

场名	4 月			5 月			合计		
	检测数/头	阳性数/头	阳性率/%	检测数/头	阳性数/头	阳性率/%	检测数/头	阳性数/头	阳性率/%
Ⅰ	100	36	36.00	100	27	27.00	200	63	31.50
Ⅱ	100	72	72.00	100	55	55.00	200	127	63.50
Ⅲ	100	28	28.00	100	32	32.00	200	60	30.00
Ⅳ	100	43	43.00	100	46	46.00	200	89	44.50
Ⅴ	50	32	64.00	50	28	56.00	100	60	60.00
合计	450	211	46.89	450	188	41.78	900	399	44.33

从表 2-4 可见,隐性乳房炎阳性检出率最高场为 63.50%,最低场为 30.00%,散养牛为 60.00%,平均阳性检出率为 44.33%。

与 A 奶牛场 4—5 月合计检出率 12.67% 进行卡方检验(χ^2 test),χ^2 值均大于 $\alpha = 0.01$,即 $P < 0.01$,差异极显著。

A 奶牛养殖场奶牛平均单产为 26.35 kg,Ⅱ 奶牛养殖场奶牛平均单产为 15.26 kg,虽然饲料和管理水平有一定的差异,但隐性乳房炎也是影响鲜奶产量的主要因素之一。

2)隐性乳房炎的防治措施

通过对上述奶牛养殖场(小区)、养殖户的现场调查和分析,除生物因素外,造成隐性乳房炎的主要因素:一是饲养管理水平较低,如运动场头均净面积不足,凹凸不平,雨季积水泥泞,冬季缺少垫料,长期不清理,牛舍地面和排尿沟内粪便及污物堆积,使牛乳房污染严重;二是饲料单一,缺乏优质青贮、优质青绿饲料和优质干草;三是挤奶员的素质不高,挤奶前的清洗、消毒不规范;四是挤奶器具使用、保养不当;五是预防、治疗所用药物混乱。针对上述主要问题,结合规模奶牛场的防控经验,制定了奶牛隐性乳房炎的防治方案,主要内容为:运动场要宽敞干燥、挤奶操作要规范、饲料全价易吸收、干奶期预防要确实、定期进行隐性乳房炎的检测和治疗等 10 项技术措施(详见附录 1),并在推广应用中不断修改完善。

4. 小鼠乳房炎标准动物模型的建立和黄芩苷对 BALB/c 小鼠无乳链球菌性乳房炎治疗作用的试验

为探索乳房炎的发病机理和黄芩苷对无乳链球菌性乳房炎的治疗作用,2008年 6—10 月与天津生机集体有限公司合作进行了该项试验。

1)材料与方法

(1)试剂　MH 肉汤(中国检疫检验科学研究院)、营养琼脂、生化鉴定管(杭州天和微生物试剂有限公司);ELISA 试剂盒(美国 R&D 公司)。

(2)试验动物　近交系 BALB/c 清洁级 6～8 周龄未经产母鼠,8 周龄雄性小鼠,体重 20～23 g,购自河北医科大学实验动物中心(合格证书编号:703121)。

(3)菌株　无乳链球菌从唐山市丰润区沙窝新庄奶牛养殖小区患亚临床型乳房炎的奶牛乳汁中分离。将冷冻保存的无乳链球菌接种于 10% 山羊血清营养肉汤,置 37℃ 空气振荡器 130 r/min 培养 12～16 h,镜检无杂菌者进行细菌计数,根据计数结果配制浓度为 10^4 CFU/50 μL 的细菌悬液作为攻菌量。

(4)黄芩苷对小鼠实验性乳房炎的临床疗效观察

①药物配制。称取黄芩苷 0.5 g,加入 100 mL 容量瓶中,加蒸馏水少许,用滴管加 5% 碳酸氢钠溶液,使其完全溶解,测得 pH 为 7～8,定容,115℃ 高压灭菌 15 min,冷却室温后 4℃ 保存。

②随机分组。把泌乳母鼠随机分为 3 组:A 生理盐水组(15 只);B 模型组(25 只);C 治疗组(25 只)。生理盐水组于产后 10 d 经乳头管注 50 μL 灭菌生理盐水;模型组每只母鼠第 4 对乳房的乳池内分别注入 10^4 CFU/50 μL 细菌悬液;治疗组每只母鼠第 4 对乳房的乳池内分别注入 10^4 CFU/50 μL 细菌悬液,治疗组在攻菌后 4 h、16 h、40 h、64 h 肌肉注射药液 0.2 mL。生理盐水组和模型组肌肉注射灭菌生理盐水 0.2 mL。

③取材。每组实验动物分别于攻菌或注射生理盐水及给药后 6 h、12 h、24 h、48 h、72 h 颈椎脱臼法处死小鼠(A 组每次取 3 只,B 组和 C 组每次取 5 只),剪开皮肤,暴露乳腺,观察乳腺的病理变化,进行详细记录,迅速取出第 4 对乳腺组织。将乳腺组织分成 2 份:一份用中性福尔马林固定 24 h,用做石蜡切片,用于组织学的观察;一份称重放入组织匀浆器中,加入 5 倍灭菌生理盐水,在冰水环境中立即进行匀浆,取匀浆液一部分做细菌计数,另一部分 13 000 r/min,4℃ 离心 20 min,吸取上清液－80℃ 保存,用于检测 IFN-γ 和 IL-4 含量。

2)结果

(1)乳腺组织感染程度的比较　由表 2-5 可见,生理盐水组母鼠乳腺组织内未检测出细菌。模型组母鼠乳腺组织中的细菌数在感染 6～24 h 间呈增多趋势,在攻菌后 24 h 达到峰值,在感染 24~72 h 有所减少。治疗组母鼠乳腺组织中的细菌数在感染 6~24 h 呈增多趋势,在攻菌后 24 h 达到峰值,在感染 24~48 h 逐渐减少。治疗组在攻菌后 6 h 母鼠乳腺组织中的细菌数低于模型组,但二者相比差异不显著($P>0.05$)。治疗组在攻菌后 12 h 母鼠乳腺组织中的细菌数低于模型组,二者相比差异显著($P<0.05$)。在攻菌后 24~48 h,治疗组母鼠乳腺组织中的细菌数明显低于模型组,二者相比差异极显著($P<0.01$)。在攻菌后 72 h,母鼠乳腺组织中的细菌数低于模型组,二者相比差异显著($P<0.05$)。

表 2-5　各组乳腺组织中细菌数　　　　　　lgCFU/g 乳腺组织

组别	6 h	12 h	24 h	48 h	72 h
A 盐水组	—	—	—	—	—
B 模型组	4.99±0.13	5.75±0.18[c]	7.59±0.12[C]	7.14±0.09[c]	7.15±0.14[c]
C 治疗组	4.55±0.14	5.10±0.08[b]	5.76±0.23[B]	5.75±0.21[B]	5.03±0.16[b]

注:不同上标字母代表差异显著性。

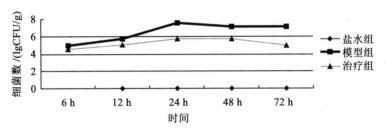

图 2-2　乳房炎细菌数量变化图

　　(2)乳腺病理变化及组织学观察　　组织形态学观察发现:注入灭菌生理盐水的正常对照组小鼠乳腺组织无异常病理变化(图 2-3),组织结构完整,腺泡呈圆形或椭圆形。攻菌后 6 h,模型组(图 2-4)和治疗组(图 2-5)母鼠乳腺均表现出间质轻度水肿,乳腺组织结构完整;攻菌后 12 h,模型组(图 2-6)母鼠乳腺充血,间质水肿,有炎性细胞浸润,腺泡间隔增宽,散在嗜中性粒细胞,治疗组(图 2-7)母鼠乳腺轻度充血,间质水肿,有炎性细胞浸润,轻度脂肪变性;攻菌后 24 h,模型组(图 2-8)母鼠乳腺散在大量嗜中性粒细胞,部分腺上皮细胞坏死、脱落,治疗组(图 2-9)母鼠腺上皮细胞病变较轻微,嗜中性粒细胞较少;攻菌后 48 h,模型组(图 2-10)母鼠乳腺有大量炎性细胞浸润,渗出严重区域的腺泡上皮大多坏死、脱落、崩解以致消失,许多腺泡中散在嗜中性粒细胞,其中部分嗜中性粒细胞坏死崩解,治疗组(图 2-11)母鼠乳腺组织仍保持相对完整的状态;攻菌后 72 h,模型组(图 2-12)母鼠乳腺组织病变进一步加剧,腺体严重充血出血,腺泡组织结构遭到严重破坏,治疗组(图 2-13)母鼠乳腺组织病变有所减轻。

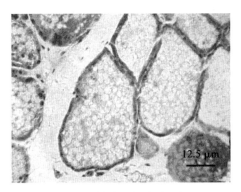

图 2-3　健康组织乳腺组织

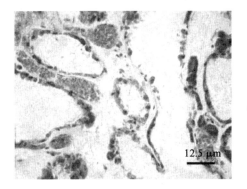

图 2-4　攻菌后 6 h 模型组

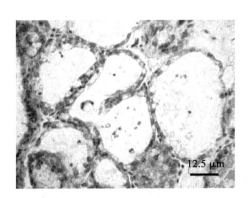

图 2-5　攻菌后 6 h 治疗组

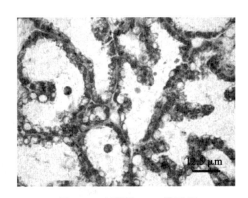

图 2-6　攻菌后 12 h 模型组

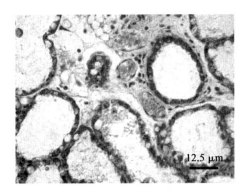

图 2-7　攻菌后 12 h 治疗组

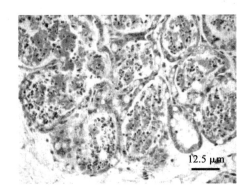

图 2-8　攻菌后 24 h 模型组

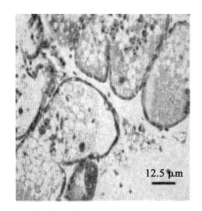

图 2-9　攻菌后 24 h 治疗组

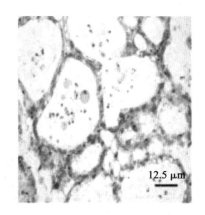

图 2-10　攻菌后 48 h 模型组

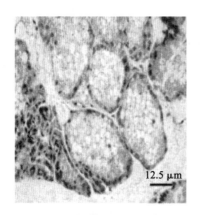

图 2-11　攻菌后 48 h 治疗组

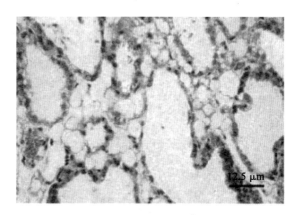

图 2-12　攻菌后 72 h 模型组

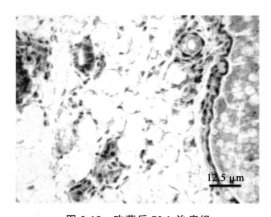

图 2-13　攻菌后 72 h 治疗组

（3）乳腺组织中 INF-γ 含量变化　由表 2-6 可知,生理盐水组小鼠乳腺组织中 IFN-γ 含量无显著变化;在感染期间,模型组和治疗组小鼠乳腺组织中 IFN-γ 含量高于生理盐水组。模型组小鼠乳腺组织中 IFN-γ 含量在感染 72 h 达到峰值,然后逐渐下降;治疗组小鼠乳腺组织中 IFN-γ 含量在感染 48 h 达到峰值。模型组在攻菌后 6 h、48 h,母鼠乳腺组织中 IFN-γ 含量显著高于生理盐水组(P<0.05);模型组在攻菌后 12 h、24 h、72 h,母鼠乳腺组织中 IFN-γ 含量极显著高于生理盐水组(P<0.01)。治疗组在攻菌后 6 h、12 h、24 h、48 h、72 h 母鼠乳腺组织中 IFN-γ 含量极显著高于生理盐水组(P<0.01)。在攻菌后 12 h,治疗组 IFN-γ 含量略高于模型组,但二者相比差异不显著(P>0.05);在攻菌后 6 h、24 h,治疗组 IFN-γ 含量比模型组增高,二者相比差异显著(P<0.05);在攻菌后 48 h、72 h,治疗组 IFN-γ 含量明显高于模型组,差异极显著(P<0.01)。

表 2-6　乳腺组织匀浆液中 INF-γ 含量　　　　　　　　　　ng/mL

组别	6 h	12 h	24 h	48 h	72 h
A 盐水组	9.51±0.18^{Cb}	9.82±0.10^{BC}	10.01±0.07^{BC}	10.21±0.08^{bC}	10.01±0.11^{BC}
B 模型组	12.67±0.45^{ac}	14.47±0.39^{A}	15.38±0.24^{Ac}	17.48±0.84^{aC}	18.05±0.32^{AC}
C 治疗组	15.17±0.21^{Ab}	16.92±0.54^{A}	20.47±0.81^{Ab}	26.16±0.45^{AB}	24.97±0.45^{AB}

注:不同上标字母代表差异显著性。

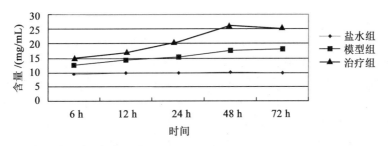

图 2-14　乳腺组织匀浆 INF-γ 含量变化

（4）乳腺组织中 IL-4 含量变化　由表 2-7 可知,生理盐水组小鼠乳腺组织中 IL-4 含量无显著变化;在感染期间,模型组和治疗组小鼠乳腺组织中 IL-4 含量高于生理盐水组。模型组和治疗组小鼠乳腺组织中 IL-4 含量在感染 48 h 达到峰值,然后逐渐下降。模型组在攻菌后 6 h,母鼠乳腺组织中 IL-4 含量显著高于生理盐水组(P<0.05);模型组在攻菌后 12 h、24 h、48 h、72 h,母鼠乳腺组织中 IL-4 含量极显著高于生理盐水组(P<0.01)。治疗组在攻菌后 6 h、48 h、72 h,母鼠乳腺组织中 IL-4 含量显著高于生理盐水组(P<0.05);治疗组在攻菌后 12 h、24 h,母鼠乳腺组织中 IL-4 含量极显著高于生理盐水组(P<0.01)。在攻菌后 6 h,治

疗组IL-4含量比模型组略低,但二者相比差异不显著($P>0.05$);在攻菌后12 h、72 h,治疗组IL-4含量比模型组低,二者相比差异显著($P<0.05$);在攻菌后24 h、48 h,治疗组IL-4含量明显低于模型组,差异极显著($P<0.01$)。

表2-7 各组乳腺组织匀浆液中IL-4含量   ng/mL

组别	6 h	12 h	24 h	48 h	72 h
A 盐水组	49.94±1.06[bc]	50.90±0.33[BC]	50.91±1.68[BC]	50.92±0.48[Bc]	50.93±1.59[Bc]
B 模型组	58.88±1.98[a]	65.56±0.67[Ac]	75.32±0.53[AC]	108.12±3.81[AC]	97.51±1.19[Ac]
C 治疗组	55.11±0.48[a]	63.84±0.93[Ab]	67.57±1.04[AB]	76.75±3.26[aB]	71.95±2.39[ab]

注:不同上标字母代表差异显著性。

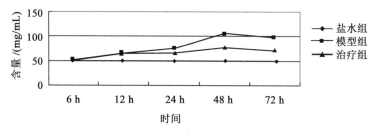

图2-15 乳腺组织匀浆中IL-4含量变化

3)结论

(1)人工接种无乳链球菌,母鼠乳腺组织中的细菌数在感染6~24 h呈增多趋势,在攻菌后24 h达到峰值,在感染24~72 h有所减少。

(2)攻菌后6 h,治疗组母鼠乳腺内细菌数比模型组少,但差异不显著($P>0.05$),可能是因为用药时间短,药物还没完全发挥作用。攻菌后12 h,治疗组母鼠乳腺内细菌数比模型组显著减少($P<0.05$),乳房炎症反应强度明显降低,全身症状比模型组轻;造模24~48 h,治疗组母鼠乳腺内细菌数比模型组极显著减少($P<0.01$);攻菌后72 h,治疗组母鼠乳腺内细菌数比模型组显著减少($P<0.05$),乳房炎症未见加剧,全身症状逐渐缓解。随着药物作用时间的延长而逐渐发挥作用,这说明中药复方制剂能够抑制无乳链球菌在乳腺内的繁殖并降低其对母鼠乳腺的损伤,而且减轻乳房炎症变化及全身反应,对乳房炎症有良好的治疗作用。

(3)模型组小鼠乳腺组织中IFN-γ含量在感染72 h达到峰值,然后逐渐下降;治疗组小鼠乳腺组织中IFN-γ含量在感染48 h达到峰值;模型组和治疗组小鼠乳腺组织中IL-4含量在感染48 h达到峰值,然后逐渐下降。

(4)黄芩苷能够抑制无乳链球菌在小鼠乳腺内的繁殖,并且能够提高小鼠的免疫力及调节Th1/Th2平衡,对无乳链球菌诱发的小鼠实验性乳房炎有一定的保护作用。

5.隐性乳房炎治疗药物的筛选

2007 年 6—12 月,在上述前 4 个奶牛养殖场(小区)和 A 奶牛场进行了隐性乳房炎的治疗对比试验。

1)试验分组

除 A 奶牛场采用牛舍内管道式挤奶外,其他奶牛养殖场/养殖小区均为奶厅挤奶。于每月 15 日对所有产奶牛进行 BMT 检测,并记录阳性牛的阳性乳头数及凝集的程度(＋的多少),然后将阳性牛随机分为 5 组(检出阳性牛少的奶牛场每月所检出的阳性牛为 1 组),分别为试验 1—4 组和对照组,进行投药治疗,并记录试验结果。

2)试验试剂及结果确认

(1)试验试剂、治疗药品

①隐性乳房炎检测试剂。亚临床乳房炎快速诊断液(BMT),检测方法和结果判定同上。

②治疗药品。

试验 1 组:康贝,购自某兽药超市,原产地为美国弗吉尼亚州,北京东方联鸣科技发展有限公司分装。1 000 g/袋,20 g/(头·d),与精料混合一次投喂,连用40 d。

试验 2 组:黄芪多糖,购自某兽药超市,河北远征药业有限公司生产,黄芪多糖含量 68%。规格为 200 g/袋,用法为 200 g/1 000 kg 饲料混饲,连用 10 d。

试验 3 组:维生素 E,购自某兽药超市,广东省佛山市南海东方澳龙制药有限公司生产。250 g×4 包/袋,维生素 E 含量＞3 000 IU/1 000 g,用法为 500 g/1 000 kg饲料,混饲,连用 7 d。

试验 4 组:自配中药,以补气养血,清热解毒,通络散结为主,方剂组成为黄芩50 g,金银花 80 g,连翘 60 g,当归 80 g,川芎 40 g,蒲公英 80 g,玄参 50 g,柴胡40 g,甘草 30 g,瓜蒌 80 g。研末内服,每天 1 剂,连用 3 d。

试验 5 组:为对照组,不进行投药治疗。

(2)结果确认

康复:间隔 30 d 重复 BMT 检测,4 个乳头全部为阴性,且 30 d 内未发生显性乳房炎。

有效:间隔 30 d 重复 BMT 检测,阳性乳头数减少或检测为阳性,但加号减少的,判为有效。

无效:间隔 30 d 重复 BMT 检测,期间发生了显性乳房炎或 BMT 法检测结果与前次检测无变化或阳性乳头数增多的,判为无效。

显性乳房炎:临床上乳房出现肿胀、触摸有热、疼痛感。

3）试验结果

结果见附表 2-1、附表 2-2。经卡方检验（χ^2 test），各组间显性乳房炎发病率 χ^2 值见表 2-8。

表 2-8　各试验组间显性乳房炎发病率 χ^2 值

组别	对照组	试验 2 组	试验 3 组	试验 4 组
试验 1 组	12.92	3.02	12.08	0.03
试验 2 组	2.11		1.66	2.73
试验 3 组	0.04			9.85
试验 4 组	10.68			

从 χ^2 界值表查得 $\upsilon = 1$ 时，$\alpha = 0.05$、$\alpha = 0.01$ 的 χ^2 值分别为 3.84、6.63，试验 1 组、4 组与对照组 χ^2 值均大于 $\alpha = 0.01$，即 $P < 0.01$，差异极显著，表明投药治疗有效，两组间预防效果无明显差异。试验 2 组、3 组 χ^2 值均小于 $\alpha = 0.05$，即 $P > 0.05$，表明试验 2 组、3 组药物无明显治疗或预防效果。

各组间隐性乳房炎治愈率 χ^2 值见表 2-9。

表 2-9　各试验组间隐性乳房炎治愈率 χ^2 值

组别	对照组	试验 2 组	试验 3 组	试验 4 组
试验 1 组	25.11	37.25	26	25.39
试验 2 组	0.11		0.31	4.3
试验 3 组	0.04			1.82
试验 4 组	2.25			

与 χ^2 界值表比较，试验 1 组与对照组和其他组别间差异极显著。

各组间隐性乳房炎有效率 χ^2 值见表 2-10。

表 2-10　各试验组间隐性乳房炎有效率 χ^2 值

组别	对照组	试验 2 组	试验 3 组	试验 4 组
试验 1 组	55.9	33.49	29.77	22.84
试验 2 组	3.36		0	2.8
试验 3 组	3.14			2.51
试验 4 组	12.5			

与 χ^2 界值表比较，试验 1 组与对照组和其他组别间差异极显著，试验 4 组与对照组间差异极显著。

自 2007 年 5 月，A 奶牛场每月采集乳样送河北省种牛站进行 DHI 测定，BMT

法检测结果与 DHI 检测结果符合率近 90.00%；2009 年 2 月该场购置安装了德国产"美德窗 12 型"挤奶器，挤奶的同时应用电导率的原理对隐性乳房炎进行检测，发现隐性乳房炎更加及时，但按月统计阳性率与每月检测一次无明显差异。

4）试验结论

采用 BMT 每月检测一次隐性乳房炎，并对阳性牛进行投药治疗，不但可以收到明显的治疗效果，还可以降低显性乳房炎的发病率。其中康贝对隐性乳房炎的有效率近 80%，降低显性乳房炎发病率 14.58%；中药组方对隐性乳房炎的有效率为 60%，降低显性乳房炎发病率 15.02%。

(二)奶牛布鲁氏菌病(简称布病)的防治

1. 布病普查

统计唐山市开平区、唐山市丰润区 2005—2006 年市场检疫记录，2 年间共检疫奶牛 52 176 头，试管凝集法检出阳性牛 136 头，阳性率为 2.61%。

2. 布病免疫阳转率检测

鉴于人感染布病病例逐年增加，河北省畜牧兽医局决定于 2007 年春季对全省牛、羊实行布病强制免疫，统一使用猪型 2 号疫苗(S2)，间隔 1.5 年加强免疫一次。为掌握免疫后奶牛阳转率的规律，为鉴别苗毒与野毒感染奠定基础，我们在 3 个连续 3 年布病检测全部为阴性的奶牛养殖场开展了免疫抗体跟踪检测。

1）样本来源

选择唐山市丰南区、唐山市芦台经济开发区、唐山市汉沽管理区 3 个县区，每个县区随机选一个奶牛场进行随机采样。

2）检测方法及结果判定

检测方法：琥红平板凝集试验，判定标准按 GB/T 18646 执行。

3）检测结果

检测结果见表 2-11。

表 2-11　布病免疫后平板凝集阳转率

免疫后月数	丰南区			芦台区			汉沽区			合　计		
	检测数/头	阳性数/头	阳性率/%	检测数/头	阳性数/头	阳性率/%	检测数/头	阳性数/头	阳性率/%	检测数/头	阳性数/头	阳性率/%
1	30	21	70.00	50	38	76.00	35	22	62.86	115	81	70.43
2	26	14	53.85	50	24	48.00	30	17	56.67	106	55	51.89
3	30	9	30.00	50	16	32.00	30	11	36.67	110	36	32.73
4	30	6	20.00	46	11	23.91	30	7	23.33	106	24	22.64
5	30	4	13.33	50	9	18.00	30	6	20.00	110	19	17.27
合计	146	54	36.99	246	98	39.84	155	63	40.65	547	215	39.31

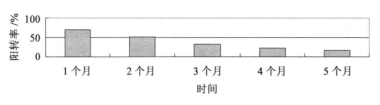

图 2-16 布病免疫后阳转率变化

检测结果表明,布病疫苗免疫后前 3 个月平板凝集抗体消减速度较快,此后消减速度减缓,免疫后至少半年内用平板凝集试验不能区分免疫与感染抗体。

3. 免疫奶牛鉴别诊断方法的建立

1)免疫后 1 年以上琥红平板凝集、试管凝集、ELISA 法检测结果比较试验

(1)样本来源　2008 年 8 月(免疫后 13～16 个月),采自唐山市 18 个奶牛养殖场血清样本 150 份,采自散养户血清 110 头份。

(2)诊断试剂　琥红平板凝集、试管凝集试剂购自中国兽药监察所;布氏杆菌抗体竞争 ELISA 检测试剂(Brucella-Ab C-ELISA)购自北京世纪元亨动物防疫技术有限公司(为瑞典 Svanova 公司生产);布病 PCR 试剂购自北京索奥生物制品有限公司。

(3)检测方法　琥红平板凝集、试管凝集试验按 GB/T 18646 执行;布氏杆菌抗体竞争 ELISA 试验和布病 PCR 试验方法按说明书执行。

(4)检测结果　260 份血清样本琥红平板凝集试验检出阳性 28 头,阳性率为 10.77%,其中强阳性 12 头(＋＋＋＋);对 28 份平板凝集阳性样本进行试管凝集试验,检出阳性 5 头;用抗体竞争 ELISA 检测 184 份(包括所有平板凝集阳性样本),检出阳性 5 头份。3 种方法检测阳性牛符合情况见表 2-12。

表 2-12　3 种检测方法阳性样本符合情况

试验方法	样本 1	样本 2	样本 3	样本 4	样本 5	样本 6
平板凝集	＋＋＋＋	＋＋＋＋	＋＋＋＋	＋＋＋＋	＋＋＋	＋＋＋＋
试管凝集	400×	400×	200×	200×	100×	—
ELISA	＋	＋	＋	＋	—	＋

平板凝集试验与抗体竞争 ELISA 检测结果比较,灵敏度为 100%(5/5),特异性为 87.15%(156/179),符合率为 87.50%(161/184);试管凝集与抗体竞争 ELISA 检测结果比较,灵敏度为 80.00%(4/5),特异性为 95.65%(22/23),符合率为 92.86%(26/28)。

2)抗体竞争 ELISA 与 PCR 检测结果比较

2008 年 10—12 月,唐山市某奶牛养殖场连续出现奶牛流产现象,截至接到报

告和诊断期间共流产 63 头份,流行病学调查显示,该场存栏奶牛 780 头,其中 4 月龄以上奶牛 722 头,已用 S2 号布病疫苗免疫 2 次,距最后一次免疫 8 个月以上。

采 4 月龄以上奶牛血清样本 722 头份,抗体竞争 ELISA 法检出阳性牛 60 头,阳性率为 8.31%;与临床流产病例比较,阳性牛中有 25 头发生流产,采上述 60 头阳性牛抗凝血进行 PCR 检测全部为阴性,间隔 30 d 重复检测一次,仍然全部为阴性。

采集 17 头份流产奶牛羊水进行 PCR 检测和细菌分离鉴定(细菌分离鉴定为唐山市疾病预防控制中心完成),结果均检出阳性 7 头份,2 种检测结果相互吻合,并与抗体竞争 ELISA 法检测结果均相吻合。

3)结论

(1)虎红平板凝集试验仍适用于免疫牛群的初步筛选之用,尤其是免疫期超过 6 个月以上的奶牛。

(2)与布病抗体竞争 ELISA 检测方法比较,试管凝集试验对免疫期超过 1 年的奶牛仍有 95.65% 的特异性,由于其操作简便,尤其适于基层兽医实验室使用。

(3)瑞典 Svanova 公司生产的布病抗体竞争 ELISA 试剂检出结果与 PCR 临床病料检出结果符合率为 100%,表明该试剂除可用于 19 菌株疫苗免疫 6 个月以上的鉴别诊断,也适用于猪型 2 号布病疫苗(S2)免疫 6 个月以上奶牛的鉴别诊断。

(4)PCR 法不适用于临床血样的检测,但可用于流产病料的检测定性。

(三)奶牛常见疫病的普查

为了摸清奶牛主要疫病的感染情况,唐山市动物疫病预防控制中心于 2007 年 9 月进行了牛病毒性腹泻,副结核病和传染性鼻气管炎的血清学普查。

1. 样本来源

采自唐山市 18 个规模奶牛养殖场/小区血清样品 500 头份。

2. 检测试剂

牛病毒性腹泻、副结核分支杆菌和传染性鼻气管炎的 ELISA 试剂盒,购自北京世纪元亨动物防疫技术有限公司,为美国 IDEXX 公司产品。

3. 试验设备和检测方法

试验设备:北京普朗公司生产的酶联工作站,单道、8 道移液器等。

检测方法:按试剂说明书进行操作。

3 种病对照孔均在标准范围之内,符合试剂说明,检测结果有效。

4. 检测结果

430 头份奶牛血清检出牛病毒性腹泻阳性 218 头份,阳性率为 50.70%;460 头份奶牛血清检出牛副结核阳性 22 头份,阳性率为 4.78%;牛鼻气管炎阳性 76

头份,阳性率为 16.52%。详细检测结果见表 2-13。

表 2-13　奶牛常见病普查结果

牛场排序	病毒性腹泻			副结核病			鼻气管炎		
	检测数/头	阳性数/头	阳性率/%	检测数/头	阳性数/头	阳性率/%	检测数/头	阳性数/头	阳性率/%
1	20	10	50.00	20	0	0.00	20	4	20.00
2	20	2	10.00	20	14	70.00	20	0	0.00
3	20	18	90.00	20	1	5.00	20	3	15.00
4	20	5	25.00	20	0	0.00	20	0	0.00
5	16	7	43.75	16	0	0.00	16	1	6.25
6	40	28	70.00	40	0	0.00	40	5	12.50
7	20	9	45.00	20	2	10.00	20	0	0.00
8	42	27	64.29	42	2	4.76	42	15	35.71
9	50	45	90.00	50	0	0.00	50	9	18.00
10	20	4	20.00	20	0	0.00	20	1	5.00
11	35	13	37.14	35	0	0.00	35	2	5.71
12	22	9	40.91	22	3	13.64	22	13	59.09
13	10	2	20.00	10	0	0.00	10	4	40.00
14	30	0	0.00	30	0	0.00	30	0	0.00
15	11	0	0.00	11	0	0.00	11	0	0.00
16	20	9	45.00	20	0	0.00	20	0	0.00
17	30	30	100.00	30	0	0.00	30	11	36.67
18	4	0	0.00	34	0	0.00	34	8	23.52
合计	430	218	50.70	460	22	4.78	460	76	16.52

以场为单位计,牛病毒性腹泻阳性场 15 个,阳性率为 83.33%,其中阳性率 50% 以上场 6 个,占总场数的 33.33%;检出牛副结核病阳性场 5 个,阳性率为 27.78%,其中阳性率在 50% 以上场 1 个,占总场数的 5.26%;检出牛鼻气管炎阳性场 13 个,阳性率为 72.22%,其中阳性率 50% 以上场 1 个,占总场数的 5.26%。

检测结果表明,牛病毒性腹泻、牛鼻气管炎病原污染较为普遍,有 1/4 的养殖场存在牛副结核病病原。

通过对病毒性腹泻阳性率为 90% 以上的 3 个奶牛养殖场进行了走访调查。有的场是以 1～2 月龄犊牛发病为主,发病率高达 60.00%,致死率高达 91.7%;有的奶牛场以母牛流产为主,流产率高达 30.00%,并有怀孕母牛死亡病例出现。

2009 年 2 月,引进北京市奶牛研究所(北京市奶牛新技术公司)生产的奶牛病毒性腹泻灭活苗(中试产品)对发生母牛流产的奶牛养殖场进行免疫接种试验,至今试验仍在进行中,初步数据显示,免疫效果良好,有效率达80％以上。

(四)附红细胞体病调查及防治技术

1. 材料与方法

1)试验动物

在唐山市汉沽管理区某奶牛场随机选择178头奶牛用于试验。

2)奶牛附红细胞体感染率的检测

对各种年龄的奶牛进行采血,包括:犊牛、青年牛、泌乳牛,对采集的各血样进行检查,采用血液学镜检的方法,检测附红细胞体感染率及感染强度。

3)垂直传播检测

在附红细胞体感染率检测过程中,对怀孕母牛在产前1周进行颈静脉采血检验,对其新出生犊牛在出生后利用脐血立即检查,检测此病是否存在垂直传播。

4)奶牛附红细胞体发病情况检测

对牛场中患有附红细胞体病的奶牛进行详细检测,包括其病原学检测、发病史、临床症状、剖检变化等。

(1)病原学检测

①涂片染色。从牛的颈静脉采血,滴于载玻片上推片,用甲醇固定,吉姆萨染色30 min后用蒸馏水冲洗,干燥后镜检。

②鲜血压片。取牛的耳静脉血(犊牛采颈静脉血)1滴置于载玻片上,加等量生理盐水后盖上盖玻片,直接镜检。

(2)临床检查　对染色镜检确诊为附红细胞体感染的牛只跟踪观察,详细记录病牛临床症状等。

(3)病理变化检查　剖检死于附红细胞体病的奶牛,观察其病理变化并详细记录。

5)结果判定

(1)阳性判定　400倍镜检血片,检查200个视野中,在细胞上和血浆里只要查到1个附红细胞体存在,此份样本则判断为阳性。反之,则为阴性。

(2)感染强度的判定　每份血样计数200个红细胞体,红细胞体感染率≤25％的判为＋,25％＜红细胞体感染率≤50％判为＋＋,50％＜红细胞体感染率≤75％的判为＋＋＋,75％＜红细胞体感染率≤100％判为＋＋＋＋。

6)治疗

治疗原则是早发现早治疗,对病死牛一律深埋做无害化处理;对受威胁牛群进行全面采血检查;对病牛进行就地隔离治疗,对牛槽、地面环境、粪便、场地等用5％的热火碱液进行喷洒消毒。

阳性牛只按附红细胞体感染强度的不同分为轻度感染(1%~30%)、中度感染(30%~60%)、重度感染(60%~100%)。对不同类型牛采用下述药物进行治疗,同时采用该场兽医常用的青霉素、链霉素药物进行对照试验。

(1)对成年重度感染牛的治疗　试验组1,阳性牛30头,用尼克苏剂量为70~150 g/(头·d),连喂6 d。头孢多烯剂量为1.5 g/(头·d),连喂2 d。对照1组,阳性牛25头,用青霉素80 IU×20支/(头·d),链霉素100 IU×10支/(头·d),连用6 d。

(2)对13~14月龄牛的治疗　试验组2,阳性牛20头,用尼克苏剂量为35 g/(头·d),连喂6 d;对重度感染牛可用70 g/(头·d),连喂6 d。对照2组,阳性牛14头,用青霉素80 IU×20支/(头·d),链霉素100 IU×10支/(头·d),连用6 d。

(3)对6~8月龄牛的治疗　试验组3,阳性牛20头,用贝尼尔剂量为5 mg/kg体重,一次肌肉注射,对严重感染牛可注射2次。对照3组,阳性牛20头,用青霉素80 IU×20支/(头·d),链霉素100 IU×10支/(头·d),连用6 d。

(4)疗效判定　治愈:用药1~2个疗程后,病原学检查结果阴性,临床症状消失,产奶量回升;有效:用药1~2个疗程后,临床症状减轻;无效:用药2个疗程后,症状未见好转。

2.结果

1)牛附红细胞体感染率检测结果

在不同时间抽查不同年龄奶牛的血液,共178份,其中94份为附红细胞体阳性,感染率达52.8%,但不同年龄附红细胞体的感染强度不同,见表2-14。

表2-14　奶牛附红细胞体感染率及发病率检测结果

类型	检测数/头	阳性数/头	阳性及不同感染强度牛数/头				阳性率/%	发病数/头	发病率/%	死亡数/头	死亡率/%
			+	++	+++	++++					
犊牛	30	11	10	5	2	2	63.3	3	10	1	33
青年牛	55	29	21	5	2	2	47.3	0	0	0	0
泌乳牛	93	44	36	13	2	2	52.7	2	2.15	0	0

从结果看,犊牛的附红细胞感染率最高,即其感染附红细胞数量最多,同时观察到红细胞变形比例大,其次是泌乳牛,其感染率也较高,但感染强度相对犊牛较小,而青年牛则感染率和感染强度都较低。

2)母子垂直传播检测

对隐性感染附红细胞体的怀孕母牛所生的犊牛在出生后立即进行血液学检验,其结果见表2-15。

表 2-15　母牛与犊牛垂直传播检测结果

| | 检测数 | 感染及感染强度编号 | | | | | | | | 阳性数 | 感染率 | 发病数 | 发病率 |
	/头	1	2	3	4	5	6	7	8	/头	/%	/头	/%
母牛	8	++	+++	+	++	++	+	+	++	8	100	0	0
犊牛	8	+	++	−	+	−	+	+	++	6	75	1	22.5

从结果看,即使母牛分娩前无任何临床表现,但血液学检查呈阳性,其所产生的犊牛很大部分都会有附红细胞体的感染,有的甚至会发病,可以表明,母牛与犊牛间存在垂直感染。

3)奶牛附红细胞体发病情况检测结果

(1)发病特点　感染牛只无年龄差别,新生犊牛、青年牛、泌乳牛都能感染,发病牛多是刚产后的母牛和1月龄以下的犊牛。

(2)临床症状　初期症状不明显,仅表现食欲减退、异嗜、可视黏膜黄染,随着病情发展,可视黏膜黄染加重,甚至波及乳房、阴部等皮肤。体温升高至 40.5～42.5℃。呼吸、脉搏加快,反刍减少或停止,产奶量下降,四肢无力,走路摇摆多汗,便秘或腹泻,粪便带血。重者卧地不起,孕牛流产,后期严重贫血,可视黏膜黄染,皮肤苍白,全身肌肉震颤,结膜色淡,被毛逆立,皮肤弹性降低,精神不振,反应迟钝,粪便时干时稀,体温时升时降,磨牙、异嗜。

(3)剖检变化　剖检可见血液稀薄,皮下水肿,黏膜、浆膜、腹腔内及脂肪、肝脏等呈不同程度黄染,皮下黏膜苍白,全身淋巴结肿大,肝脏明显肿大并呈土黄色;脾脏肿大呈紫色,质地变软,并有针尖大的灰白结节;肺水肿或肺实质肉变,缺乏弹性,有出血斑;胆囊肿大,内充满黑色胆汁;肾肿大,外观颜色发白,髓质可见出血点;心包积液,心内外膜有出血点,心肌松弛,胸腹腔有大量积液,血液稀薄不易凝固。

(4)病原学检测结果　血片镜检,观察到红细胞大部分变形,呈菠萝形、星形或菜花状,经计数可占到总数的 60%～80% 及以上,在红细胞周围、血浆中及少数红细胞内可见有数量不等的圆形、卵圆形、短杆状、月牙形或点状的闪光虫体,而且这些虫体呈现震颤,上下左右摆动或翻滚运动,且虫体具有很强的折光性,调节微调,虫体如星光闪亮,反向调节微调,虫体变暗。被寄生的红细胞边缘不齐,多呈齿轮状。吉姆萨染色,可见红细胞周围有大小不一,形状不一的淡蓝色虫体,调动显微镜微调时,虫体出现,光亮透明,中内发亮,形如空泡。可明显地判断出病牛附红细胞体的感染率达 75% 以上,多数达到 100%,红细胞变形率可达 95%以上。

4)治疗试验

结果见表 2-16。

表 2-16　药物治疗效果

	试验数/头	有效数/头	有效率/%	治愈数/头	治愈率/%
试验 1	30	18	60	9	30
对照 1	25	3	12	1	4
试验 2	20	15	75	7	35
对照 2	14	2	14.2	1	7.14
试验 3	20	14	70	10	50
对照 3	20	4	20	0	0

由表 2-16 可以看出,尼克苏、贝尼尔、头孢多烯对奶牛附红细胞体病有效率为 60%～75%,治愈率为 30%～50%;青霉素、链霉素等对附红细胞体有效率为 12%～20%,治愈率为 0～7.14%。

根据临床治疗的效果表明:青霉素、链霉素等对附红细胞体治疗疗效较差,只可暂时使体温下降,少量采食,但停药后体温又回升,病情加重。尼克苏、贝尼尔、头孢多烯对奶牛附红细胞体病有明显疗效。

四、研究结论

(1)采用 BMT 每月检测一次隐性乳房炎,并对阳性牛进行投药治疗,不但可以收到明显的治疗效果,还可以降低显性乳房炎的发病率。

(2)康贝、中药组方对隐性乳房炎有治疗作用,对降低显性乳房炎的发病率效果明显。

(3)人工接种无乳链球菌,母鼠乳腺组织中的细菌数在感染 6～24 h 呈增多趋势,在攻菌后 24 h 达到峰值,在感染 24～72 h 有所减少。

(4)中药复方制剂能够抑制无乳链球菌在乳腺内的繁殖并降低其对母鼠乳腺的损伤,而且减轻乳房炎症变化及全身反应,对乳房炎症有良好的治疗作用。

(5)黄芩苷能够抑制无乳链球菌在小鼠乳腺内的繁殖,并且能够提高小鼠的免疫力及调节 Th1/Th2 平衡,对无乳链球菌诱发的小鼠实验性乳房炎有一定的保护作用。

(6)牛病毒性腹泻、牛鼻气管炎病原污染较为普遍,有 1/4 的养殖场存在牛副结核病病原。

(7)虎红平板凝集试验仍适用于布病免疫牛群的初步筛选之用,尤其是免疫期超过 6 个月以上的奶牛。

(8)与布病抗体竞争 ELISA 检测方法比较,试管凝集试验对免疫期超过 1 年的奶牛仍有 95.65% 的特异性,由于其操作简便,尤其适于基层兽医实验室使用。

(9)瑞典 Svanova 公司生产的布病抗体竞争 ELISA 试剂检出结果与 PCR 临

床病料检出结果符合率为100%,表明该试剂除可用于19菌株疫苗免疫6个月以上奶牛的鉴别诊断,也适用于猪型2号布病疫苗(S2)免疫6个月以上奶牛的鉴别诊断。

(10)PCR法不适用于临床血样的检测,但可用于流产病料的检测定性。

(11)奶牛附红细胞体病除媒介昆虫、血液传播外,还可通过胎盘垂直传播。

(12)奶牛附红细胞体阳性率很高,但发病率不高,多为隐性感染。奶牛发生附红细胞体病后,尼克苏、贝尼尔、头孢多烯等对该病有明显疗效,但要早期使用。常规抗菌药物不能达到很好疗效,但其可以防止其他细菌继发感染。

五、与国内外同类研究比较

国内、外关于奶牛乳房炎防治和布病诊断的研究报道很多,针对隐性乳房炎目前多采用病原分离鉴定、筛选优势菌种、筛选敏感药物等方法进行防控,本项目从定期检测、筛选有效防治药物、提高饲养管理水平入手,易于养殖者掌握应用。对于布病,多数国家采用检疫、无害化处理措施已达净化或消灭标准,针对免疫牛群进行鉴别诊断的报道较少,采用琥红平板凝集、试管凝集、ELISA、PCR 4种方法进行检测比较,最终确立鉴别诊断规程的未见报道。

六、技术关键及创新点

(一)技术关键

乳房炎标准动物模型的建立;奶牛场乳房炎综合防治方案的制定;免疫牛群布病鉴别诊断规程的制定。

(二)创新点

(1)优选了免疫牛群布病免疫抗体和感染抗体的鉴别方法,为奶牛养殖场布病净化提供了技术支持。

(2)通过建立乳房炎标准动物模型,研究提出了一种奶牛乳房炎药物治疗方法,为临床上奶牛乳房炎的新药筛选提供新的思路和途径。

(3)从血清学角度对奶牛病毒性腹泻、牛鼻气管炎等多种疫病进行了普查,为常见疫病的防控提供了基础依据。

七、推广应用及实施效果

(一)防治技术推广

自2007年8月,除项目示范场外,在奶牛养殖较为密集的唐山市丰润区、河北滦县、河北滦南县各选择了 10 个奶牛养殖场或挤奶站,在唐山市丰南区、唐山市开平区、河北遵化市、河北玉田县、唐山市芦台经济开发区、唐山市汉沽管理区各选择 2 个奶牛养殖场,进行隐性乳房炎综合防治技术推广,为养殖场、挤奶站免费提供 BMT 诊断试剂 500 瓶、检测盘 500 个、康贝及中药制剂 500 头份,促使 105 个奶牛养殖场(小区)改造了奶牛运动场,购置了 TMR 饲料搅拌机,降低了隐性和显性乳房炎的发病率,提高了牛奶产量。据 2009 年 4—5 月统计项目示范场隐性乳房炎检出率为 26.39%,显性年发病率为 16.21%,二者较项目开展前分别下降了 17.94%、10.84%,3 年间为奶牛养殖场(户)挽回经济损失 5 500 万元。

(二)布病、结核病净化试验示范

经采取综合防治措施,1980—2000 年唐山市已达到布病、结核病农业部颁布的稳定控制标准,但由于奶牛业的快速发展,奶牛调运频繁,自 2004 年布病、结核病的阳性检出率和人间的发病人数呈现上升趋势,自 2007 年按河北省畜牧兽医局统一部署实施布病普免,但科研示范场和唐山市芦台经济开发区、唐山市汉沽管理区、河北乐亭县仍然坚持 2 次/年"两病"普检,结核病为 3 月龄以上牛只全检,布病为 6 月龄以上牛只全检,对检出的阳性牛全部进行无害化处理。

3 年间,唐山市芦台经济开发区、唐山市汉沽管理区、河北省乐亭县和科研示范场均未检出"两病"阳性牛,但自其他养殖场或散养户中检出布病阳性牛 276 头,结核病牛 57 头,全部进行了无害化处理,降低了"两病"在畜间和人间的传播,为使唐山市畜间、人间"两病"发病数始终保持在河北省较低水平发挥了重要作用。

八、应用前景分析

奶牛场乳房炎控制方案已在唐山市部分奶牛场(小区)推广应用,均取得了降低发病率,提高乳品产量和质量的作用,因其选择优势菌种、高敏药物的防治措施为提高饲养管理水平、提高机体抵抗力的做法简便易行,养殖者易于接受,推广前景广阔。

对于布病的防控,河北省均采用了强制免疫政策,且在免疫前未进行普检,近期农业部对该病又制定了"北免南不免,羊免牛不免"的方针,布病的免疫范围将逐渐扩大,所以免疫牛、羊的鉴别诊断技术应用覆盖面积将不断扩大。

九、存在的问题和今后研究方向

奶牛规模化养殖是发展的大趋势,奶牛口蹄疫、病毒性腹泻等群发疫病对养牛业的危害将突显,如何控制奶牛散养户群发病将成为下一步的研究重点。

附录 2-1

奶牛隐性乳房炎综合防治方案

奶牛隐性乳房炎无明显临床症状,乳房和乳汁无肉眼可见异常现象,因而不易被发现,常常被人们忽视,但患牛所产乳汁在理化性质和细菌学上已经发生了变化。奶牛隐性乳房炎给生产带来的损失主要表现在:产乳量降低 4%～20%;乳的品质降低,乳糖、乳脂、乳钙减少,乳蛋白升高、变性;极易转变成临床型乳房炎,其转变率是健康牛的 3～4 倍。所以,隐性乳房炎给养牛业造成的经济损失是难以估计的。为控制该病,提高牛奶产量和质量,制定本方案。

1. 场区环境卫生

重视牛场绿化美化,改善场区小气候,及时清除牛舍内外粪便及其他污物,保持不积水,地面干燥。安装通风换气设备,及时排出污浊空气,保持舍内空气新鲜。每次奶牛下槽后,饲槽、牛床一定要扫刷干净。夏季要搞好防暑降温工作,冬季牛舍注意防风,保持干燥。要严格消毒制度,每隔 10 d 用消毒液喷雾消毒 1 次,乳房炎高发季节(8—10 月)应强化消毒措施。

2. 牛体清洁

每天把牛牵出去晒太阳,注意刷拭牛体,每天早晚刷拭 2 次,每次 3～6 min,须周密刷拭全身各部位,不可疏漏,这个过程中要仔细观察个体精神状态,是否有潜伏疾病。牛床应常年有垫草,这对保护乳房很重要。注意奶牛产后护理,排出的恶露要及时清理,避免污染畜体的后躯。

3. 加强饲养管理

保证足够的青绿、青贮料饲喂量,饲喂优质干草,冬、夏季不得过于悬殊。使用 TMR(total mixed ration,全混合日粮)饲料搅拌机混合日粮。禁用变质饲料,水质要保证清洁卫生,随时饮用,冬季切忌喂给带冰渣的水。

4. 运动场宽敞干燥

养牛场区应根据饲养规模建造运动场,成年乳牛的运动场面积保证每头 25 m^2,运动场可按 50 头的规模用围栏分成小的区域。运动场要建在地势平坦干燥、背风向阳的地方,可以建成地面平坦、中央高、四周低的缓坡度状,也可以是北高南低的一面坡状,要建有排水沟。运动场垫土要坚实,以沙壤土最理想。严忌运动场低洼潮湿,排水不良和使用炉渣碎石垫造运动场。运动场内要建有凉棚,凉棚面积按成年乳牛每头 4 m^2,应为南向,棚顶应隔热防雨。

5. 挤奶操作要规范

挤奶员要固定,要经过严格培训,挤奶前双手洗净消毒,手工挤奶应采取规范的拳握式,严禁使用滑榨法。机械挤奶时要熟悉机械操作,人牛配合,保持安静,防止乳头损伤,减少应激反应。挤奶之前应对挤奶场所清洗消毒,将牛体后躯刷擦干净。一定要注意挤奶的顺序,先挤头胎牛或健康牛的奶,后挤有疾病牛的奶。清洗乳房分为淋洗、擦干、按摩3个过程。淋洗时用40～50℃温水,要自上而下进行淋洗,注意洗的面积不要太大。淋洗后用干净的毛巾擦干,毛巾要及时清洗消毒,然后按摩乳房,这一整个过程要轻柔快速,一般在25～35 s内完成。弃乳应挤在准备好的专用桶内,禁止随意丢弃。

6. 乳头浸浴消毒

挤奶前可选用3%次氯酸钠或0.5%洗必泰、0.1%雷夫奴尔、0.1%新洁尔灭做乳头浸浴消毒,保证消毒药停留30 s,然后用消毒纸巾擦干。挤奶后可选用护乳宝(1%聚维酮碘)或洁乳净(5%聚维酮碘)做乳头药浴。消毒液的量不要太多,但要能浸没整个乳头。

7. 挤奶机的使用要规范

挤奶机要按规范操作,正确快速套上奶杯,套杯的顺序是从左手对面的乳区开始顺时针方向依次套杯,这样既方便也安全。套杯时要避免进气,套奶杯后要检查悬挂得是否正常、下奶是否流畅。注意既要挤净乳汁,也要杜绝空挤。奶杯内衬使用控制在2 000头次以下,定期检查奶杯内衬及脉动管,发现老化或破损必须及时更换,每次挤奶完毕后按清洗程序严格清洗,并彻底消毒。

8. 定期筛查,隔离病牛

乳房炎的检测分为日检和月检。日检是通过挤奶人员手和眼的感知来完成的,每天挤奶前进行乳房淋洗按摩时,观察乳房是否有硬块、肿胀、热、痛反应,挤奶开始时,先从每个乳区挤出三把奶于固定在大杯子口上的带滤网的黑色检查板上,检查是否有奶块、絮状物并观察奶颜色的变化,判断该乳区的健康情况。月检是每头牛每个乳区每月检查一次,方法采用间接乳汁体细胞计数检查法(BMT法),具体方法在技术报告中有详细说明。检出的病牛要由专人、专圈饲养,设专职挤奶工手工挤奶或使用单独挤奶机挤奶。乳汁要做无害化处理,病牛及时进行治疗。

9. 干乳期的预防措施

干乳应选在预产期的55～60 d之前,最少不得低于50 d,最好采用一次干乳法。对于奶量高于10 kg的牛,在停奶前3～4 d,要逐步减少饲料及水的喂量,迫使其减少产奶量。干乳前一周应用BMT法作隐性乳房炎检测,对强阳性牛或临床型乳房炎的应先治疗再干乳。最后一次挤完奶后,每乳区各注入乳炎康(干奶期)一支,并用金霉素眼膏封闭乳头管。干乳后第一周和产犊前一周,每天用护乳宝或洁乳净做乳头消毒。

10. 治疗措施

传统治疗奶牛乳房炎的方法是注射抗生素,此法虽有一定的治疗效果,但也带来了奶中易残留抗生素和病原易产生抗药性等弊端。下面介绍几种治疗效果好且无药残治疗隐性乳房炎的方法。

(1)康贝 产自美国的一种生物活性制剂,不含有任何激素及抗生素由北京东方联鸣科技发展有限公司分装,每袋 1 000 g。每天每头牛投喂 20 g,与精料混合一起投喂,连用 40 d,效果明显。

(2)中药治疗 方剂为:金银花 80 g,连翘 60 g,当归 80 g,川芎 40 g,蒲公英 80 g,玄参 50 g,黄芩 50 g,柴胡 40 g,甘草 30 g,瓜蒌 80 g。研末内服,每天 1 剂,连用 3 d。

(3)亚硒酸钠维生素 E 将药粉先用 75%酒精溶解,然后加适量水,均匀拌入精料中饲喂,每头每次投药 0.5 g,隔 7 d 投药 1 次,共投药 3 次。

附表 2-1　隐性乳房炎分组治疗效果统计

场名	试验 1 组					试验 2 组					试验 3 组					试验 4 组					对照组					合计试验头数
	试验数/头	治愈数/头	治愈率/%	有效数/头	有效率/%	试验数/头	治愈数/头	治愈率/%	有效数/头	有效率/%	试验数/头	治愈数/头	治愈率/%	有效数/头	有效率/%	试验数/头	治愈数/头	治愈率/%	有效数/头	有效率/%	试验数/头	自愈数/头	自愈率/%	有效数/头	有效率/%	合计试验头数
A	62	35	56	13	77	43	11	26	8	44	32	7	22	6	41	51	16	31	13	57	26	5	19	3	31	214
B	206	108	52	38	71	28	9	32	8	61	25	7	28	7	56	67	24	36	12	54	25	8	32	4	48	351
I	122	95	78	12	88	20	5	25	5	50	18	9	50	3	67	51	19	37	11	59	16	2	13	4	38	227
C	46	21	46	18	85	15	3	20	4	47	15	4	27	2	40	38	20	53	9	76	10	2	20	0	20	124
合计	436	259	59	81	78	106	28	26	25	50	90	27	30	18	50	207	79	38	45	60	77	17	22	11	36	916

附表 2-2　各试验组显性乳房炎发病情况

场名	试验 1 组			试验 2 组			试验 3 组			试验 4 组			对照组			合计		
	试验数/头	发病数/头	发病率/%	试验数/头	发病数/头	发病率/%	试验数/头	发病数/头	发病率/%	试验数/头	发病数/头	发病率/%	试验数/头	发病数/头	发病率/%	试验数/头	发病数/头	发病率/%
A	62	3	4.84	43	4	9.30	32	4	12.50	51	3	5.88	26	4	15.38	214	18	8.41
B	206	20	9.71	28	6	21.43	25	6	24.00	67	6	8.96	25	6	24.00	351	44	12.54
I	122	13	10.66	20	4	20.00	18	6	33.33	51	6	11.76	16	3	18.75	227	32	14.10
C	46	8	17.39	15	3	20.00	15	5	33.33	38	5	13.16	10	6	60.00	124	27	21.77
合计	436	44	10.09	106	17	16.04	90	21	23.33	207	20	9.66	77	19	24.68	916	121	13.21

第三章 猪瘟综合高效防控技术

猪瘟(swine fever)是由猪瘟病毒引起的猪的一种急性或慢性、热性和高度接触性传染病,是目前危害我国养猪业主要疫病之一,至今尚无有效治疗药物和手段。唐山市动物疫病预防控制中心 2012 年流行病学调查显示,唐山市规模猪场猪瘟病原阳性率平均为 13.45%,最高可达 18.14%,发病率和死亡率分别为 12.54% 和 3.95%。

2012 年,唐山市动物疫病预防控制中心针对规模猪场猪瘟免疫程序混乱、发病率及死亡率较高等现实问题,立项开展"规模猪场猪瘟流行病学调查及防控技术研究",建立了猪瘟免疫效果评估模型,应用免疫效果评估模型不但可以对猪瘟免疫效果进行评估,还可以缩短免疫程序设计或调整的时间。通过种猪群的全部采样、仔猪分阶段采样开展病原学检测,淘汰阳性种猪建立无该病种猪群,程序化免疫仔猪的防控措施,该技术成果取得了国内领先水平。

一、研究背景

目前全世界有近 50 个国家和地区存在猪瘟。我国于 1956 年提出猪瘟的消灭计划,2007 年国家将猪瘟列为强制免疫范围,但到目前猪瘟仍在不间断地流行,死亡率较高,每年给养猪业造成的直接经济损失近 10 亿元。唐山市动物疫病预防控制中心 2010 年开展流行病学调查显示,唐山市规模猪场猪瘟病原阳性率平均为 12.58%,最高可达 18.14%,给养猪业带来巨大的经济损失。

目前猪瘟防控中存在的主要问题有:一是受养殖环境、免疫程序混乱、病死猪监管困难、流通环节等因素制约,存在虽然经过免疫,但仍然发病的问题。二是传统净化技术烦琐、用时长、净化费用高等因素制约,造成净化困难,病原广泛存在的问题。三是中小规模猪场由于净化困难,仅限于发病后的治疗,所以造成病原广泛传播的问题。四是受诊断方法、诊断试剂及基础设施、人员等因素的制约,存在各级防治机构及养殖场对该病的诊断和检测技术相对落后的问题。

针对上述问题,目前养猪业迫切需要有一套科学有效的防控技术来有效地防控猪瘟的发生。2012 年,唐山市动物疫病预防控制中心承担的"规模猪场猪瘟流行病学调查及防控技术研究"市科研项目,通过项目研究,建立了规模猪场猪瘟免疫效果评估模型技术,该项技术取得的国内领先技术成果,本项目拟结合该项技术成果和我单位自有专利"消毒垫"技术,制定《猪瘟综合高效防控技术》向全市规模猪场推广应用。

二、主抓技术环节

(1)定期开展猪瘟流行病学调查、摸清发病情况。

(2)应用"猪瘟免疫效果评估模型"适时开展免疫效果评估工作,优化免疫方案,调整免疫程序。

"猪瘟免疫效果评估模型"主要内容是:种猪分阶段、仔猪按周龄分别采集血清样本,既种公猪、后备母猪、1～2胎母猪、3～4胎母猪、5～6胎母猪、6胎以上母猪、仔猪按2、4、6、8、10、12、14、16、19、23周龄采集血清样本,每阶段至少5份样本,分别开展免疫抗体和病原检测,并绘制免疫抗体消长规律图和病原分布图,根据结果修订免疫程序。

(3)做好猪场消毒工作,推广多功能消毒垫,加强饲养管理。

(4)综合高效防控措施的制定与推广。

三、多点控制试验示范过程及结果

(一)选定试验示范场

项目立项后,课题组选择唐山市开平区A场、唐山市路南区B场、河北玉田县C场、河北迁安市D场、河北遵化市E场共5个规模猪场作为试验示范场开展试验示范,示范场基本情况见表3-1。

表3-1 示范试验场基本情况

序号	场名	公猪存栏/头	母猪存栏/头	年出栏数/头
1	A场	34	1 278	20 000
2	B场	20	382	8 300
3	C场	32	415	9 200
4	D场	22	495	11 300
5	E场	18	542	13 000
合计		126	3 112	61 800

(二)规模猪场猪瘟流行病学调查

为摸清唐山市规模猪场猪瘟发病情况和免疫水平,查找存在问题,课题组分别开展了猪瘟发病情况调查和血清学调查。

1. 发病情况调查

2012 年,课题组采用门诊病历汇总、现场填写调查表等方式,分别在确定的试验示范场和规模猪场中开展了猪瘟流行病学调查工作,以临床表现寒战、便秘、皮肤黏膜发绀,有出血点,高烧 40℃ 以上,剖检淋巴结肿大出血、切面呈大理石样,脾脏梗死,回盲瓣纽扣状溃疡等特征性病变即为猪瘟病例。调查结果见表 3-2、表 3-3。

调查结果显示,示范场猪瘟发病率和死亡率分别为 9.96% 和 1.09%,其他规模猪场猪瘟发病率和死亡率分别为 12.96% 和 4.42%。加权平均后,规模猪场发病率和死亡率分别为 12.54% 和 3.95%。

表 3-2　示范场猪瘟发病情况汇总

序号	场名	存栏数/头	发病数/头	死亡数/头	发病率/%	死亡率/%
1	A 猪场	7 560	527	57	6.97	0.75
2	B 猪场	3 850	332	34	8.62	0.88
3	C 猪场	3 608	508	51	14.08	1.41
4	D 猪场	5 140	625	76	12.16	1.47
5	E 猪场	6 540	667	72	10.2	1.1
合计		26 698	2 659	290	9.96	1.09

表 3-3　唐山市各县(市、区)规模猪场猪瘟发病情况汇总

县(市、区)	调查场数	存栏数/头	发病数/头	死亡数/头	发病率/%	死亡率/%
遵化市	10	7 256	876	245	12.07	3.38
玉田县	15	28 708	3 728	1 250	12.99	4.35
丰润区	10	9 425	1 540	427	16.34	4.53
丰南区	10	12 400	1 403	482	11.31	3.89
滦县	10	10 220	1 207	457	11.81	4.47
滦南县	15	32 500	4 260	1 674	13.11	5.15
乐亭县	10	7 980	923	281	11.57	3.52
曹妃甸区	5	3 250	357	184	10.98	5.66
古冶区	5	4 050	517	169	12.77	4.17
其他	20	47 500	6 351	2 053	13.37	4.32
合计	110	163 289	21 162	7 222	12.96	4.42

2. 猪瘟血清学普查

为摸清猪瘟抗体水平和病原感染情况,课题组在 2012 年 1—6 月开展了猪瘟血清学普查,在示范场应用"猪瘟免疫效果评估模型"分别检测免疫抗体和感染抗体。

1)采样方法

示范场按分层随机采样方法进行采样,公猪全部采样,种猪分阶段、仔猪按周龄,具体按下列分群:后备公猪、种公猪、后备母猪、1~2 胎母猪、3~4 胎母猪、5~6 胎母猪、6 胎以上母猪、2 周龄仔猪、4 周龄仔猪……23 周龄育肥猪;各周龄上下浮动天数不得超过 3 d,每一阶段采样至少 5 份以上。其他猪场随机采样。具体编号方法如表 3-4 所示。

表 3-4　猪场采样编号

日龄	2 W	4 W	6 W	8 W	12 W	14 W	16 W	19 W	23 W	P1~2	P3~4	P5~6	>P6	公猪	后备种猪
编	1	6	11	16	21	26	31	36	41	46	51	56	61	66	71
号	2	7	12	17	22	27	32	37	42	47	52	57	62	67	72
	3	8	13	18	23	28	33	38	43	48	53	58	63	68	73
	4	9	14	19	24	29	34	39	44	49	54	59	64	69	74
	5	10	15	20	25	30	35	40	45	50	55	60	65	70	75

注:W 代表周龄,P 代表胎次。

2)检测方法

检测方法为猪瘟间接血凝抑制试验和猪瘟病毒 ELISA 试验。其他县(市、区)猪场采用猪瘟间接血凝抑制试验仅检测免疫抗体。ELISA 检测试剂购自北京世纪元亨生物公司海博莱产品,间接血凝抗原购自兰州兽医研究所,均按试剂盒说明书操作。

3)猪瘟抗体普查结果

(1)示范场猪瘟免疫抗体结果　示范场结果见附表 3-1、图 3-1。

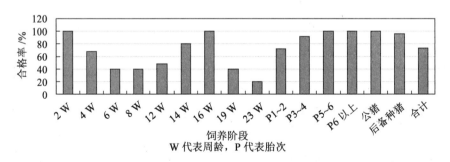

图 3-1　示范场猪瘟免疫抗体合格率

示范场猪瘟免疫抗体合格率为 73.07%,虽然在国家规定的 70% 群体合格率之上,但低于河北省规定的 80% 标准,从分阶段图可以看出仔猪在 4、6、8、12 周免疫抗体偏低,14 周开始上升,从 19 周开始又下降,后备母猪免疫抗体较差。

(2)猪场普查结果　结合 2012 年春防集中检测,课题组开展了猪瘟免疫抗体检测,唐山市所有猪场共抽检了 95 个猪场的 1 900 份样品,经猪瘟间接血凝试验,合格率为 83.68%。

4)猪瘟病原普查结果

(1)示范场病原普查　课题组在示范场应用"猪瘟免疫效果评估模型",采用猪瘟病原 ELISA 试验开展了猪瘟病原普查工作,普查结果见附表 3-2、图 3-2。

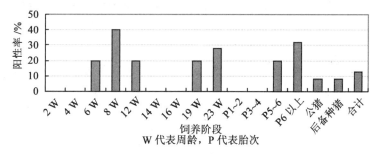

图 3-2　示范场猪瘟病原学检测结果

从病原学检测结果看,示范场猪瘟病原阳性率为 13.07%,病原污染阶段主要在 6～12 周龄、19～23 周龄和老龄母猪,这和免疫抗体检测基本吻合。

(2)猪场猪瘟病原普查　结合 2012 年春防集中检测,课题组同时开展了猪瘟病原学普查,共抽检了 95 个猪场的 1 900 份样品,经猪瘟病毒 ELISA 试验,猪瘟病原阳性率为 13.53%。

5)结果分析

一是通过本次普查摸清了唐山市猪瘟免疫抗体合格率为 81.93%(加权平均值),猪瘟病原阳性率为 13.45%(加权平均值)。二是掌握了猪瘟免疫抗体消长规律和病原分布情况。免疫抗体仔猪在 4、6、8、12 周免疫抗体偏低,14 周开始上升,从 19 周开始又下降,后备母猪免疫抗体较差。病原污染阶段主要在 6～12 周龄、19～23 周龄和老龄母猪。

(三)多点控制示范试验过程及结果

2012 年 6 月至 2013 年 6 月,课题组在示范场开展了多点控制试验,具体过程及结果如下。

1.试验内容及方法

1)修改免疫程序

根据示范场猪瘟免疫效果评估结果对示范场免疫程序进行修改,猪瘟首免由 35 d 左右改为 21 d,二免由 65 d 左右改为 50 d 左右,这样就可以避免 4 周龄时猪瘟抗体下降,使猪瘟抗体水平始终保持在较高水平,从而降低猪瘟的发病率和死亡率,向全市规模猪场推广应用。

2)加强饲养管理

(1)强化档案制度 猪场应建立防疫档案,详细记录生产状况、发病情况、诊断情况、免疫程序、免疫时间、所用疫苗生产厂家和疫苗批号、检测时间、检测病种和检测结果等有关生产和防疫的相关内容。

(2)强化防控措施 一是结合猪瘟快速诊断方法,对临床诊断为猪瘟的种猪及时淘汰,商品猪在做好隔离措施的前提下做好紧急免疫,没有治疗价值的和病死猪及时进行无害化处理。二是根据病原学检测结果,淘汰病原阳性的种公猪、后备母猪和老龄经产母猪。种猪群猪瘟病原阳性较高的场,每年至少对全部种猪群(包括种公猪、后备母猪及经产母猪)进行全部采样,淘汰阳性猪。三是坚持自繁自养、全进全出制度;饲料、饮水安全;多种动物不得混养;做好防鼠灭蝇及野生动物等。四是环境控制,主要包括保持猪舍环境卫生;定期消毒;加强通风换气、保温措施;各种生物安全措施;病死猪及污染物无害化处理等措施。

3)制定并执行猪瘟综合高效防控技术

课题组总结制定了包括快速诊断、定期开展"猪瘟免疫效果评估"、修订免疫程序、强化饲养管理等技术措施的猪瘟综合高效防控技术措施在示范场和所有规模猪场推广应用。

4)定期开展"猪瘟免疫效果评估"

每年至少 2 次,应用"猪瘟免疫效果评估模型"开展免疫效果评估,根据评估结果及时修订免疫程序,淘汰阳性种公猪、老龄母猪及后备母猪。

2.试验示范结果

1)猪瘟免疫效果评估结果

经采用上述综合高效防控技术 1 年后,应用"猪瘟免疫效果评估模型"对示范场进行评估,具体评估结果见附表 3-3、附表 3-4 和图 3-3、图 3-4。

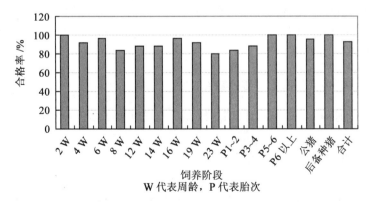

图 3-3 示范场猪瘟免疫抗体评估结果

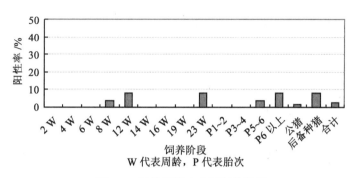

图 3-4　示范场猪瘟病原评估结果

结果显示,经应用"猪瘟免疫效果评估模型"、强化饲养管理、修订免疫程序等综合防控措施后,示范场猪瘟免疫抗体合格率较试验前的 73.07% 提高到 92.89%,提高了 19.82 个百分点,猪瘟病原阳性率较试验前的 12.07% 下降到 2.51%,下降了 9.56 个百分点。

2)示范场猪瘟发病情况

经 1 年的试验示范统计示范场猪瘟发病情况,见表 3-5。

表 3-5　示范场猪瘟发病情况

序号	场名	存栏数/头	发病数/头	死亡数/头	发病率/%	死亡率/%
1	A 猪场	8 652	178	32	2.06	0.37
2	B 猪场	4 955	106	18	2.14	0.36
3	C 猪场	5 632	122	23	2.17	0.41
4	D 猪场	5 523	173	31	3.13	0.56
5	E 猪场	5 865	132	30	2.25	0.51
合计		30 627	711	134	2.32	0.44

结果显示经 1 年的试验示范,示范场猪瘟的发病率由试验前的 9.95% 下降到 2.32%,下降了 7.63 个百分点,死亡率由试验前的 1.09% 下降到 0.44%,下降了 0.65 个百分点。

3.生产示范

在多点控制试验的基础上,课题组制定了猪瘟综合高效防控技术(附录 3-1),2013 年 1—12 月在养殖密集地区的 104 个规模猪场进行生产示范,示范结果如下。

1)生产示范血清学调查

结合 2013 年冬季集中检测,课题组对 104 个生产示范场的 2 080 份血清样本分别开展了猪瘟免疫抗体和病原学检测,结果为生产示范猪瘟免疫抗体合格 1 924 份,合格率 92.5%,猪瘟病原阳性 86 份,阳性率 4.13%,较示范前普查结果,免疫抗体合格率提高了 8.82 个百分点,病原阳性率下降了 9.4 个百分点。

2)生产示范猪瘟发病情况调查

生产示范猪瘟发病情况见表 3-6。

结果显示,经生产示范,所调查的 104 个猪场的 255 198 头猪,猪瘟的发病率为 4.6%,较项目开展前的 12.96%,下降了 8.36 个百分点,死亡率为 1.19%,较项目开展前的 4.42%,下降了 3.23 个百分点,示范效果显著。

表 3-6　唐山市各县(市、区)生产示范猪瘟发病情况调查

县(市、区)	调查场数	存栏数/头	发病数/头	死亡数/头	发病率/%	死亡率/%
遵化市	8	13 255	560	139	4.22	1.05
玉田县	20	46 520	1 725	453	3.71	0.97
丰润区	10	10 280	515	213	5.01	2.07
丰南区	8	10 325	501	126	4.85	1.22
滦县	9	23 500	1 028	238	4.37	1.01
滦南县	16	58 400	2 746	632	4.7	1.08
乐亭县	7	9 805	415	96	4.23	0.98
曹妃甸区	3	4 309	276	86	6.41	2
古冶区	5	10 284	416	80	4.05	0.78
其他	18	68 520	3 560	982	5.2	1.43
合计	104	255 198	11 742	3045	4.6	1.19

(四)实施效果

根据多点控制试验及生产示范结果,加权平均后项目实施效果为规模猪场猪瘟免疫抗体合格率较项目开展前的 81.93% 提高到 92.57%,提高了 10.64 个百分点,猪瘟病原阳性率较项目开展前的 13.45% 下降到 3.83%,下降了 9.62 个百分点,猪瘟的发病率较项目开展前的 12.54% 下降到 4.36%,下降了 8.18 个百分点,猪瘟的死亡率较项目开展前的 3.95% 下降到 1.11%,下降了 2.84 个百分点,具体结果见表 3-7。

表 3-7 项目实施效果比较

项 目		血清学调查		流行病学	
		免疫抗体合格率/%	病原阳性率/%	发病率/%	死亡率/%
实施前	示范场	73.07	13.07	9.96	1.09
	猪场普查	83.68	13.53	12.96	4.42
	加权合计	81.93	13.45	12.54	3.95
实施后	示范场	92.89	2.51	2.32	0.44
	生产示范	92.5	4.13	4.6	1.19
	加权合计	92.57	3.83	4.36	1.11
结果比较		提高 10.64 个百分点	下降 9.62 个百分点	下降 8.18 个百分点	下降 2.84 个百分点

四、技术关键

(1)制定了猪瘟综合高效防控技术(附录 3-1)。

(2)应用猪瘟免疫效果评估,调整免疫程序,使猪瘟抗体始终保持在较高水平,降低猪瘟发病率和死亡率。

①按分层随机采样方法进行采样,公猪全部采样,种猪分阶段、仔猪按周龄,各周龄上下浮动天数不得超过 3 d,每一阶段采样至少 5 份以上。

②免疫效果评估,必须免疫抗体和病原检测同时进行,绘制免疫抗体消长规律图和病原分布图。

③免疫程序调整,根据免疫抗体消长规律图和病原分布图,查找免疫低下节点和病原污染敏感阶段,调整免疫程序。

(3)养殖场应用推广多功能消毒垫技术,减少病原传入,降低发病率和死亡率。

附录 3-1

猪瘟综合高效防治技术

一、诊断

1. 流行特点

本病在自然条件下只感染猪,不同年龄、性别、品种的猪和野猪都易感,一年四季均可发生。病猪是主要传染源,病猪排泄物和分泌物,病死猪和脏器及尸体,急宰病猪的血、肉、内脏,废水、废料污染的饲料、饮水都可散播病毒。猪瘟的传播主要通过接触,经消化道感染。此外,患病和弱毒株感染的母猪也可以经胎盘垂直感染胎儿,产生弱仔猪、死胎、木乃伊胎等。

2. 临床症状

自然感染潜伏期为 5～7 d,短的 2 d,长的可达到 21 d,根据临床症状和特征,可分为急性、慢性、迟发性和温和型 4 种类型。

(1)急性型 病初表现精神差,发热,体温为 40～42℃,呈现稽留热,喜卧、弓背、寒战及行走摇晃,食欲减退或废绝,个别呕吐。结膜发炎,流脓性分泌物,将上、下眼睑粘住,不能张开,鼻流脓性鼻液。体温升高的病猪初期便秘,后期腹泻。病初皮肤充血到病后期变为紫绀或出血,以鼻端、耳后根、腹部及四肢内侧的皮肤可见针尖状出血点,指压不退色,腹股沟淋巴结肿大。急性型猪瘟大多数病猪在感染后 10～20 d 内死亡,症状较缓和的亚急性猪瘟病程一般在 30 d 之内死亡。

(2)慢性型 一般分为 3 期,早期即为急性期,有食欲不振,精神委顿,体温升高等症状。几周后食欲显著改善,体温降至正常或略高。后期病猪重现食欲不振精神委顿症状,体温再次升高直至临死前不久才下降。病猪生长迟缓,常见皮损,慢性猪瘟病猪可存活 100 d 以上。

(3)迟发性 此类型多为先天感染病毒所致,感染猪仔出生几个月可表现正常,随后发生食欲不振,精神沉郁,结膜炎、皮炎等症状,病猪体温正常,大多能存活 6 个月以上,母猪先天性感染可导致流产、胎儿木乃伊化、畸形、死胎等。

(4)温和型 又称非典型,主要发生较多的是断奶后的仔猪及架子猪,表现症状轻微,不典型,病情缓和,病程较长,体温稽留在 40℃左右,皮肤无出血小点,但有瘀血和坏死,食欲时好时坏,粪便时干时稀,病猪十分瘦弱,致死率较高,也有耐过的,但生长发育严重受阻。

3. 病理变化

急性和亚急性猪瘟主要以多发性出血为特征的败血症变化为主,消化道、呼吸道和泌尿生殖道有卡他性、纤维性和出血性炎症反应。脾脏边缘梗死。淋巴结水肿、出血,呈现大理石样或红黑色外观。肾脏皮质出血明显,可见针尖大小出血点或斑,全身浆膜、黏膜和心、肺、膀胱、胆囊均可见大小不等的出血点或出血斑。

慢性猪瘟的出血和梗死变化较不明显,但在回肠末端、盲肠和结肠常有特征性的坏死和溃疡变化,呈纽扣状。肋骨变化也很常见,表现为突然缺钙,从肋骨、肋软骨联合到肋骨近端有半硬的骨结构形成的明显横切线。先天性猪瘟感染可引起胎儿木乃伊化、死产和畸形。死胎最显著的病变是全身性皮下水肿,腹水和胸水。胎儿畸形包括头和四肢变形,小脑和肺发育不良,肌肉发育不良。在出生后不久死亡的子宫内感染仔猪,皮肤和内脏器官常有出血点。

4. 实验室诊断

实验室诊断包括荧光抗体检测,RT-PCR 检测等。

根据流行病学调查、临床症状和病理变化可作出准确的诊断。急性猪瘟在开始出现临床症状 1～2 周后,迅速传播到群内各种年龄的未免疫猪,死亡率很高。亚急性、慢性或温和型猪瘟,临床症状和病理变化存在很大差异,可以通过实验室诊断方法进行确诊。

二、检测

主要是应用"猪瘟免疫效果评估模型"开展免疫抗体检测和病原学检测,绘制免疫抗体消长规律图和病原分布图。

1. 采样

按分层随机采样方法进行采样,公猪全部采样,种猪分阶段、仔猪按周龄,具体按下列分群:后备公猪、种公猪、后备母猪、1～2 胎母猪、3～4 胎母猪、5～6 胎母猪、6 胎以上母猪、2 周龄仔猪、4 周龄仔猪……23 周龄育肥猪;各周龄上下浮动天数不得超过 3 d,每一阶段采样至少 5 份以上。

2. 检测方法

检测方法为猪瘟间接血凝抑制试验、猪瘟抗体 ELISA 试验和猪瘟病毒 ELISA 试验,按试剂使用说明书操作。

(1)根据养猪场流行病学调查、血清学、病原学检测结果,首先确定高发时段,然后依据所用疫苗剂型在高发时段向前推一定的时间作为免疫注射时间点。根据被检测场猪瘟抗体及病原学检测结果,由于 6～12 周仔猪免疫抗体水平较低而病原阳性率较高,所以应将免疫注射时间定为 3～4 周,1 个月后加强免疫一次(按免疫后 7～10 d 产生坚强免疫力,或 1～2 周产生坚强免疫力计)。

(2)鉴于高胎次母猪阳性率较高,应淘汰高胎次母猪。淘汰阳性种公猪和阳性后备母猪,公猪和后备母猪应全部采样进行病原检测,淘汰养阳性种公猪和后备母猪,按照国家相关要求处理。

(3)种猪群猪瘟病原阳性较高的场,每年至少对全部种猪群(包括种公猪、后备母猪及经产母猪)进行全部采样,淘汰阳性猪。

(4)如果新出生仔猪即为高发时段的,仔猪出生后进行超前免疫。

(5)当某一阶段免疫抗体检测结果与病原检测结果不一致时,结合流行病学调查结果分析,多数情况下病原检测结果与发病情况相符,所以应按病原分布情况调整免疫程序,无病原检出的时段,按免疫抗体检测结果调整免疫程序;无病原感染时,按免疫抗体消长规律调整免疫程序,以免疫合格率低于 70.00% 或平均值接近临界值或离散度大于 60.00% 为需进行免疫的临界点。

(6)评估时间间隔 通常为 2 次/年,有突发疫情时,可针对确诊或疑似病种进行检测和评估。

三、防治措施

(1)对所有新购入公猪和补充的后备母猪采取严格的猪瘟病原检测,确定阳性一律不能种用。

(2)母猪、仔猪按照评估结果实行程序化免疫。

(3)按母猪分阶段、仔猪分日龄采集样本,定期进行免疫抗体、猪瘟病原检测,适时调整免疫程序。

(4)应用多功能消毒垫,加强产房的消毒工作,每天消毒 1 次,连续操作 2 个月,以后每 2 d 消毒 1 次。保育和育肥猪舍 2～3 d 消毒 1 次。及时淘汰生产性能低下的母猪。

(5)严格执行各项生物安全制度,最大限度地控制传染源的传入和切断其他传播途径,出入口设置消毒垫。定期灭鼠、灭蚊蝇等;严禁饲养其他动物,门窗加设防鸟类和其他野生动物进入的设备;定期清扫与消毒,保持猪舍和环境的卫生;废弃物无害化处理等。

(6)做好其他常见疫病的防治。

附表 3-1 示范场血清学普查结果

指标	2 W	4 W	6 W	8 W	12 W	14 W	16 W	19 W
检测数/头	25	25	25	25	25	25	25	25
平均值	10	5	4	5	5	6	7	5
合格数/头	25	17	10	10	12	20	25	10
合格率/%	100	68	40	40	48	80	100	40
离散度/%	7.07	40.14	40.33	42.7	38.4	53.67	17.5	37.42

指标	23 W	P1～2	P3～4	P5～6	＞P6	公猪	后备种猪	合计
检测数/头	25	25	25	25	25	25	25	375
平均值	4	11	11	10	10	10	11	
合格数/头	5	18	23	25	25	25	24	274
合格率/%	20	72	92	100	100	100	96	73.07
离散度/%	37.27	7.47	10.14	23.27	14.54	23.11	12.86	

注:W 代表周龄,P 代表胎次。

附表 3-2　示范场病原学普查结果

指标	2 W	4 W	6 W	8 W	12 W	14 W	16 W	19 W
样本数/头	25	25	25	25	25	25	25	25
阳性数/头	0	0	5	10	5	0	0	5
阳性率/%	0.00	0.00	20.00	40.00	20.00	0.00	0.00	20.00
指标	23 W	P1～2	P3～4	P5～6	＞P6	公猪	后备种猪	合计
样本数/头	25	25	25	25	25	25	25	375
阳性数/头	7	0	0	5	8	2	2	49
阳性率/%	28.00	0.00	0.00	20.00	32.00	8.00	8.00	13.07

注：W 代表周龄，P 代表胎次。

附表 3-3　示范场猪瘟免疫抗体评估

指标	2 W	4 W	6 W	8 W	12 W	14 W	16 W	19 W
检测数/头	25	25	25	25	25	25	25	25
抗体平均值	8	7	7	8.5	7.5	6	8	8
合格数/头	25	23	24	21	22	22	24	23
合格率/%	100	92	96	84	88	88	96	92
离散度/%	7.07	10.2	15.2	8.9	8.4	10.35	12.05	17.5
指标	23 W	P1～2	P3～4	P5～6	＞P6	公猪	后备种猪	合计
检测数/头	25	25	25	25	25	128	25	478
抗体平均值	9	8	10	10	9	8	8.5	
合格数/头	20	21	22	25	25	122	25	444
合格率/%	80	84	88	100	100	95.31	100	92.89
离散度/%	20.5	8.14	11.2	13.65	12.35	10.2	8.2	

注：W 代表周龄，P 代表胎次。

附表 3-4　示范场猪瘟病原评估

指标	2 W	4 W	6 W	8 W	12 W	14 W	16 W	19 W
样本数/头	25	25	25	25	25	25	25	25
阳性数/头	0	0	0	1	2	0	0	0
阳性率/%	0	0	0	4	8	0	0	0
指标	23 W	P1～2	P3～4	P5～6	＞P6	公猪	后备种猪	合计
样本数/头	25	25	25	25	25	128	25	478
阳性数/头	2	0	0	1	2	2	2	12
阳性率/%	8	0	0	4	8	1.56	8	2.51

注：W 代表周龄，P 代表胎次。

第四章 种猪场猪伪狂犬病净化技术

种猪场猪伪狂犬病净化技术成果来源于唐山市科学与发展项目(编号为07120202A-4),主要采用种猪场猪伪狂犬病血清学普查、国产与进口双基因缺失疫苗免疫效果比较、免疫效果评估等试验研究,制定种猪场免疫净化方案。通过多点控制示范试验在河北省唐山市规模养猪场应用 3 年,使规模猪场猪伪狂犬病的发病率和死亡率分别下降了 12.78% 和 6.46%。3 年累计推广猪 350 万头,其中 2010 年推广猪 220 万头,累计新增社会效益 8 231.58 万元,社会和环境效益显著。

一、研究背景

猪伪狂犬病是由疱疹病毒科 a 亚科中的猪疱疹病毒 I 型所引起的多种家畜、禽及野生动物的一种以发热、奇痒(除猪外)、脑脊髓炎为主症的急性传染病。据报道,该病毒在全世界分布广泛,有 40 多个国家和地区发生过该病。目前,疫情仍有不断扩大的趋势,专家认为,该病所造成的损失仅次于口蹄疫和猪瘟,全世界因该病所造成的损失每年可达数十亿美元。

统计近几年国内报道,我国有 20 多个省有该病的发生和流行。李学伍等对河南省 19 个养猪场调查,猪伪狂犬病阳性检出率为 34.5%;苏双对吉林省 18 个规模化养猪场的 4 998 头种猪进行血清学检测,检出猪伪狂犬病抗体阳性率为 61.4%;郭绍林等对黑龙江省 22 个规模化种猪场进行检测,阳性检出率为 30.95%;顾小根对浙江省规模化种猪场进行血清学检测,检出猪伪狂犬病抗体阳性率最高达 100%,最低的为 50%。

2005 年 12 月,唐山市检测了 25 个猪场 275 头种猪,猪伪狂犬病野毒感染阳性率为 40.00%。检测社会散养母猪 190 头,野毒阳性率为 49.73%。2007 年流行病学调查显示,种猪场 1 月龄内仔猪发病率为 22.18%,死亡率为 10.44%,可见该病感染较为普遍,已经严重影响了养猪业的发展。所以在种猪场开展该病净化技术具有现实意义。

二、主抓的技术环节

(1)检测结果真实有效。各种疫病免疫抗体检测方法的选择以所测抗体与中和抗体相关性越密切越好;病原学检测选择国家标准或防治技术规范所规定使用的方法;所做检测均设阴、阳性对照,对照结果不成立的数据不得采用。

(2)种猪场采取母猪分胎次、仔猪分周龄检测猪伪狂犬病 gB 抗体和 gE 感染抗体,调整净化免疫程序。

(3)国产和进口伪狂犬病基因缺失疫苗免疫效果比较试验。

三、多点控制试验示范过程及结果

(一)试验时间与地点

2007 年 6 月至 2008 年 6 月,选定唐山市丰南区某养殖公司(以下称 A 场)、唐山市开平区某养猪场(以下称 B 场)、河北玉田县某养猪场(以下称 C 场)、河北遵化市某种猪场(以下称 D 场)和河北滦县某种猪场(以下称 E 场)作为试验示范场,检测在唐山市动物疫病预防控制中心检验科进行。

(二)试验示范内容与方法

1. 流行病学调查

首先调查试验场猪只存栏数量,统计最近一个年份 1 月龄以下猪只发病率、死亡率情况,现行的免疫程序及用苗品种。

2. 样本采集

按种猪分阶段、仔猪按周龄的方法分别采集血清样本。同时采集 1 月龄以内病死仔猪淋巴结样本。

3. 检测方法

使用 ELISA 法检测猪伪狂犬病 gB 和 gE 抗体,检测试剂均购自北京测迪公司,为法国里昂 LSI 公司生产。病原学检验采用 PCR 方法,诊断试剂购自北京世纪元亨公司。

4. 血清学普查

应用 ELISA 方法分别检测示范场不同阶段猪 gB 和 gE 抗体,摸清在种猪场内的免疫抗体和感染抗体分布情况。淘汰所有感染抗体呈阳性的种公猪、后备母猪和 5 胎以上的经产母猪。

5. 猪伪狂犬病在示范场的发病情况普查

应用 PCR 方法结合流行病学调查摸清猪伪狂犬病在示范猪场的发病率和死亡率。

6. 进口、国产双基因疫苗对比试验

为了比较国产伪狂犬病双基因缺失苗(广东永顺)和进口基因缺失苗(西班牙海博莱)的免疫效果,选择 A 场和 E 场进行了两种疫苗的免疫效果比较试验,以确定示范场所用疫苗品种。

7. 免疫程序评估

按种猪分阶段、仔猪按周龄的方法分别采集血清样本。进行 gB 和 gE 抗体检测，根据检测结果对免疫程序进行修改。各场使用新的免疫程序 1 年后，统计 1 月龄以内猪只发病率、死亡率情况，并与试验前进行比较。

(三)试验结果

(1)通过进口、国产疫苗对比试验，得出两种疫苗免疫效果无明显差异，所以采用国产伪狂犬病双基因缺失苗进行免疫，以节省成本；通过免疫程序评估最终确定免疫程序为：公猪、母猪首免后间隔 21 d 加强免疫 1 次，以后每 4 个月 1 次；仔猪：出生后 1 周内滴鼻，5～6 周龄加强免疫 1 次，12 周龄再加强免疫 1 次。

(2)对比结果显示，采取上述技术措施后，1 月龄以内猪只猪伪狂犬病的发病率、死亡率分别下降了 12.78% 和 6.46%，详细试验结果见表 4-1。

表 4-1　多点控制试验结果

| 场名 | 试验前 | | | | | 试验后 | | | | |
	年饲养量/头	发病数/头	发病率/%	死亡数/头	死亡率/%	年饲养量/头	发病数/头	发病率/%	死亡数/头	死亡率/%
A	11 460	3 012	26.28	1 128	9.84	12 340	1 563	12.67	569	4.61
B	8 360	2 015	24.10	1 157	13.84	10 780	1 010	9.37	366	3.40
C	5 320	830	15.60	532	10.00	6 570	459	6.99	153	2.33
D	8 540	935	10.95	752	8.81	9 630	485	5.04	246	2.55
E	12 510	3 452	27.59	1 254	10.02	13 260	1 425	10.75	759	5.72
合计	46 190	10 244	22.18	4 823	10.44	52 580	4 942	9.40	2 093	3.98

经卡方检验(χ^2 test)，试验前后发病率、死亡率差异极显著，即该项技术的应用对降低养猪场该病的发病率、死亡率具有显著作用。

四、技术要点

1. 建立防疫档案

规模养猪场均要建立防疫档案，详细记录生产状况、发病情况、诊断情况、免疫程序、免疫时间、所用疫苗生产厂家和疫苗批号、检测时间、检测病种和检测结果等有关生产和防疫的相关内容。有条件的规模场使用养猪场管理软件，对生产和疫病防疫状况进行监控。

疫控中心对所检测场建立检测档案，详细记录检测时间、评估结果和调整后的免疫程序，以备下次评估或发生疫情时参考。

2.确定采样方法

按分层随机采样方法进行采样,公猪全部采样,母猪分阶段、仔猪按周龄具体可按下列分群:后备公猪、种公猪、后备母猪、1~2胎母猪、3~4胎母猪、5~6胎母猪、7胎以上母猪、2周龄仔猪、4周龄仔猪、6周龄仔猪……22周龄育肥猪;各周龄上下浮动天数不得超过3 d。

中、小规模养猪场,猪龄结构不能满足上述要求的,可依实际情况增大采样周龄间隔,可变间隔为3周,或采用分批采样、集中检测的方法进行。

3.确定检测数量

以置信度95%,依据群的大小和预计的免疫合格率或感染率确定采样数量,通用的采样数量可查表4-2。

例如,预计某猪场猪伪狂犬病免疫合格率为50%,其各阶段猪群养殖数量均未超过1 000头时,其每阶段的最小采样数量为5头。

表 4-2　使检测结果有95%可信度时的采样数量　　　　　　　　　　头

群的	流行百分率/免疫合格率											
大小	50%	40%	30%	25%	20%	15%	10%	5%	2%	1%	0.5%	0.1%
20	4	6	7	9	10	12	16	19	20	20	20	20
30	4	6	8	9	11	14	19	26	30	30	30	30
40	5	6	8	10	12	15	21	31	40	40	40	40
50	5	6	8	10	12	16	22	35	46	50	50	50
60	5	6	8	10	12	16	23	38	55	60	60	60
70	5	6	8	10	13	17	24	40	62	70	70	70
80	5	6	8	10	13	17	24	42	68	79	80	80
90	5	6	8	10	13	17	25	43	73	87	90	90
100	5	6	8	10	13	17	25	45	78	96	100	100
150	5	6	9	11	13	18	27	49	95	130	148	150
200	5	6	9	11	13	18	27	51	105	155	190	200
500	5	6	9	11	14	19	28	56	129	225	349	500
1 000	5	6	9	11	14	19	29	57	138	258	450	950

4.科学分析检测结果

(1)免疫抗体检测结果分析。按采样分组分别计算免疫合格率、平均值和离散度,按周龄顺序制作免疫抗体消长曲线图,以上3项指标前2项指标高于国家或地方规定标准,离散度低于40%为免疫状况良好,反之免疫状况不理想;除免疫注射后1个月左右,免疫抗体平均值出现高出或低于前后坐标20%以上的,要追查原因。

（2）病原学检测结果分析。按采样分组分别计算感染率,对出现阳性的组别（或各组别均有阳性,某组别阳性率突出的）要追查原因,或定位为免疫程序调整的重点。

（3）野毒感染抗体检测结果分析。野毒感染后一般需要 1～3 周产生抗体,依据检测方法和疫病特性,将感染时间相应向前推,猪伪狂犬病感染后 1 周即可产生感染抗体。

5. 及时淘汰阳性种猪

对所有新购入公猪和补充的后备母猪采取严格的 gE 抗体检测,确定阳性一律不能种用。

在进行血清学普查和病原学检测过程中,要及时淘汰所有感染抗体或病原学检测阳性的种公猪、后备母猪和 5 胎以上的经产母猪,逐步建立无该病感染的健康种猪群,以达到逐步净化该病的目的。

6. 科学制定免疫程序

依据养猪场流行病学调查、血清学、病原学检测结果,首先确定该病的高发时段,然后依据所用疫苗剂型（剂型不同,注射后产生有效抗体的用时不同）在高发时段向前推一定的时间作为免疫注射时间点。一般情况下,基因缺失苗产生有效抗体需 7～10 d。该免疫时间点确定后,按抗体消长规律确定加强免疫甚至三免时间;有 2 个以上高发时段的均在高发时段前确定免疫时间,待疫情控制后再行调整。

新出生仔猪即为高发时段的,可于产前 21～30 d 免疫母猪或仔猪出生后进行超前免疫,或两项措施同时使用。

当免疫抗体检测结果与病原学结果相悖的,以病原学检测结果为准。

无病原感染时,按免疫抗体消长规律调整免疫程序,以免疫合格率低于 70.00% 或平均值接近临界值或离散度大于 60.00% 为需进行免疫的临界点。

7. 严格做好各项防控制度

加强产房的消毒工作,每天消毒 1 次,连续操作 2 个月,以后每 2 d 消毒 1 次。保育和育肥猪舍 2～3 d 消毒 1 次。及时淘汰生产性能低下的母猪。

严格执行各项生物安全制度,最大限度地控制传染源的传入和切断其他传播途径。如定期灭鼠、灭蚊蝇等;严禁饲养其他动物,门窗加设防鸟类和其他野生动物进入的设备;定期清扫与消毒,保持猪舍和环境的卫生;废弃物无害化处理等。做好其他常见疫病的防治。

五、技术关键与创新点

1. 技术关键

（1）采取血清学、病原学检测手段相结合方法进行猪伪狂犬病发病情况调查。

（2）母猪分胎次、仔猪分周龄检测猪伪狂犬病 gB 抗体和 gE 感染抗体，调整净化免疫程序。

（3）国产和进口伪狂犬病基因缺失疫苗免疫效果比较试验。

2. 创新点

制定了种猪场猪伪狂犬病净化措施。

六、存在的问题

目前只能在规模种猪场进行净化工作，小型养猪场及散养户由于养殖规模和条件等因素暂不能完全开展，有待于进一步研究。

第五章　猪主要疫病检测与免疫技术

　　"猪主要疫病检测与免疫技术推广"项目是唐山市农牧局 2014 年下达的农业科技推广计划项目,起止年限为 2014—2015 年,在河北玉田县、河北遵化市、唐山市丰南区、河北滦南县、河北滦县、河北卢龙县、河北昌黎县、河北承德县、河北滦平县等县(市、区)进行了具体推广实施。在实施过程中,主要推广应用了猪主要疫病的普查、规模养猪场重点疫病免疫效果评估、免疫程序设计与调整等动物疫病控制配套技术。

　　同时在项目承担县(市、区)的规模猪养殖场推广仔猪分周龄、种猪按阶段采集样本,进行免疫抗体或感染抗体以及病原学检测,绘制抗体消长曲线图及病原分布图,以此为依据对免疫程序进行修改及修订,达到提高免疫效果,降低猪发病率和死亡率的目的。项目实施 2 年来,使推广应用该技术的区域内主要猪病的发病率从推广前的 22.43% 下降到 6.45%,下降了 15.98 个百分点,死亡率从推广前的 11.58% 下降到 4.66%,下降了 6.92 个百分点,累计推广猪 1 127.9 万头,取得经济效益 28 281.23 万元。

一、研究背景

　　猪口蹄疫、高致病性猪蓝耳病、猪伪狂犬病、猪瘟等历来都是危害生猪养殖的主要疫病,虽然经过多年的免疫控制,发病率和死亡率有所下降,但受饲养条件、免疫效果、病毒变异等因素的影响,给养猪业生产造成的损失依然较大,直接影响了农村经济发展和农民增收。通过流行病学调查,2012—2013 年唐山市猪瘟、猪伪狂犬病、高致病性猪蓝耳病等主要猪病的发病率、死亡率分别为 22.43% 和 11.58%。

　　存在的主要问题有:病原污染较为严重,多病原混合感染现象较为普遍,且存在病毒变异的可能;防疫病种不统一,疫苗选择混乱;检测方式不科学,仅限于检测免疫后抗体存在情况;免疫程序不合理,调整不及时。

　　针对上述问题,2005 年经唐山市动物疫病预防控制中心申请,唐山市科学技术局批准立项,开展了"猪鸡主要动物疫病检测与免疫技术研究"工作。2007 年唐山市科学技术局组织同行专家对该项目进行了技术鉴定,取得了国内领先技术水平。为使该技术成果得到更好的推广应用,解决生产实际问题,2013 年唐山市农牧局将"猪主要疫病检测与免疫技术"列为农业科技推广计划项目,向全市及周边地区推广。

此项目技术推广在发挥采样便利、代表性强,实用性强,便于操作,效果明显的优势,查明危害当前养猪业的主要疫病,并对所采用的免疫程序进行效果评估,以期达到提高防控的针对性,提高防控效果,降低畜禽发病率、死亡率的目的。

二、主抓技术环节

针对动物疫病防控中存在的底数不清、免疫程序混乱、部门间配合不密切等主要问题,着重开展了以主要疫病流行病学调查、病原学检测为基础,建立动物疫病解析例会制度,定期进行主要疫病的预警预报;以规模养殖场主要疫病病原分布、免疫抗体消长规律为参数,建立设计与调整免疫程序的模式;加强部门间的合作,建立防检结合、以检促防的防疫机制。该项目的实施过程中,以养殖大县为重点,在唐山市及周边地区开展技术推广,取得了 2 年间无口蹄疫、高致病性猪蓝耳病疫情发生,其他疫病稳定控制的良好效果。

推广的主要技术如下。

(1)利用传统的流行病学调查、血清学检测、门诊病例汇总方法与 PCR、ELISA 等现代生物技术相结合,确定危害猪的主要病种。

先以场、户为单位分病种,以调查表形式开展流行病学调查;以县为单位汇总诊疗机构、规模养殖场等临床病例;按比例采集血清样本进行血清学调查,从临床发病场、户采集样本进行病原学诊断;通过流行病学调查、门诊病例汇总,结合血清学、病原学检测,确定区域内危害病种。

(2)种猪分阶段、仔猪按日龄检测免疫抗体及感染抗体对现行免疫程序进行效果评估。

疫苗质量和合理的免疫程序是控制疫病的关键。在项目的实施过程中我们探索并建立了"种猪分阶段、仔猪按日龄分别检测病原分布与抗体消长规律的免疫效果评估模型",种公猪全部采样、母猪分别在 1～2 胎、3～4 胎、5～6 胎、6 胎以上,仔猪分别在 1、2、4、6、8、10……周龄采集血清样本进行免疫抗体及感染抗体检测。依此设计和修订免疫程序。将以往单凭抗体消长规律变为以病原分布与抗体消长相结合制定免疫程序;变调拨疫苗为选择使用疫苗,以提高防控效果。

(3)根据评估结果修订免疫程序,逐步达到控制、净化疫病的目的。

(4)猪系列唐山市地方标准的制定。在项目研究和推广过程中,制定了《猪瘟综合防控技术规范》《重大动物疫病检测技术规范》《猪伪狂犬病综合防控技术规范》《动物疫病流行病学调查技术规范》《重大动物疫病免疫技术规范》《动物疫病实验室检验样品采集技术规范》等唐山市地方标准,以规范猪主要疫病在免疫、检测、防控等方面的各项工作,提高疫病防控效果。

本项目以建立和健全动物防疫体系和网络信息平台,完善行业标准为基础,实现资源共享和生产、管理的规范化、标准化;通过流行病学调查、病原学检测,确定危害养猪业的主要病种;通过实施动物疫病风险预警预报、主要疫病免疫效果评估,提高动物疫病的防控效果。

三、采取的主要技术措施

(1)紧密结合国家、河北省、唐山市相关政策,建立市、县、乡(镇)、场四级推广网络,覆盖唐山市80%以上猪养殖场,保障推广范围。

唐山市自2008年就开始建设动物防疫体系,主要内容是每个乡镇分别选择1~2个牛、羊养殖场、猪场、鸡场和养殖集中村作为基点,每月对检测基点进行流行病学调查,同时按比例采集样本进行血清学和病原学检测,县级动物疫病预防控制中心汇总本县基点情况上报唐山市动物疫病预防控制中心,然后汇总动物疫病流行、检测情况,形成报告指导动物疫病防控工作。本项目立项批准后,为推进推广工作,在此基础上完善建立了市、县、乡(镇)、场四级推广体系,变检测基点为推广示范场,进而辐射周边养殖单位。

2013年,唐山市动物疫病预防控制中心被河北省农业厅确定为省产业体系生猪团队技术推广试验站,主要负责唐山市生猪标准化养殖、疫病防控新技术等推广工作,每年保障推广经费15万元,同时聘请河北农业科技师范学院、河北畜牧兽医研究所的专家教授为技术顾问,从推广经费和技术力量方面保障了本项目的顺利实施。

(2)选择推广试验场,开展试验示范,保障技术推广质量。

早在2009年技术成果取得后,唐山市动物疫病预防控制中心在河北玉田县、河北滦南县等生猪养殖大县的规模猪场开展了示范推广。2014年本项目批准立项后,项目组在河北滦县、河北滦南县、唐山市丰润区、河北迁安市、河北玉田县、河北迁西县等猪养殖密集区建立了推广试验场,通过开展示范试验,边示范边推广,总结经验,以保障推广成效。

(3)实行动物疫情解析例会制度,为推广工作提供技术支撑。

准确的动物疫情预警预报,为决策疫病防控措施提供科学依据,为采取措施赢得宝贵的时间,是防控疫病的重要手段。为提高预报的准确性,2007年唐山市成立了以市、县防疫、检疫专家为成员的动物疫病解析专家组,每季度举行一次专家解析例会。自2011年开始,唐山市各县(市、区)都成立了以乡镇动物防疫站技术骨干、乡村兽医、动物疫病诊疗机构技术人员等为成员的县级动物疫病解析专家组。为提高动物疫病的预警预报能力,制定了《动物疫病流行病学调查规范》《动物疫病检测规程》2个地方标准。县级解析专家负责汇总辖区内流行病学调查、门诊病历揭发以及检测情况,并写出分析报告。解析例会对唐山市动物疫情进行汇总、分析,形成解析报告报河北省畜牧兽医局。

自 2007 年至今,共举办解析例会 51 次,提出口蹄疫、高致病性猪蓝耳病红色预警 6 次,提出防控建议 153 项;并提出"高致病性猪蓝耳病的防控措施""加强猪伪狂犬病防控"等专项报告 6 份。为唐山市至今无猪口蹄疫、高致病性猪蓝耳病疫情发生,其他疫病稳定控制起到了技术支撑作用。该项措施得到了河北省畜牧兽医局的高度重视,并于 2008 年成立了河北省动物疫情解析专家组,定期召开解析例会。

(4)适时开展猪主要疫病免疫效果评估,调整免疫程序,保障免疫效果。

自 2007 年开始,唐山市动物疫病预防控制中心为开展动物疫病免疫效果评估工作,每年分别开展至少 1 次猪、鸡、牛、羊主要疫病的免疫效果评估工作,以检验免疫效果和完善免疫程序。项目立项开展后,课题组加大了猪主要疫病的免疫效果评估力度,2 年累计开展规模养猪场免疫效果评估 112 场次,评估病种达 5 种,针对病原污染轻重、封闭程度、季节变化、养殖规模,设计了不同的防疫程序,并在唐山市推广应用。对口蹄疫、高致病性猪蓝耳病、猪瘟、猪伪狂犬病疫苗开展了优选工作,推广应用率达 85%。

(5)利用"唐山市畜牧兽医网"信息平台,及时发布相关政策、法规,定期更新猪主要疫病防控新技术,以提高养殖场相关疫病防控意识和能力。

(6)深入场区、现场指导,项目组专家采取入场、入村现场指导的方式,发现问题及时解决,指导猪养殖场进行口蹄疫、猪瘟等重大动物疫病的免疫及防控技术,同时宣传免疫与检测的重要性,提高养殖户对检测和免疫的重视程度,指导养殖场、户样本采集时机、采集方法、保存方法等技术措施,使其做到样本的真实性、有效性,保障检测数据的科学有效。

四、多点控制试验示范过程及结果

为使项目核心技术取得更好的效果,课题组首先开展了试验示范,取得基础数据,同时辐射其他养殖场,进而在唐山市及周边地区推广应用。下面以 2014 年开展的一次猪主要疫病免疫效果评估试验为例简要说明。

1.试验时间与地点

2014 年 7 月,选定唐山市丰南区某养殖有限公司(以下称为Ⅰ场)、唐山市开平区某猪场(以下称为Ⅱ场)、河北玉田县某养猪场(以下称为Ⅲ场)为试验示范场,检测在唐山市动物疫病预防控制中心检验科进行。

2.试验示范内容与方法

(1)流行病学调查　首先调查实验场猪只存栏数量,统计最近一个年份 1 月龄以上猪只发病率、死亡率情况,现行的免疫程序。

(2)样本采集　按置信度 95.00%,预计猪瘟、口蹄疫等疫病免疫合格率为

50.00%确定采样数量,按种猪分阶段、仔猪按周龄的方法分别采样。

(3)检测病种及检测方法　检测病种为:口蹄疫免疫抗体、猪瘟(感染抗体及免疫抗体)、猪伪狂犬病 gB 和 gE、高致病性猪蓝耳病和猪喘气病,检测方法均使用 ELISA 法,检测试剂均购自北京测迪公司,为法国里昂 LSI 公司生产。操作按说明书。

(4)免疫程序评估　依据检测结果对上述养猪场进行免疫程序评估,并提出免疫程序调整方案。各场使用新的免疫程序 1 年后,统计 1 月龄以上猪只发病率、死亡率情况,并与免疫程序调整前进行比较(以唐山市丰南新辉猪场的评估报告为例见附录 5-1)。

3. 试验结果

对比结果显示,采取上述技术措施后猪只发病率、死亡率分别下降了 15.09% 和 6.73%,详细试验结果见表 5-1。

表 5-1　多点控制试验结果

场名	试验前					试验后				
	年饲养量/头	发病数/头	发病率/%	死亡数/头	死亡率/%	年饲养量/头	发病数/头	发病率/%	死亡数/头	死亡率/%
Ⅰ	11 460	3 253	28.39	1 240	10.82	12 340	1 762	14.28	569	4.61
Ⅱ	8 360	2 525	30.20	1 157	13.84	10 780	1 127	10.45	366	3.40
Ⅲ	4 320	830	19.21	176	4.07	4 570	510	11.16	153	3.35
合计	24 140	6 608	27.37	2 573	10.66	27 690	3 399	12.28	1 088	3.93

经卡方检验(χ^2 test),试验前后发病率、死亡率 χ^2 值分别为 1 887.07、889.68,从 χ^2 界值表查得 $\upsilon=1$ 时,$\alpha=0.05$、$\alpha=0.01$ 的 χ^2 值分别为 3.84、6.63,发病率、死亡率 χ^2 值均大于 $\alpha=0.01$ 的 χ^2 值,即 $P<0.01$,差异极显著,即该项技术的应用对降低养猪场猪只发病率、死亡率具有显著作用。

五、技术关键与创新点

(1)利用传统的流行病学调查、血清学检测、门诊病例汇总方法与 PCR、ELISA 等现代生物技术相结合,确定危害猪的主要病种。

(2)以酶聚合链式反应(PCR)、酶联免疫吸附试验(ELISA)、血凝及血凝抑制试验为技术依托,绘制动物疫病发生流行曲线图、免疫抗体消长规律曲线及感染抗体曲线图,为修订免疫程序提供科学数据。

(3)分阶段、按日龄检测免疫抗体及感染抗体对现行免疫程序进行效果评估。

(4)猪系列地方标准的制定。

附录 5-1
唐山市丰南区某猪场免疫程序评估

一、原免疫程序

(1)猪瘟　仔猪 28 日龄首免乳兔苗,50 日龄 2 免脾淋苗,110 日龄脾淋苗 1 头份;后备母猪配种前脾淋苗 2 头份;母猪产后 28 d 脾淋苗 2 头份;公猪每年 2 次脾淋苗 2 头份(春、秋)。

(2)猪口蹄疫　公猪、母猪每年 3 次免疫,仔猪 64 日龄、110 日龄 2 次免疫。

(3)高致病性猪蓝耳病　50 日龄使用免疫 1 头份;后备母猪配种前 45 d、30 d 免疫 2 次;怀孕母猪产后 21 d 各免疫 1 次;公猪 2 次/年。

(4)猪伪狂犬病　7 日龄滴鼻 1 头份,8 周龄 1 头份注射;后备母猪配种前 30~40 d 注射 1 头份(海博莱);怀孕母猪及公猪 4 次/年,1 头份/次。均使用海博莱生产的双基因缺失苗。

(5)猪喘气病　未防。

二、检测结果

(1)猪瘟　详细检测结果见附表 5-1 和附图 5-1。

该场整体猪瘟免疫水平较高,平均值均在 40 以上,免疫合格率均在 70% 以上,离散度均在 45% 以下,免疫程序基本合理。种猪经反复免疫效价仍有个别猪只小于 40,表明该场存在条件性感染。建议首免推迟至 4 周龄。

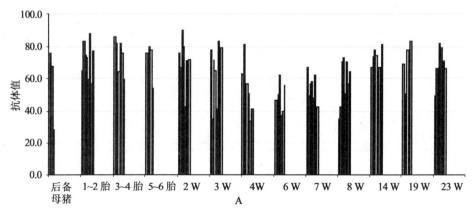

附图 5-1　猪瘟检测结果

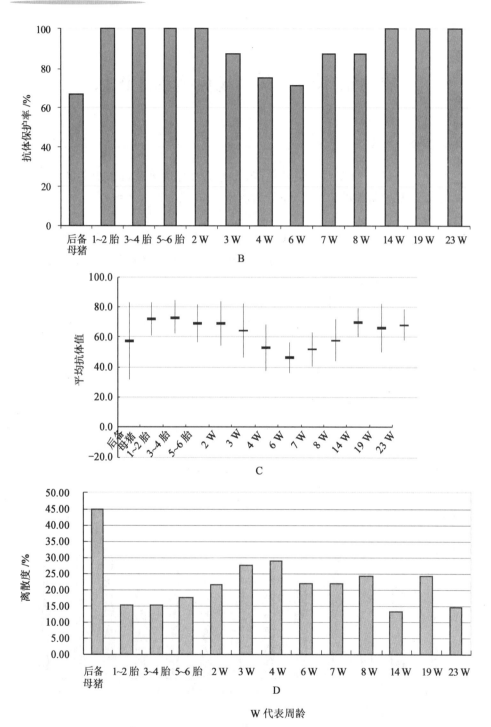

续附图 5-1

（2）猪口蹄疫　检测结果见附表 5-2 和附图 5-2。

猪口蹄疫免疫效果不理想,全场免疫合格率 66.67%,应加强种猪群和 6～8 周龄仔猪的免疫。

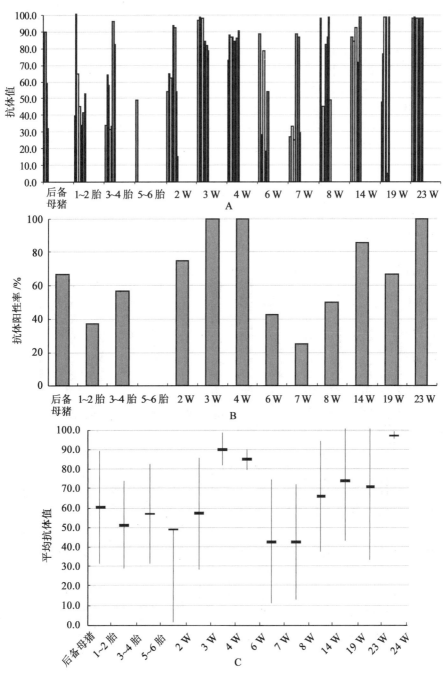

附图 5-2　猪口蹄疫检测结果

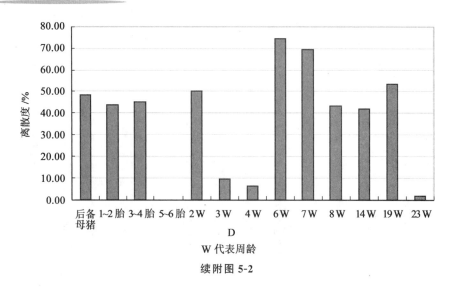

D

W 代表周龄

续附图 5-2

（3）猪伪狂犬病

①猪伪狂犬病 gB 检测结果见附表 5-3 和附图 5-3。

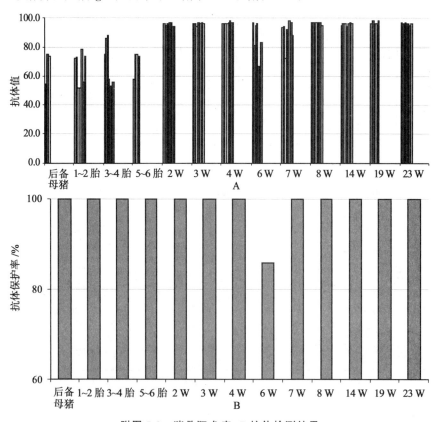

附图 5-3　猪伪狂犬病 gB 抗体检测结果

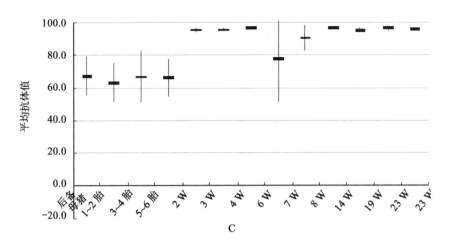

C

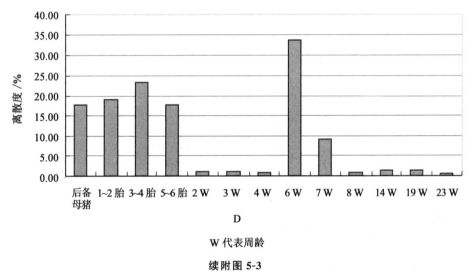

D

W 代表周龄

续附图 5-3

　　除 6 周龄仔猪免疫保护率为 86% 外,其他群体均为 100%,各群猪只抗体阻断率均大于 60%,离散度均小于 35%,免疫程序合理。

　　②猪伪狂犬病感染(gE)检测结果,结果见附表 5-4 和附图 5-4。

　　母猪仍有野毒感染抗体存在,在仔猪,2～7 周龄野毒抗体可能为母源抗体,19～23 周龄有野毒感染。

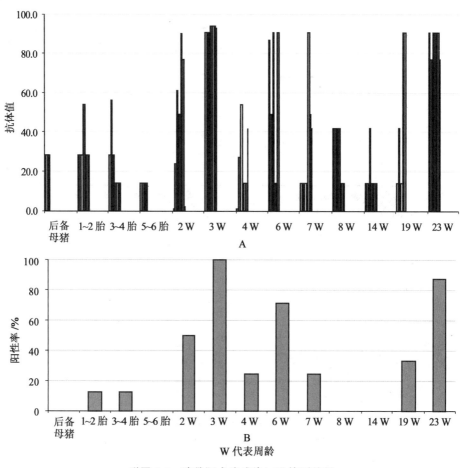

附图 5-4　猪伪狂犬病感染(gE)检测结果

（4）高致病性猪蓝耳病　结果见附表 5-5 和附图 5-5。抗体效价＞100 为阳性。

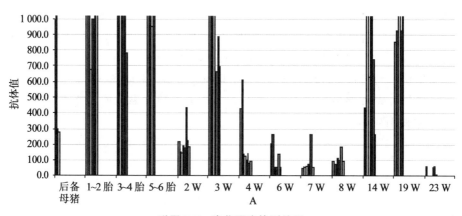

附图 5-5　猪蓝耳病检测结果

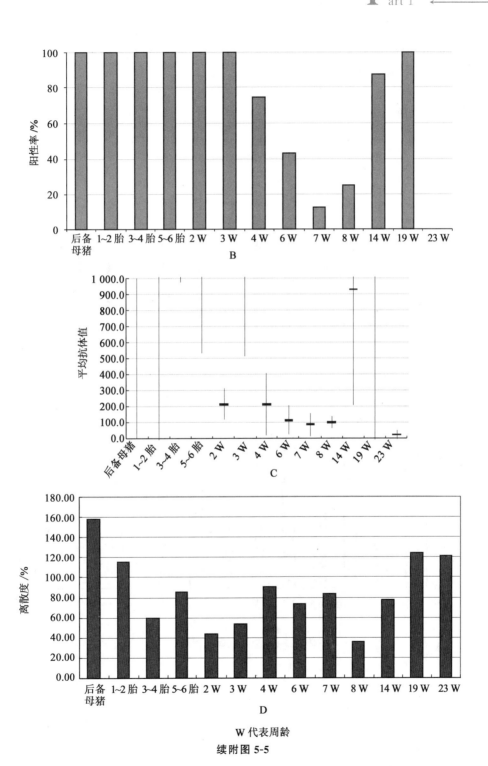

W 代表周龄

续附图 5-5

　　高致病性猪蓝耳病母源抗体水平自第 4 周开始衰减,至第 6 周合格率低于 50％,6～8 周龄仔猪保护率差,从离散度角度分析可能存在感染现象;14 周后几乎所有猪只均被感染。

　　(5)猪喘气病　也称气喘病,结果见附表 5-6 和附图 5-6。

　　4～7 周龄为感染高峰期。

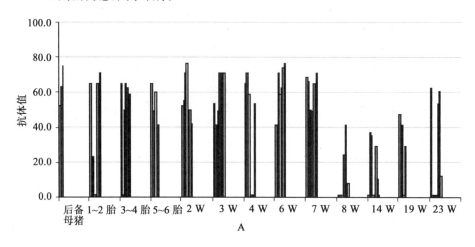

A

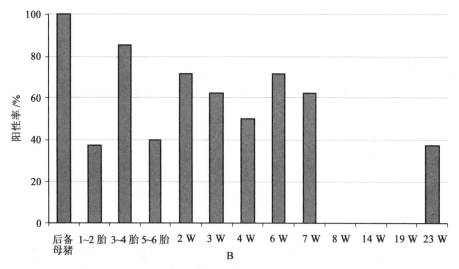

B

附图 5-6　猪喘气病检测结果

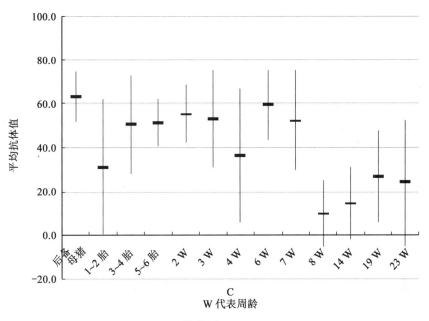

C
W 代表周龄

续附图 5-6

附表 5-1 唐山市丰南区某猪场猪瘟检测结果

指标	后备母猪	1~2胎	3~4胎	5~6胎	2 W	3 W	4 W	6 W	7 W	8 W	14 W	19 W	23 W
抗体值	76	65	86	76	76	78	63	47	67	35	67	69	49
	68	83	82	58	67	35	81	34	49	42	74	42	66
	28	75	62	80	90	72	57	50	57	70	78	51	65
		73	64	78	80	65	57	62	58	73	75	78	82
		59	82	54	42	41	51	37	48	51	62	74	79
		88	76		71	83	34	40	62	70	67	83	67
		57	59		54	63	41	56	32	57	53		71
		77			72	79	38		42	64	81	66	66
抗体平均值	57	72	73	69	69	65	53	47	52	58	70	66	68
标准差	25.7	11.1	11.1	12.2	15.0	17.8	15.4	10.3	11.4	14.1	9.2	16.2	10.0
样本数/头	3	8	7	5	8	8	8	7	8	8	8	6	8
阳性数量/头	2	8	7	5	8	7	6	5	7	7	8	6	8
阳性率/%	67	100	100	100	100	88	75	71	88	88	100	100	100
离散度/%	44.85	15.32	15.19	17.65	21.79	27.59	29.10	22.03	21.99	24.34	13.25	24.43	14.73

注:W 代表周龄。

附表 5-2　某猪场猪口蹄疫检测结果

指标	后备母猪	1～2胎	3～4胎	5～6胎	2 W	3 W	4 W	6 W	7 W	8 W	14 W	19 W	23 W
抗体值	90	39	34	49	54	97	73	89	27	98	87	48	98
	59	101	64		65	99	88	28	9	38	74	77	99
	32	65	58		62	98	87	16	33	45	84	99	94
		45	31		21	98	87	79	25	29	93	99	98
	34	34	33		94	84	84	13	42	83	7	5	98
	34	34	96		93	84	83	18	89	87	72	99	96
	41	41	83		54	82	86	54	87	99	99		98
	53	53			15	79	91		29	49			98
抗体平均值	60	52	57	49	57	90	85	42	43	66	74	71	97
标准差	29.0	22.5	25.9		28.9	8.6	5.4	31.6	29.5	28.6	31.0	38.1	1.6
样本数/头	3	8	7	1	8	8	8	7	8	8	7	6	8
阳性数量/头	2	3	4	0	6	8	8	3	2	4	6	4	8
阳性率/%	67	38	57	0	75	100	100	43	25	50	86	67	100
离散度/%	48.10	43.76	45.46		50.42	9.52	6.34	74.59	69.16	43.33	41.99	53.59	1.64

注：W 代表周龄。

附表 5-3 某猪场猪伪狂犬 gB 抗体检测结果

指标	后备母猪	1～2胎	3～4胎	5～6胎	2 W	3 W	4 W	6 W	7 W	8 W	14 W	19 W	23 W
抗体值	54	72	75	58	96	96	96	97	93	97	95	96	97
	75	73	86	75	95	96	96	81	94	97	96	98	96
	74	52	88	75	96	94	96	95	72	96	96	96	96
		52	58	50	95	95	96	96	92	97	93	96	97
		49	53	74	97	97	97	67	92	97	94	95	96
		78	53		97	96	98	24	98	97	96	98	96
		56	56		94	97	97	83	97	97	97		95
		74			94	96	97		88	95	96		96
抗体平均值	68	63	67	66	96	96	97	78	91	97	95	97	96
标准差	11.8	12.0	15.6	11.7	1.2	1.0	0.7	26.0	8.2	0.7	1.3	1.2	0.6
样本数/头	3	8	7	5	8	8	8	7	8	8	8	6	8
阳性数量/头	3	8	7	5	8	8	8	6	8	8	8	6	8
阳性率/%	100	100	100	100	100	100	100	86	100	100	100	100	100
离散度/%	17.51	19.02	23.28	17.58	1.25	1.03	0.77	33.47	9.02	0.77	1.37	1.27	0.67

注：W 代表周龄。

附表 5-4　某猪场猪伪狂犬病感染（gE）检测结果

指标	后备母猪	1～2胎	3～4胎	5～6胎	2 W	3 W	4 W	6 W	7 W	8 W	14 W	19 W	23 W
抗体值	28	28	28	14	1	91	1	87	14	42	14	14	91
	28	28	56	14	24	91	27	49	14	42	14	42	77
	28	28	28	14	61	91	46	49	14	42	14	14	28
		28	28	14	1	77	54	91	14	42	42	14	91
		54	14	14	49	94	14	14	14	42	14	91	91
		28	14		90	94	14	14	91	14	14	91	91
		28	14		77	94	14	91	49	14	14		91
		28	14		2	93	42	42	42	14	14		77
抗体平均值	28	31	25	14	38	91	27	56	32	32	18	44	80
标准差	0.0	9.2	14.5	0.0	36.1	5.7	18.9	34.2	28.0	14.5	9.9	37.7	21.8
样本数/头	3	8	8	5	8	8	8	7	8	8	8	6	8
阳性数量/头	0	1	1	0	4	8	2	5	2	0	0	2	7
阳性率/%	0	13	13	0	50	100	25	71	25	0	0	33	88

注：W 代表周龄。

附表 5-5　某猪场高致病性猪蓝耳病抗体检测结果

指标	后备母猪	1~2胎	3~4胎	5~6胎	2 W	3 W	4 W	6 W	7 W	8 W	14 W	19 W	23 W
抗体值	9 273	2 865	3 699	2 800	215	1 639	425	208	50	99	437	852	62
	301	4 368	4 303	1 020	150	1 227	611	259	58	74	92	924	1
	274	10 398	2 758	8 187	143	1 648	139	55	53	78	1 606	3 319	1
		677	604	951	191	1 909	124	54	57	113	630	10 017	1
		998	3 285	4 915	178	198	103	55	76	100	1 938	924	1
			1 581		437	664	145	138	78	185	1 722	1 392	53
		395	785		225	890	83	53	261	73	738		61
		1 884			183	697	96	53	53	92	260		12
		1 432											
抗体平均值	3 283	2 877	2 431	3 575	215	1 109	216	117	86	102	928	2 905	24
标准差	5 187.8	3 303.5	1 455.9	3 044.7	93.9	594.1	194.2	86.3	71.6	36.5	719.3	3 608.5	29.1
样本数/头	3	8	7	5	8	8	8	7	8	8	8	6	8
阳性数量/头	3	8	7	5	8	8	6	3	1	2	7	6	8
阳性率/%	100	100	100	100	100	100	75	43	13	25	88	100	0
离散度/%	158.04	114.82	59.90	85.18	43.64	53.57	90.01	73.45	83.50	35.87	77.52	124.23	121.11

注：W 代表周龄。

附表 5-6　唐山市丰南区某猪场猪气喘病检测结果

指标	后备母猪	1~2胎	3~4胎	5~6胎	2 W	3 W	4 W	6 W	7 W	8 W	14 W	19 W	23 W
抗体值	52	65	65	65	52	53	65	41	68	1	1	47	62
	63	1	1	49	55	41	71	35	66	1	37	41	1
	75	23	50	42	71	6	41	71	49	1	35	41	1
		1	65	60	76	49	59	59	50	1	1	1	1
		1	62	41	42	71	1	62	49	24	1	29	1
		65	53		50	65	1	74	65	41	29	0	53
		23	59		42	71	1	76	1	1	10		61
		71				71	53		71	8	1		12
抗体平均值	63	31	51	51	55	53	37	60	52	10	14	27	24
标准差	11.5	31.0	22.7	10.7	13.3	22.3	30.7	16.1	22.7	15.0	16.4	21.0	29.1
样本数量/头	3	8	7	5	7	8	8	7	8	8	8	6	8
阳性数量/头	3	3	6	2	5	5	4	5	5	0	0	0	3
阳性率/%	100	38	86	40	71	63	50	71	63	0	0	0	38

注：W 代表周龄。

第六章　规模猪场高效消毒技术

目前,集约化、科学化、生态化养猪是大势所趋,随着集约化猪场的增加,猪场环境公共卫生引起了人们的反思,特别是环境性病原菌已经成为养猪场的常在菌和多发病的隐患。尤其气溶胶对猪场环境的影响很大,特别是悬浮在空气中的病原微生物形成的气溶胶能引发大规模的细菌性疾病和病毒病。因此,在猪场管理中预防病原微生物对降低猪只患病率以及提高养殖收益非常重要。兽用消毒剂主要是杀灭猪场环境的各种病原微生物,阻断传播途径,对预防疾病有着非常重要的意义。

2013年,唐山市动物疫病预防控制中心制定了《猪场清洁生产标准》(DB 1302/T 357—2013),结合该项地方标准,针对唐山市养猪场消毒药物应用种类和消毒方法,引进高效超声雾化消毒设备,制定猪场高效消毒技术。养猪场通过应用该项技术,杀灭或减少养殖环境中的病原微生物,切断传播途径,保护易感动物,从而达到降低养猪场发病率,提高经济效益的目的。

一、研究背景

由于现代畜牧生产方式逐步走向规模化、集约化,饲养规模大、与外界接触频繁,为疾病的传播创造了有利条件,猪场环境公共卫生引起了人们的反思,特别是环境性病原菌已经成为养猪场的常在菌和多发病的隐患,一旦发生病原微生物引发的传染病能够造成巨大的经济损失。猪场疾病中以细菌病和病毒病为主,陈焕春等在沿海地区19个省市分离鉴定的细菌菌株中,链球菌约占29.66%(1 850/6 238),副猪嗜血杆菌约占20.54%(1 281/6 238),致病性大肠杆菌约占12.54%(782/6 238),巴氏杆菌约占6.53%(396/6 238),其他放线菌、猪霍乱沙门氏菌、金黄色葡萄球菌等猪源致病菌也危害着养猪业的发展。

消毒工作的重要性在于消灭传染源散播到环境中的病原体、切断传播途径,从而使动物生产的主体——畜禽免受病原微生物的侵害,传染病流行的三个条件中两个可以通过卫生与消毒措施来中断。因此做好消毒净化工作是预防、控制和扑灭疫病的重点。实施消毒的方法很多,包括物理消毒法、化学消毒法和生物学消毒法,都能够有效杀死病原微生物,但由于诸多因素影响,消毒效果仍不显著,亟待一种综合高效消毒技术,全面地指导养殖场开展消毒工作,从而达到灭病除源的目的,真正降低养猪场的发病率和死亡率,创造更大的经济效益。

二、主抓技术环节

(1)开展流行病学调查,摸清唐山市猪场主要病原微生物发病情况。

(2)掌握唐山市养猪场消毒方法和消毒药物应用情况,结合《猪场生产清洁标准》,制定猪场高效消毒技术。

(3)针对猪场出入口的车辆、人员消毒困难等问题,通过引进高效超声雾化设备和技术,减少外来病原微生物的传入。

(4)开展试验示范,集成制定猪场高效消毒技术,向全部猪场推广应用。

三、多点控制试验示范过程及结果

(一)选定试验示范场

立项后,课题组在唐山市开平区、唐山市丰南区、河北玉田县、河北迁安市、河北遵化市各选一个规模猪场(分别称为 A、B、C、D、E 场)作为试验示范场开展试验示范,示范场基本情况见表 6-1。

表 6-1　示范试验场基本情况

序号	场名	公猪存栏/头	母猪存栏/头	年出栏数/头
1	A	36	1 380	20 000
2	B	28	400	9 000
3	C	55	1 500	15 000
4	D	25	650	11 200
5	E	30	618	15 000
合计		174	4 548	70 200

(二)规模猪场猪病流行病学调查

1.发病情况调查

为摸清唐山市猪场猪病原性微生物引起的细菌性和病毒性疾病发病情况,2013 年,课题组采用门诊病历汇总、现场填写调查表等方式,分别在试验示范场和规模猪场开展了流行病学调查工作,主要调查细菌性疾病有:大肠杆菌、副猪嗜血杆菌、猪链球菌、仔猪副伤寒、猪萎缩性鼻炎、猪葡萄球菌等;病毒性疾病有:猪流行性腹泻、猪瘟、高致病性猪蓝耳病、猪圆环病毒病、猪伪狂犬病等。统计养殖场总体发病率和死亡率,调查结果见表 6-2、表 6-3。

表 6-2　2013 年示范场发病情况

序号	场名	存栏数/头	发病数/头	死亡数/头	发病率/%	死亡率/%
1	A	7 560	387	132	5.12	1.75
2	B	5 350	332	107	6.21	2.00
3	C	9 300	693	251	7.45	2.70
4	D	5 500	304	111	5.53	2.02
5	E	6 900	347	139	5.03	2.01
合计		34 610	2 063	740	5.96	2.14

表 6-3　2013 年唐山地区县(市、区)规模猪场发病情况

县(市、区)	调查场数	存栏数/头	发病数/头	死亡数/头	发病率/%	死亡率/%
丰南区	15	27 256	2 236	950	8.20	3.49
丰润区	15	16 708	1 828	718	10.94	4.30
玉田县	15	32 700	2 918	1 077	8.92	3.29
遵化市	15	26 800	2 303	983	8.59	3.67
滦县	10	14 500	1 407	557	9.70	3.84
滦南县	10	12 462	1 260	574	10.11	4.61
乐亭县	10	15 700	1 583	551	10.08	3.51
迁安市	10	15 400	1 454	576	9.44	3.74
迁西县	10	10 800	1 117	402	10.34	3.72
其他	25	46 500	4 407	1 949	9.48	4.19
合计	135	218 826	20 513	8 337	9.37	3.81

调查结果显示,2013 年示范场平均发病率和死亡率分别为 5.96% 和 2.14%,其他县(市、区)规模猪场猪瘟发病率和死亡率分别为 9.37% 和 3.81%。加权平均后,唐山全市规模猪场发病率和死亡率分别为 8.91% 和 3.58%。

2.规模猪场病原学调查

猪场疾病中以细菌病和病毒病为主,其中细菌病因发病率高、耐药性增强、临床症状和病理解剖不典型、诊断难度加大以及防治困难等方面严重威胁着养猪业的健康持续发展。本项目课题组在 2013 年 1—6 月,在 5 个示范场采集环境样本,利用细菌检定仪,掌握目前养殖场主要存在细菌种类,为临床选择消毒药和消毒方法提供依据。

1)采样方法

取样部位主要包括畜舍、空气、饮水 3 项,圈舍取样位点包括圈舍地面、料槽、

墙壁,取样时将棉拭子用生理盐水浸润后,在面积为 5 cm×5 cm 区域内横直各擦拭 10 次,并不断转换拭面,然后将拭子棉花端剪入采样液中用力振摇 100 次,将菌充分洗落,用生理盐水稀释后,备用。空气样本采用自然沉降法取样将 90 mm 无菌培养基平皿敞口放置于试验环境中不同部位 3～5 min,然后盖好盖,置于 37℃ 温箱中培养 24～36 h,每个位置做 2 个重复,用生理盐水冲洗菌落备用;从猪场的自来水出水口收集饮用水样本,并分别吸取混合液 1 mL,加入 9 mL 生理盐水中混匀,备用。

2)检测方法

利用全自动细菌鉴定分析仪,进行分析鉴定。

3)结果

病原学调查结果见表 6-4。

表 6-4　示范场病原学调查结果

序号	场名	细菌种类
1	A	17
2	B	18
3	C	22
4	D	21
5	E	21

(三)多点控制示范试验过程及结果

2013 年 6 月至 2014 年 6 月,根据调查结果,课题组进一步规范了养猪场消毒技术,并在示范场开展多点控制实验,具体过程及结果如下。

1.试验内容

1)环境消毒

环境消毒主要指猪场外部环境和猪舍外部环境。猪场周边环境及猪舍外部环境是养猪场病源菌来源之一。治理的目标是杀灭猪场周边及猪舍外部环境的病源菌,确保生猪健康生长与繁殖,并提供一个良好的生长环境。

(1)猪场外部环境及猪场内道路、猪舍墙壁、空栏等环境可用 5％石灰水进行消毒。

(2)猪舍外部、污水池、排粪尿坑、下水道出口,用 2％火碱(NaOH)溶液消毒。

(3)猪舍大门入口处设立消毒池。池深在 0.5～0.8 m,池中投放 5％来苏儿溶液,每 3 d 更换 1 次。消毒池中的消毒液可用 2％碱液与 5％来苏儿液交替更换进行消毒,其效果要比使用单一消毒液进行消毒的效果好。

(4)在偏远山区或交通不便的猪场,可能购买不到 NaOH、来苏儿或新洁尔灭等消毒药物,可就地就近采集灭菌杀虫类中草药进行消毒。这类药物容易就地就近采集、价格便宜,灭菌杀虫的效果很好。可采集如下 2~3 种中草药:雷丸、使君子、苦楝树籽或根皮、蛇床子、鹤虱等煎水喷洒。用药剂量按每 500 g 兑水 30 kg 先大火煮开,然后文火煎 30 min,过滤后喷洒。应当指出,这类灭菌杀虫类中草药只能外用,不可内服,因为它们都有轻微毒性,喷洒后的地方应避免让猪群到达。

2)人员消毒

(1)外来人员进入猪舍的消毒猪场应禁止参观,对于必须进入猪舍的外来人员,需严格换鞋、更衣、戴帽,经紫外线灯照射 5 min 后才可进入猪舍。有条件的猪场,外来人员必须进行淋浴后进入猪舍。

(2)猪场内部人员流动的消毒猪场内部人员进出猪场,应在猪场门口更换衣服、靴鞋—进入消毒池进行消毒—进入紫外线室接受紫外线消毒—进行生产区前用 1∶1 000 新洁尔灭溶液洗手消毒。消毒室要经常更换药液,并检查消毒效果。

(3)衣服、靴鞋、帽等每周末消毒 1 次。凡是进入猪场的人员都要遵守消毒制度,牢固树立"预防为主,防重于治"的意识,支持和协助兽医人员做好消毒工作,确保消毒措施落到实处。

3)空舍消毒

(1)生产区道路及两侧 5 m 范围内、猪舍空地,每月消毒 2 次。

(2)整栋猪舍清空后,应及时对猪舍内的粪便进行清扫,然后用清水对猪栏、猪槽、墙壁、地面进行浸泡。24 h 后用高压水枪对猪栏、猪槽、墙壁、地面进行冲洗。冲洗要彻底,不能留有死角和污物。猪舍冲洗干净后,用 5% 火碱溶液或生石灰乳液对猪舍的地面、猪栏、墙壁进行刷洗消毒。24 h 后对猪舍再次清洗。

(3)熏蒸消毒。消毒前需对猪舍的门窗、墙缝进行密封,按照每立方米用甲醛 28 mL、高锰酸钾 14 g 的标准准备药物。甲醛应盛放在陶瓷敞口容器内,根据猪舍的实际情况将药物均匀分布好,迅速将高锰酸钾加入甲醛中。熏蒸消毒时应注意人身安全,甲醛液体对皮肤具有腐蚀性,其蒸气对呼吸道具有刺激性。熏蒸消毒后经 2~3 d 即可开启窗门进行通风,以清除残留的甲醛气味。

(4)日光消毒。在进行以上消毒工作之后,分娩舍的保温箱、保温板、食槽等设施在晴朗的天气需放在烈日下曝晒,通过日光浴进行消毒。

(5)在猪群进入猪舍前 1 周,首先清扫,然后用 2% 火碱液喷洒猪舍,隔 1 d 后用水冲洗干净待用。喷洒消毒顺序:地面—墙壁—远外门窗—天花板—近处门窗—猪舍外部环境。一般情况下,猪舍应每个季度消毒 1 次。凡是猪停留过的地方都应进行消毒。产房应该在仔猪移出产房后进行消毒。

消毒药剂的选择应该有针对性和季节性,不是某一种消毒剂对所有细菌、病毒和寄生虫都有杀灭作用的。如预防口蹄疫时,碘制剂效果好些;预防感冒时,过氧乙酸和金银花、板蓝根液效果好些。总之,使用消毒药时,应经常变换消毒药物品种,才能将不同种类的病源菌进行杀灭,达到预防消毒的作用。

4)带猪消毒

(1)一般性带猪消毒。常用消毒药物有1∶1 000卫可消毒液,或用1∶2 000碘溶液消毒剂。切记不能用强酸强碱性药物来消毒。为了减少对工作人员的刺激,在消毒时可佩戴口罩。带猪消毒最好不要使用对呼吸道、皮肤有刺激作用的消毒液,否则会对猪群造成伤害。一般情况下每周消毒2～3次,春、秋季节,每周消毒4次。带猪消毒时可以将3～5种消毒药交替进行使用,消毒效果更好。

(2)猪体保健消毒。妊娠母猪在分娩前5 d,最好用热毛巾对全身皮肤进行清洁,然后用0.1％高锰酸钾温水擦洗全身,在临产前3 d消毒1次,重点要擦洗会阴部和乳头,保证仔猪在出生后和哺乳期间免受病原微生物的感染。新生仔猪分娩后用干净的毛巾将胎衣除去,迅速放入保温箱中。

5)生活区、办公区消毒

生活区、办公室、食堂、宿舍、厕所及周边环境每月消毒1次,用1∶1 000卫可消毒液进行消毒处理。

6)周转区消毒

对售猪周转区的宿舍、出猪台、磅秤及周边环境,每售一批猪后可用1∶1 000卫可消毒液或1∶2 000碘溶液进行消毒。

7)用具消毒

定期对保温箱、补料槽、饲料车、锹、铣、扫把等用具进行消毒。一般情况下,夏、秋两季,每月消毒1次,春季每15 d消毒1次。消毒液可用0.2％～0.3％过氧乙酸消毒。

8)供水系统消毒

猪场要重视对供水系统进行消毒,尤其是水箱、水管和饮水器表面都有可能含有细菌和病源污染物。可用碘制剂,从水箱的顶部倒入,确保整个饮水系统浸泡20 min以上,再从最远端的饮水嘴开始依次排水,冲选饮水系统,能有效去除饮水系统内的病原菌。

9)粪污、水污消毒

(1)对粪便消毒方法有很多种,最便宜最有效的消毒方法是堆温发酵或无氧发酵法。堆温发酵法就是把猪粪收集起来堆在一起,利用粪便堆垛发热发酵的原理杀灭病源菌和寄生虫卵。无氧发酵法就是把猪粪晒制半干(约含 50% 水分)放在砌好的池中,每层 20 cm 左右,层层压紧压实,然后用双层塑料布或其他物种密封,不留有空气利用乳酸发酵原理杀灭病源和寄生虫卵。

(2)规模化养殖场污水排放量相对集中,污水的有机物浓度高,悬浮物多,加之水量波动大,不仅造成可利用资源的大量流失,降低经济效益,而且给农业生态环境带来严重的破坏,影响周边地区整体经济的可持续发展。规模场结合周边种植结构,因地制宜,应引入采用固液分离-厌氧生物技术等循环利用技术,降低环境污染,减少疫病传播。

10)垫料消毒

猪场的垫料要保持干净卫生、有条件的猪场,要经常更换垫料。如果不能经常更换垫料,对于猪场的垫料,通过对阳光照射的方法,能杀灭多种病原菌。

11)特殊情况下的消毒措施

(1)猪场内部发生疫情

①加强消毒。日常带猪消毒由 2~3 d 1 次改为每日 1 次,对猪舍外及生活区也应每日进行消毒。猪舍门头的脚踏池需每日更换消毒液,进出猪舍需严格从脚踏池内经过。病猪舍的注射器和针头应专用,每次用后及时高温消毒。

②控制人员流动。病猪舍应设专人管理,禁止病猪舍与健康猪舍间的人员流动,将人员流动造成疾病传播的风险降到最低。严格更衣、换鞋、出入猪场生产区的消毒工作。

③控制物流。猪流病猪舍的所有物品应专用,绝对禁止病猪舍与健康猪舍之间物品的流动。猪只只能从健康猪舍流动到病猪舍,禁止逆向流动。即使疫情过后,也需禁止逆向流动。

④终末消毒。猪场疫情扑灭后,需对猪场生产区、生活区进行 1 次彻底消毒。

(2)猪场周边发生疫情

①加强消毒。猪场周边如发生疫情,日常带猪消毒应由 2~3 d 1 次改为每日 1 次,并对猪舍外及生活区每日进行重点消毒。猪场门口的消毒池和猪舍门口的脚踏池需每日更换消毒液,进出猪场、猪舍需严格从消毒池或脚踏池内经过。

②控制人、物、猪只的流动。猪场内人员尽量减少外出,从猪场外回来后应对所穿衣服、鞋、帽及时进行清洗,人员及时进行淋浴。如非必需不从场外购进物品。从场外购进的物品进入猪舍前必须进行熏蒸消毒。场外发生疫情期间,绝对禁止从场外购入猪只。

2.试验示范结果

经采取上述消毒措施 1 年后,对示范场开展猪病流行病学和病原学调查,统计全年发病率和死亡率。

表 6-5 试验示范后发病情况

序号	场名	存栏数/头	发病数/头	死亡数/头	发病率/%	死亡率/%
1	A	10 215	215	86	2.1	0.84
2	B	6 743	143	59	2.12	0.87
3	C	12 650	297	121	2.35	0.96
4	D	6 200	139	61	2.24	0.98
5	E	6 450	145	53	2.25	0.82
合计		42 258	939	380	2.22	0.9

表 6-5 中结果显示,经 1 年的试验示范,5 个示范场的总体发病率由试验前的 5.96% 下降到 2.22%,下降了 3.74 个百分点,死亡率由试验前的 2.14% 下降到 0.90%,下降了 1.24 个百分点。

表 6-6 试验示范后病原学调查结果

序号	场名	细菌种类
1	A	7
2	B	6
3	C	10
4	D	8
5	E	7

根据试验前方法,采集样本,开展病原学调查。表 6-6 中结果显示,试验示范后,示范场细菌种类明显减少,说明消毒后,养殖场环境得到明显改善,与养殖场患病率、死亡率降低结果一致。

3. 生产示范

在多点控制试验的基础上,项目组制定了猪瘟综合高效防控技术(附录 6-1),2014 年 7 月至 2015 年 6 月,在唐山市养殖密集地区的 115 个规模猪场进行生产示范,示范结果如下。

表 6-7 中结果显示,经生产示范,所调查的 115 个猪场的 417 480 头猪,总体发病率为 4.32%,较项目开展前的 9.37%,下降了 5.05 个百分点,死亡率为 2.14%,较项目开展前的 3.81%,下降了 1.67 个百分点,示范效果显著。

表 6-7　唐山市生产示范规模猪场发病情况

县(市、区)	调查场数	存栏数/头	发病数/头	死亡数/头	发病率/%	死亡率/%
丰南区	15	38 450	2 038	915	5.3	2.38
丰润区	12	29 768	1 606	723	5.4	2.43
玉田县	13	48 600	2 504	985	5.15	2.03
遵化市	10	21 550	1 017	582	4.72	2.70
滦县	8	50 600	1 707	937	3.37	1.85
滦南县	10	34 400	1 760	713	5.12	2.07
乐亭县	8	35 280	1 603	620	4.54	1.76
迁安市	7	18 467	901	425	4.88	2.30
迁西县	7	16 875	903	398	5.35	2.36
其他	25	123 490	4 012	2 639	3.25	2.14
合计	115	417 480	18 051	8 937	4.32	2.14

(四)实施效果

根据多点控制试验及生产示范结果,加权平均后项目实施效果为规模场总体发病率较项目开展前的 8.91% 下降到 4.13%,下降了 4.78 个百分点,死亡率较项目开展前的 3.58% 下降到 2.03%,下降了 1.55 个百分点,具体结果见表 6-8。

表 6-8　项目实施效果比较

项目		患病率/%	死亡率/%
实施前	示范场	5.96	2.14
	猪场普查	9.37	3.81
	加权合计	8.91	3.58
实施后	示范场	2.22	0.90
	生产示范	4.32	2.14
	加权合计	4.13	2.03
效果比较		下降了 4.78 个百分点	下降了 1.55 个百分点

四、技术关键

(1)制定了猪场综合消毒技术(见本章附录 6-1)

①定期消毒。全场性大消毒,每年春秋 2 次;生产区大消毒,每月 2 次;猪舍

内带猪喷雾消毒每周 1~2 次(重点产房、保育房),不同环境,选择有针对性的消毒药物。

②即时消毒。猪只转群后,对空闲栏舍及时彻底清洗,进行严格消毒,隔 1 d 后,再空闲 1~3 d 后方可使用。

③突击消毒。猪只发生疫病或可疑时对有关棚舍进行突击性消毒;季节突变时,对全场猪只进行突击性消毒。

(2)引入猪场全自动超声雾化消毒机设备,进行推广应用。

附录 6-1

猪场综合消毒技术规范

1. 环境消毒

环境消毒主要指猪场外部环境和猪舍外部环境。猪场周边环境及猪舍外部环境是养猪场病源菌来源之一。治理的目标是杀灭猪场周边及猪舍外部环境的病源菌,确保生猪健康生长与繁殖,并提供一个良好的生长环境。

(1)猪场外部环境及猪场内道路、猪舍墙壁、空栏等环境可用 5% 石灰水进行消毒。

(2)猪舍外部、污水池、排粪尿坑、下水道出口,用 2% 火碱(NaOH)溶液消毒。

(3)猪舍大门入口处设立消毒池或应用多功能消毒垫。池深在 0.5~0.8 m,池中投放 5% 来苏儿溶液,每 3 d 更换 1 次。消毒池中的消毒液可用 2% 碱液与 5% 来苏儿液交替更换进行消毒,其效果要比使用单一消毒液进行消毒的效果好。

(4)在偏远山区或交通不便的猪场,可能购买不到 NaOH、来苏儿或新洁尔灭等消毒药物,可就地就近采集灭菌杀虫类中草药进行消毒。这类药物容易就地就近采集、价格便宜,灭菌杀虫的效果很好。可采集如下 2~3 种中草药:雷丸、使君子、苦楝树籽或根皮、蛇床子、鹤虱等煎水喷洒。用药剂量按每 500 g 兑水 30 kg 先大火煮开,然后文火煎 30 min,过滤后喷洒。应当指出,这类灭菌杀虫类中草药只能外用,不可内服,因为它们都有轻微毒性;喷洒后的地方应避免让猪群到达。

2. 人员消毒

(1)外来人员进入猪舍的消毒猪场应禁止参观,对于必须进入猪舍的外来人员,需严格换鞋、更衣、戴帽,经紫外线灯照射 5 min 后才可进入猪舍。有条件的猪场,外来人员必须进行淋浴后进入猪舍。

(2)猪场内部人员流动的消毒猪场内部人员进出猪场,应在猪场门口更换衣服、靴鞋—进入消毒池进行消毒—进入紫外线室接受紫外线消毒—进行生产区前用 1：1 000 新洁而灭溶液洗手消毒。或在消毒室安装全自动超声雾化消毒设备,该设备将消毒药液经超声波雾化后喷至所需消毒间,达到消毒空气的目的,其消毒药雾粒仅为 0.55 mm,在空间悬浮时间达 2 h 以上将死角全部细菌杀死。消毒室要经常更换药液,并检查消毒效果。

(3)衣服、靴鞋、帽等每周末消毒 1 次。凡是进入猪场的人员都要遵守消毒制度,牢固树立"预防为主,防重于治"的意识,支持和协助兽医人员做好消毒工作,确保消毒措施落到实处。

3. 空舍消毒

(1)生产区道路及两侧 5 m 范围内、猪舍空地,每月消毒 2 次。

(2)整栋猪舍清空后,应及时对猪舍内的粪便进行清扫,然后用清水对猪栏、猪槽、墙壁、地面进行浸泡。24 h 后用高压水枪对猪栏、猪槽、墙壁、地面进行冲洗。冲洗要彻底,不能留有死角和污物。猪舍冲洗干净后,用 5% 火碱溶液或生石灰乳液对猪舍的地面、猪栏、墙壁进行刷洗消毒。24 h 后对猪舍再次清洗。

(3)熏蒸消毒。消毒前需对猪舍的门窗、墙缝进行密封,按照每立方米用甲醛 28 mL、高锰酸钾 14 g 的标准准备药物。甲醛应盛放在陶瓷敞口容器内,根据猪舍的实际情况将药物均匀分布好,迅速将高锰酸钾加入甲醛中。熏蒸消毒时应注意人身安全,甲醛液体对皮肤具有腐蚀性,其蒸气对呼吸道具有刺激性。熏蒸消毒后经 2~3 d 即可开启窗门进行通风,以清除残留的甲醛气味。

(4)日光消毒。在进行以上消毒工作之后,分娩舍的保温箱、保温板、食槽等设施在晴朗的天气需放在烈日下曝晒,通过日光浴进行消毒。

(5)在猪群进入猪舍前 1 周,首先清扫,然后用 2% 火碱液喷洒猪舍,隔 1 d 后用水冲洗干净待用。喷洒消毒顺序:喷洒地面—墙壁—远处门窗—天花板—近处门窗—猪舍外部环境。一般情况下,猪舍应每个季度消毒 1 次。凡是猪停留过的地方都应进行消毒。产房应该在仔猪移出产房后进行消毒。

(6)消毒药剂的选择应该有针对性和季节性,不是某一种消毒剂对所有细菌、病毒和寄生虫都有杀灭作用的。如预防口蹄疫时,碘制剂效果好些;预防感冒时,过氧乙酸和金银花、板蓝根液效果好些。总之,使用消毒药时,应经常变换消毒药物品种,才能将不同种类的病源菌进行杀灭,达到预防消毒的作用。

4. 带猪消毒

(1) 一般性带猪消毒。常用消毒药物有 1：1 000 的卫可消毒剂,或用 1：2 000 碘溶液消毒剂。切记不能用强酸强碱性药物来消毒。为了减少对工作人员的刺激,在消毒时可佩戴口罩。带猪消毒最好不要使用对呼吸道、皮肤有刺激作用的消毒液,否则会对猪群造成伤害。一般情况下每周消毒 2~3 次,春、秋季节,每周消毒 4 次。带猪消毒时可以将 3~5 种消毒药交替进行使用,消毒效果更好。

(2)猪体保健消毒。妊娠母猪在分娩前 5 d,最好用热毛巾对全身皮肤进行清洁,然后用 0.1% 高锰酸钾温水擦洗全身,在临产前 3 d 消毒 1 次,重点要擦洗会阴部和乳头,保证仔猪在出生后和哺乳期间免受病原微生物的感染。新生仔猪分娩后用干净的毛巾将胎衣除去,迅速放入保温箱中。

5. 生活区、办公区消毒

生活区、办公室、食堂、宿舍、厕所及周边环境每月消毒 1 次,用 1∶1 000 卫可液进行消毒处理。

6. 周转区消毒

对售猪周转区的宿舍、出猪台、磅秤及周边环境,每售一批猪后可用 1∶1 000 卫可消毒液或 1∶2 000 浓度的含碘溶液进行消毒。

7. 用具消毒

定期对保温箱、补料槽、饲料车、锹、铣、扫把等用具进行消毒。一般情况下,夏、秋两季,每月消毒 1 次,春季每 15 d 消毒 1 次。消毒液可用 0.2%~0.3% 过氧乙酸消毒。

8. 供水系统消毒

猪场要重视对供水系统进行消毒,尤其是水箱、水管和饮水器表面都有可能包含有细菌和病源污染物。可用碘制剂,从水箱的顶部倒入,确保整个饮水系统浸泡 20 min 以上,再从最远端的饮水嘴开始依次排水,冲选饮水系统,能有效去除饮水系统内的病原菌。

9. 粪污、水污消毒

(1)对粪便消毒方法有很多种,最便宜最有效的消毒方法是堆温发酵或无氧发酵法。堆温发酵法就是把猪粪收集起来堆在一起,利用粪便堆垛发热发酵的原理杀灭病源菌和寄生虫卵。无氧发酵法就是把猪粪晒制半干(约含 50% 水分)放在砌好的池中,每层 20 cm 左右,层层压紧压实,然后用双层塑料布或其他物种密封,不留有空气利用乳酸发酵原理杀灭病源和寄生虫卵。

(2)规模化养殖场污水排放量相对集中,污水的有机物浓度高,悬浮物多,加之水量波动大,不仅造成可利用资源的大量流失,降低经济效益,而且给农业生态环境带来严重的破坏,影响周边地区整体经济的可持续发展。规模场结合周边种植结构,因地制宜,应引入采用固液分离-厌氧生物技术等循环利用技术,降低环境污染,减少疫病传播。

10. 垫料消毒

猪场的垫料要保持干净卫生、有条件的猪场,要经常更换垫料。如果不能经常更换垫料,对于猪场的垫料,通过对阳光照射的方法,能杀灭多种病原菌。

11. 特殊情况下的消毒措施

(1)猪场内部发生疫情

①加强消毒。日常带猪消毒由 2~3 d 1 次改为每日 1 次,对猪舍外及生活区

也应每日进行消毒。猪舍门头的脚踏池需每日更换消毒液,进出猪舍需严格从脚踏池内经过。病猪舍的注射器和针头应专用,每次用后及时高温消毒。

②控制人流。病猪舍应设专人管理,禁止病猪舍与健康猪舍间的人员流动,将人员流动造成疾病传播的风险降到最低。严格更衣、换鞋、出入猪场生产区的消毒工作。

③控制物流。猪流病猪舍的所有物品应专用,绝对禁止病猪舍与健康猪舍之间物品的流动。猪只只能从健康猪舍流动到病猪舍,禁止逆向流动。即使疫情过后,也需禁止逆向流动。

④终末消毒。猪场疫情扑灭后,需对猪场生产区、生活区进行 1 次彻底消毒。

(2)猪场周边发生疫情

①加强消毒。猪场周边如发生疫情,日常带猪消毒应由 2～3 d 1 次改为每日 1 次,并对猪舍外及生活区每日进行重点消毒。猪场门口的消毒池和猪舍门口的脚踏池需每日更换消毒液,进出猪场、猪舍需严格从消毒池或脚踏池内经过。

②控制人、物、猪只的流动。猪场内人员尽量减少外出,从猪场外回来后应对所穿衣服、鞋、帽及时进行清洗,人员及时进行淋浴。如非必须不从场外购进物品。从场外购进的物品进入猪舍前必须进行熏蒸消毒。场外发生疫情期间,绝对禁止从场外购入猪只。

第七章 规模猪场猪喘气病综合高效防治技术

猪喘气病（也称猪气喘病）是猪感染肺炎支原体（有的称霉形体）引起的以肺炎、喘气为主要特征的一种慢性呼吸道传染病，多呈慢性经过，严重影响生长发育，延长出栏时间，增加饲料消耗，提高养殖成本，降低经济效益。唐山市动物疫病预防控制中心流行病学调查显示，2009—2011 年规模猪场该病的发病率达42.63%，死亡率约为 1.23%，已经成为仅次于猪瘟的主要危害病种，严重影响生猪产业的发展。

为推广该病综合高效防控技术，唐山市畜牧兽医研究所通过引进高效疫苗、应用科学免疫程序、推广快速诊断技术、科学免疫、完善配套的饲养管理措施等形成了该病的综合高效防治技术，并通过多点控制示范试验、加强技术培训、广泛宣传、通过现代网络加快普及等技术措施进行推广应用，力求达到降低规模猪场该病的发病率、提高经济及社会效益的目的。经过 3 年努力，规模猪场该病的发病率下降了 27.21 个百分点，死亡率降低了 0.71 个百分点，商品猪平均出栏时间缩短了 10.35 d。

一、研究背景

猪喘气病广泛分布于世界各地，我国许多地区的猪场都有发生。由于带菌病猪的存在和分布面较广，除直接死亡外，病猪由于生长发育缓慢，生长率降低 15% 左右，饲料利用率降低 20%，造成饲料和人力的浪费。有的病猪成为僵猪而几乎停止生长或继发感染死亡。同时，病猪带菌时间长，母猪感染后常可影响后代的健康，不能留作种用，影响良种推广。

唐山市动物疫病预防控制中心 2009 年流行病学调查显示该病在猪场种猪群阳性率在 30%～70%，10 周龄时感染率高达 100%。汇总 2009—2011 年唐山市动物疫病门诊病例，其中猪喘气病占 15.82%，该病在唐山市猪场发病率平均达42.63%，死亡率约为 1.23%，已经成为仅次于猪瘟的主要危害病种。

由于猪肺炎支原体能通过气溶胶和直接接触传播，且在猪体内有免疫逃避功能，不管是药物还是疫苗均存在一定的局限性。所以有效控制该病必须从种猪净化、疫苗免疫、饲养管理、环境控制、药物防治 5 个方面综合入手,其中疫苗免疫是关键,目前市场上使用的疫苗有 2 种:①灭活苗,其特点是使用方便,能刺激机体产生针对性抗体,抑制支原体在体内的繁殖,但是其只能产生体液免疫,无法激发细胞免疫,也不能产生占位免疫,因而保护率较低;②活疫苗,其特点是能同时激发体液免疫和细胞免疫,以及占位免疫,因而保护率较高。活疫苗的注射方法分肺内注射和胸腔注射,肺内注射占位速度慢,需 7~10 d,且易导致肺脏损伤,而胸腔注射则占位速度快,抗原直接在肺脏表面定植,只需 2~3 d,同时不会造成肺脏损伤,免疫效果确实,因此,胸腔注射疫苗是防疫猪喘气病的首选方法。

自 2012 年开始,唐山市动物疫病预防控制中心针对唐山市猪喘气病防控现状,引进高效疫苗,结合种猪净化、疫苗免疫、饲养管理、环境控制、药物防治开展试验示范,制定了一套集快速诊断、程序化免疫、强化饲养管理为一体的猪喘气病高效防控措施,并在相关猪场试验示范,取得了较好的效果。

二、主抓技术环节

(1)临床症状结合剖检快速诊断技术。
(2)引进新型疫苗,采用胸腔注射进行程序化免疫。
(3)综合防治技术制定与应用。

三、多点控制试验示范过程及结果

(一)猪喘气病流行病学调查

2011 年,课题组在唐山市范围内开展了一次猪喘气病流行现状调查,采用现场填写调查表的方式,以临床表现出现腹式呼吸,长时间咳嗽,张口喘气,从口、鼻流出泡沫样物,发育缓慢,剖检病变表现以两侧肺心叶、尖叶、中间叶、隔叶前缘呈对称的间质性肺炎即"肉样变"的变化即判为猪喘气病,记入登记表,同时调查商品猪平均出栏天数(平均出栏天数为断奶后至 110 kg/头体重时的天数)。调查结果汇总情况见表 7-1。

表 7-1 唐山市猪喘气病流行病学调查

县 (市、区)	调查 场数	存栏数 /头	临床发病 数/头	死亡数 /头	发病率 /%	死亡率 /%	商品猪平均 出栏天数/d
遵化市	85	63 132	25 413	782	40.25	1.24	175.5
玉田县	92	93 406	39 281	1 082	42.05	1.16	178.5
丰润区	63	44 689	21 205	653	47.45	1.46	181.5
丰南区	58	40 847	18 423	557	45.10	1.36	178.4
滦南县	53	66 270	27 445	704	41.41	1.06	176.5

续表 7-1

县 (市、区)	调查 场数	存栏数 /头	临床发病 数/头	死亡数 /头	发病率 /%	死亡率 /%	商品猪平均 出栏天数/d
滦县	46	40 308	15 720	369	39.00	0.92	179.4
开平区	12	7 591	3 151	87	41.51	1.15	181.4
古冶区	9	20 324	8 520	210	41.92	1.03	175.0
乐亭县	13	16 887	7 695	157	45.57	0.93	162.5
曹妃甸区	8	29 882	14 240	486	47.65	1.63	180.0
其他	61	42 944	17 850	653	41.57	1.52	184.5
合计	500	466 280	198 943	5 740	42.67	1.23	177.6

通过调查汇总可以看出,唐山市 2011 年猪喘气病发病率为 42.63%,死亡率为 1.23%,断奶后至 110 kg/头体重需 177.6 d 左右。

(二)多点控制示范试验过程及结果

课题组于 2011 年 8 月至 2012 年 8 月,在示范场开展了猪喘气病高效综合防控技术试验示范,具体过程及结果如下。

1.示范场选择

课题组在河北玉田县、河北遵化市、河北滦南县、唐山市路南区、唐山市开平区分别选择了一个规模猪场作为试验示范场,示范场情况见表 7-2。

表 7-2 示范场情况

头

序号	县(市、区)	场名	商品猪年出栏
1	遵化市	A	7 500
2	玉田县	B	16 000
3	滦南县	C	7 500
4	路南区	D	7 500
5	开平区	E	10 000
	合计		48 500

2.示范场猪喘气病发病情况

选定示范场后,课题组首先对示范场猪喘气病发生现状开展了调查,主要采取现场调查的方式,调查时间为 2011 年 8 月示范场猪喘气病发生情况。

调查结果显示,示范场猪喘气病发病率为 39.99%,死亡率为 1.05%,商品猪平均出栏时间约为 176.2 d,具体调查结果见表 7-3。

表 7-3　试验示范前示范场猪喘气病发生情况

场名	存栏数/头	发病数/头	死亡数/头	发病率/%	死亡率/%	商品猪出栏时间/d
A	6 484	2 608	85	40.22	1.31	178
B	15 335	6 052	148	39.47	0.97	180
C	6 840	2 983	76	43.61	1.11	177
D	6 200	2 317	58	37.37	0.94	175
E	10 254	4 082	105	39.81	1.02	171
合计	45 113	18 042	472	39.99	1.05	176.2

3. 试验内容及方法

(1) 种猪的净化及管理　主要包括引进种猪时严格按相关引种规定执行;诊断为喘气病的一律不作种用,已经产仔的仔猪不作种用等。

(2) 免疫　用猪肺炎支原体活疫苗(Z 株),采用胸腔注射进行免疫,免疫程序为:3~5 日龄免疫一次,剂量为 5 mL/头。

(3) 饲养管理　包括坚持自繁自养、全进全出制度;饲料、饮水安全;多种动物不得混养;做好防鼠灭蝇及野生动物等。

(4) 环境控制　主要包括保持猪舍环境卫生;定期消毒;加强通风换气、保温措施;各种生物安全措施;病死猪及污染物无害化处理等措施。

(5) 药物防治　根据猪场实际选择下列药物组合:①泰妙菌素+金霉素;②替米考星+恩诺沙星或头孢噻呋;③林可霉素+头孢噻呋。方法为拌料或饮水,一般连续用药 14~21 d。

4. 试验示范结果

经采用上述综合高效防控技术 1 年后,示范场猪喘气病的发病率和死亡均显著下降,商品猪出栏天数大幅缩短,具体结果见表 7-4。

结果显示,试验示范后,示范场猪喘气病发病率为 14.67%,较试验前下降了 25.32 个百分点,死亡率为 0.46%,较试验前下降了 0.59 个百分点,商品猪平均出栏时间约为 164.4 d 较试验前缩短了 11.8 d。

表 7-4　试验示范后示范场猪喘气病发病情况

场名	存栏数/头	发病数/头	死亡数/头	发病率/%	死亡率/%	商品猪出栏时间/d
A	3 524	548	18	15.55	0.51	165
B	8 756	1 267	38	14.47	0.43	167
C	4 052	623	21	15.38	0.52	163
D	4 236	587	15	13.86	0.35	162
E	5 867	854	29	14.56	0.49	165
合计	26 435	3 879	121	14.67	0.46	164.4

(三)生产示范

在多点控制试验的基础上,课题组制定了规模猪场猪喘气病综合高效防治技术(见附录 7-1),2012 年 1—12 月将猪喘气病高效综合防治技术措施在生猪养殖集中区的 343 个规模猪场的 31 万多头猪中进行生产示范。

生产示范结果为,唐山市主要规模猪场猪喘气病发病率较试验前下降了 27.4 个百分点,死亡率较试验前下降了 0.72 个百分点,商品猪平均出栏时间较试验前缩短了 8.9 d。具体结果见表 7-5。

表 7-5 唐山市生产示范结果

县 (市、区)	示范 场数	存栏数 /头	发病数 数/头	死亡数 /头	发病率 /%	死亡率 /%	商品猪平均 出栏时间/d
玉田县	55	52 755	7 804	235	14.79	0.45	168.5
遵化市	45	42 508	6 362	201	14.97	0.47	168.0
丰润区	40	32 550	5 042	182	15.49	0.56	171.0
丰南区	36	27 542	4 257	157	15.46	0.57	167.5
滦南县	58	54 185	7 849	248	14.49	0.46	170.5
滦县	43	30 174	4 435	138	14.70	0.46	167.5
迁安市	10	1 545	221	6	14.30	0.39	167.0
开平区	6	14 251	2 376	87	16.67	0.61	170.0
古冶区	5	8 750	1 423	54	16.26	0.62	169.5
乐亭县	8	10 246	1 613	43	15.74	0.42	168.5
曹妃甸区	5	20 154	3 755	112	18.63	0.56	169.0
其他	32	21 558	3 028	152	14.05	0.71	167.5
合计	343	316 218	48 165	1 615	15.23	0.51	168.7

(四)实施效果

根据多点控制试验及生产示范结果,加权平均后项目实施效果规模猪场猪喘气病发病率较试验前下降了 27.21 个百分点,死亡率较试验前下降了 0.71 个百分点,商品猪平均出栏时间较试验前缩短了 10.35 d。具体结果见表 7-6。

从项目实施效果比较情况看以看出,规模猪场猪喘气病高效综合防治技术效果明显,自 2012 年开始在唐山市规模猪场推广应用。

表 7-6　项目实施效果比较

类别	场数	存栏数/头	发病数数/头	死亡数/头	发病率/%	死亡率/%	平均出栏天数/d
项目实施前							
猪场普查	538	468 505	199 725	5 765	42.63	1.23	177.6
示范场	5	45 113	18 042	472	39.99	1.05	176.2
合计	543	513 618	217 767	6 237	42.40	1.21	176.9
项目实施后							
示范场	5	26 435	3 879	121	14.67	0.46	164.4
生产示范	343	316 218	48 165	1 615	15.23	0.51	168.7
合计	348	342 653	52 044	1 736	15.19	0.51	166.55
效果比较					下降27.21个百分点	下降0.71个百分点	缩短10.35

四、技术关键

1. 流行病学调查

以场为单位开展猪喘气病发病情况调查,摸清底数和危害情况,为项目开展提供基础数据。

2. 诊断

本病确诊是防控该病的基础,诊断主要依据临床症状及剖检病理变化即可确诊,但注意要和其他呼吸道疾病进行鉴别诊断,见表 7-7。

表 7-7　与其他几种呼吸道疾病的鉴别

病名	病原	流行特点	临床症状	病理变化	防治措施
猪喘气病	支原体	1周龄以上猪均可发病,发病率高死亡率低,病程长可反复发作,与饲养管理、气候条件有关,可垂直传播	体温不升高,咳、喘、呼吸困难、严重者痉挛性咳嗽、早、晚运动、进食后及天气变化时更明显,腹式呼吸,有喘鸣声	肺气肿、水肿,其心叶、心尖中间叶前缘有肉变、胰变,呈紫红、灰白、灰黄色	抗生素可缓解症状,可用疫苗预防
胸膜肺炎	放线菌	架子猪最易感、规模化养猪场多见,初次发病群体,死亡率高,与饲养条件气候等有关	体温41.5～42℃,高度呼吸困难,张口、伸舌,口、鼻有带泡沫黏液,耳、鼻、口皮肤发绀	广泛性肺炎,肺与胸膜粘连,有不同程度局灶性硬结,胸腔有积液	抗菌药物治疗有效,可用疫苗预防

续表 7-7

病名	病原	流行特点	临床症状	病理变化	防治措施
猪肺疫	巴氏杆菌	架子猪多见,与季节、气候、饲养条件、卫生环境等有关,发病急、病程短,死亡率高	体温 41～42℃,呼吸困难,咳、喘、口吐白沫	咽、喉、颈部皮下水肿	抗菌药物治疗有效,可用疫苗预防
链球菌病	链球菌	各种年龄均易感,无季节性,与饲养管理、卫生环境等有关,发病急。感染率高,流行期长	体温 41～42℃,咳、喘,关节炎淋巴结脓肿,脑膜炎,耳端、腹下及四肢皮肤发绀,有出血点	内脏器官出血,脾肿大,关节炎,淋巴结化脓	抗菌药物治疗有效,可用疫苗预防
副伤寒	沙门氏菌	2～4 月龄猪多发病,与饲养条件、环境、气候等有关,流行期长,发病率高	腹泻症状突出,体温 41℃ 以上,腹痛、腹泻、耳根、胸前、腹下发绀	败血症,脾肿大,大肠糠麸样坏死	抗生素有效,可用疫苗预防

3. 免疫

应用高效疫苗开展免疫预防是控制该病的关键,用猪肺炎支原体活疫苗(Z 株),采用胸腔注射进行免疫。

附录 7-1

猪喘气病综合高效防控技术

一、诊断

1. 临床诊断要点

(1)潜伏期 5～7 d,最长达 1 个月以上。

(2)急性型:病猪张口喘气,从口、鼻流出泡沫样物。有时发出连续性至痉挛性咳嗽。多见于新发病猪群,发病重,病程短,死亡率高。病程 1～2 周而死亡。幸存者转为慢性。

(3)慢性型:也是最常见的,主要症状为长时间咳嗽,尤其早晨起立驱赶、夜间、运动时和进食后发生咳嗽。由轻到重,严重时出现连续性痉挛性咳嗽。咳嗽时拱背、伸颈、头下垂,直到呼吸道中分泌物咳出为止。进一步发展,呼吸困难,呈腹式呼吸,后期不食。仔猪消瘦、体弱、发育缓慢,如有继发感染而引起死亡。病程 2～3 个月,有的长达半年以上。发病率高,死亡率低,主要是影响生长发育,延长出栏时间。该型在老疫区多见。

(4)隐性型:病猪一般不显临床症状,有时在夜间或驱赶运动后出现轻微的咳嗽和气喘。生长发育基本正常。但用 X 光检查时,可见到肺上肺炎病变。该型在老疫区多见,被忽视为危险的传染源。

2.病理变化

主要病变在肺、肺的淋巴结和纵隔淋巴结。

(1)炎症发展期,肺膨大,有不同程度的水肿和气肿。炎症消散时,肺小叶间结缔组织增生、硬化,表面下陷,周围组织膨胀不全。肺的病变主要在心叶、尖叶、中间叶、隔叶的前缘。常呈间质性肺炎的变化,两侧肺病变对称。病、健部界限明显,呈实变外观,淡灰色与胰脏相似,呈胶样浸润半透明。切面湿润、平滑,为"肉样"变。病情加重时,色加深,为淡紫红色、深紫色、灰白色或灰红色。状似胰脏组织,故称胰变。

(2)肺门淋巴结和纵隔淋巴结肿大、水肿,为白灰色。切面湿润,外翻,边缘轻度充血。

本病根据临床症状和剖检变化即可做出初步诊断,但要注意和类似疫病进行区别。

二、种猪的净化及管理

(1)新引进的种猪必须来自无猪喘气病的地区,且必须取得种畜禽经营许可的猪场。

(2)新引进的种猪或商品仔猪进场后,必须于隔离场饲养 7 d 以上,无猪喘气病及其他重点疫病临床表现的,方可混群饲养。

(3)经诊断为猪喘气病的种猪一律淘汰处理,已经产仔的,仔猪不留作种用。

三、免疫

应用高效疫苗开展免疫预防是控制该病的关键,用猪肺炎支原体活疫苗(Z株),采用胸腔注射进行免疫。

1.免疫程序

3～5 日龄免疫一次,剂量为 5 mL/头。

2.注射方法

(1)直立保定,并用双腿夹紧仔猪下半部猪体,左手紧抓仔猪双前肢并连头拉向左侧,右手注射。

(2)从猪右侧胸腔肩胛骨后下缘沿猪体中轴线向后 3～6 cm 进针。如碰到肋骨,可将针头稍微向前或向后移动,一旦刺透胸壁即可注射。应用 9 号针头。

3. 免疫注意事项

(1)在稀释疫苗前,要提前 1～2 h 将疫苗与稀释液放在室内备用,稀释液的温度一般在 20～24℃ 为好,特别是冬季。

(2)注射时要匀速注射,不宜强力过速。

(3)注射剂量严格按疫苗使用说明书要求每头份 5 mL。

(4)注射部位为右侧胸腔注射,严禁肺内注射。

(5)注射疫苗前 3 d 和注射后 3 d 内应禁止使用泰妙菌素、土霉素、卡那霉素和对猪肺炎支原体有抑制性的药物。

四、饲养管理

(1)坚持自繁自养,引进猪严格检疫和隔离,全进全出制度。

(2)给以清洁的饲料及饮水,尤其是要注意防止饲料霉变。

(3)猪场内严禁饲养其他畜禽及其他易感动物。

(4)做好防鼠灭蝇及防野鸟等野生动物的措施。

五、环境控制

定期消毒;加强通风换气、保温措施;各种生物安全措施;病死猪及污染物无害化处理等措施。

(1)猪场净道、污道分开,进入厂区和生产区的门口要设立消毒池并保持消毒药物的有效性,人员出入需穿经消毒的工作服,并经紫外灯等消毒措施。

(2)保持猪舍环境卫生,每天对猪舍进行清扫和冲洗。

(3)制定合理的消毒程序,消毒药物不能单一,多种消毒药交替使用,定期对猪场养殖环境消毒。

(4)加强产房的消毒工作,每天消毒 1 次,连续操作 2 个月,以后每 2 d 消毒一次。保育和育肥猪舍 2～3 d 消毒一次。

(5)加强猪舍的通风换气工作,保持舍内空气质量,定时通风,以舍内没有刺鼻气味为准,特别要注意寒冷季节的舍内保温。

(6)严格执行各项生物安全制度,最大限度地控制传染源的传入和切断其他传播途径。

(7)做好废弃物无害化处理及其他常见疫病的防治工作。

六、药物预防

根据猪场实际选择下列药物组合:①泰妙菌素＋金霉素;②替米考星＋恩诺沙星或头孢噻呋;③林可霉素＋头孢噻呋。方法为拌料或饮水,一般连续用药 14～21 d。

第八章　γ-干扰素 ELISA 试验 在奶牛结核病净化工作中的应用技术

　　该项目针对当前奶牛养殖中危害较大的结核病的快速检验耗时长、所需人员多、不能大批量检验等问题,通过试验示范,采用了牛结核病 γ-干扰素 ELISA 试验检测新技术,缩短了检验时间近 50 h,同时节省了人工,便于大批量检验,有力地保障了唐山市奶牛结核病净化工作的开展。

　　经 3 年的推广应用,累计检测 75.08 万头次奶牛,奶牛结核病阳性检出率由项目开展前的 2.56% 下降到 0.12%,下降了 2.44 个百分点,检测的 279 个规模奶牛养殖场全部达到农业部"两病"稳控标准,5 个达到净化标准,累计减少经济损失 11 967.9 万元。

一、研究背景

　　奶牛结核病是由牛型结核分枝杆菌引起的一种人畜共患慢性传染病,以组织器官的结核结节性肉芽肿和干酪样、钙化的坏死灶为特征,呼吸道为主要传播途径,人感染后可出现咳嗽、咳痰、咳血、胸痛和呼吸困难等症状。唐山市动物疫病预防控制中心流行病学调查显示,唐山市规模奶牛场该病的阳性检出率为 2.56%。

　　该病的传统检验方法为牛结核菌素皮内变态反应试验,用时长,至少需 72 h,每头牛需要 3 人以上才能完成注射,还要在注射时及 24 h、72 h 进行 3 次皮厚测量,尤其是注射结核菌素后 3 d 的奶必须弃掉,造成极大浪费和经济损失,已经不适用于当前集约化奶牛场中结核病的检测工作,而牛结核病 γ-干扰素 ELISA 试验,操作简单,只需要采集血液样本在实验室完成检验,用时短(24 h 内即可完成),对产奶无影响,且短时间内就可完成大批样本的检验。

　　河北省自 2016 年 10 月开始实行凭奶牛"布病、结核病"检验合格证明交收奶制度,要求所有奶牛每年开展 2 次结核病检验,唐山市为奶牛养殖大市,存栏量长年保持在 30 万头以上,如果采用传统 PPD 方法检验,每 3 人一天最多可以检验 50 头左右,全部普检一次需动用上千人,至少需要 1 个月才能完成,工作量巨大。有必要建立一种快速的检验方法,既保证检验的准确率,又要操作方便、实用性强,便于该病的防治。

二、主抓的技术环节

(1)唐山市奶牛结核病流行病学调查,摸清该病的防控现状。
(2)牛结核病皮内变态反应试验和γ-干扰素 ELISA 试验检验效果比较试验。
(3)γ-干扰素 ELISA 试验方法的技术推广工作。

三、多点控制试验示范过程及结果

(一)牛结核病普查

为掌握唐山市牛结核病阳性检出率现状,2014 年,结合"两病"净化效果抽查工作,开展了奶牛结核病普查工作,共调查了唐山市汉沽管理区、河北滦南县、唐山市丰南区、河北遵化市、河北玉田县、唐山市古冶区、唐山市芦台经济开发区、唐山市丰润区等县(市、区)的 41 个奶牛养殖场(小区)的 29 040 头奶牛,结果见表 8-1。

抽查结果显示,唐山市奶牛结核病阳性检出率 2.56 %,最高达到 4.14%,最低为 0.10%,说明唐山市奶牛结核病防控效果参差不齐。

表 8-1 2014 年唐山市奶牛场结核病普查结果

县(市、区)	调查场数/个	存栏数/头	阳性检出数/份	阳性检出率/%
遵化市	3	1 250	41	3.28
玉田县	4	2 160	62	2.87
丰润区	5	3 500	145	4.14
丰南区	5	3 500	71	2.03
滦县	15	3 500	112	3.20
滦南县	7	4 950	170	3.43
乐亭县	5	3 450	83	2.41
汉沽区	2	1 200	1	0.10
古冶区	2	1 750	30	1.71
芦台区	2	3 780	30	0.79
合计	41	29 040	744	2.56

(二)多点控制示范试验过程及结果

1. 选择示范场

课题组分别在河北玉田县、唐山市丰南区、河北滦南县、河北遵化市、唐山市汉沽管理区选择了5个具有代表性的奶牛养殖场(小区)(以下分别称为A、B、C、D、E场)作为项目试验示范场,开展项目各项示范试验,示范场基本情况见表8-2。

表8-2　示范场情况

序号	场名	存栏数/头
1	A场	7 124
2	B场	3 534
3	C场	3 520
4	D场	2 263
5	E场	3 658

2.试验内容及方法

1)皮内变态反应试验和γ-干扰素ELISA试验检测效果对比试验

为了摸清传统皮内变态反应试验和γ-干扰素ELISA试验检验效果的差异,2014年课题组在5个示范场进行对比试验,试验过程如下。

(1)试验方法

①试验牛选择。每个示范场分别选择300头泌乳牛为试验对象,奶牛编号见表8-3。

表8-3　示范场试验牛编号

场名	样本编号
A	1—300
B	301—600
C	601—900
D	901—1 200
E	1 201—1 500

②试验方法。每头牛先采集5 mL抗凝血,然后在颈部注射牛结核病皮内变态反应抗原,同时用游标卡尺量取注射点皮厚度,做好记录。并于注射后24 h、72 h两次量取注射点皮厚度。

③试剂及操作。牛结核皮内变态反应试剂购自中国农业科学院哈尔滨兽医研究所;牛结核γ-干扰素试剂购自山东青岛瑞尔生物公司,操作及判定按试剂说明书。

(2)试验结果

①牛结核病皮内变态反应结果,结果见表8-4。根据结果可知,示范场牛结核病皮内变态反应阳性检出率为2.47%。

表 8-4　示范场牛结核病皮内变态反应结果

场名	检测数/头	阳性数/头	阳性率/%	阳性牛编号
A	300	5	1.67	12、38、86、123、208
B	300	10	3.33	308、314、320、365、420、437、462、510、511、560
C	300	13	4.33	637、645、670、731、742、758、759、801、802、803、857、858、860
D	300	8	2.67	920、921、958、977、1002、1003、1108、1111
E	300	1	0.33	1237
合计	1 500	37	2.47	

②牛 γ-干扰素 ELISA 试验结果见表 8-5。根据结果可知,示范场牛 γ-干扰素 ELISA 试验阳性检出率为 2.53%。

表 8-5　示范场牛 γ-干扰素 ELISA 试验结果

场名	检测数/头	阳性数/头	阳性率/%	阳性牛编号
A	300	5	1.67	12、38、86、123、208
B	300	10	3.33	308、314、320、365、420、437、462、510、511、560
C	300	13	4.33	637、645、670、731、742、758、759、801、802、803、857、858、860
D	300	8	2.67	920、921、958、977、1002、1003、1108、1111
E	300	2	0.66	1237、1248
合计	1 500	38	2.53	

③结果分析。各示范场两种检验方法检出阳性牛对比结果见表 8-6。

由表 8-6 可知,两种检验方法只有唐山市汉沽兴业出现一例不符合样本,二者的符合率为 97.37%。

综合两种试验方法对比效果见表 8-7。

a. 用时方面:PPD 试验用时长,至少需 72 h,而 ELISA 试验不超过 20 个小时即可完成。

b. 所需人工方面:PPD 试验至少每头牛需 3 人才能完成注射,而 ELISA 试验 1 人即可完成血液样本的采集。

c. 人工费方面:目前多数奶牛场仅有 1 名驻场兽医人员,若开展 PPD 试验需临时雇佣人员进行注射等工作,每头牛每天约需 6 元,而 ELISA 试验每头牛最多需要 1 元即可。

d. 准确率方面:两种试验的准确率均较高。

e.弃奶方面:PPD 试验 72 h 内所有鲜奶均要废弃,平均每天废弃鲜奶 25.5 kg 左右,而 ELISA 试验对产奶无影响。

f.每天完成数:PPD 试验每天 3 人最多完成 50 头牛,而 ELISA 试验每人每天即可完成 200 头牛。

表 8-6　示范场两种检验方法检出阳性牛对比结果

奶牛编号	变态反应结果	ELISA结果	奶牛编号	变态反应结果	ELISA结果	奶牛编号	变态反应结果	ELISA结果
12	+	+	511	+	+	858	+	+
38	+	+	560	+	+	860	+	+
86	+	+	637	+	+	920	+	+
123	+	+	645	+	+	921	+	+
208	+	+	670	+	+	958	+	+
308	+	+	731	+	+	977	+	+
314	+	+	742	+	+	1002	+	+
320	+	+	758	+	+	1003	+	++
365	+	+	759	+	+	1108	+	+
420	+	+	801	+	+	1111	+	+
437	+	+	802	+	+	1237	+	+
462	+	+	803	+	+	1246	—	+
510	+	+	857	+	+			

表 8-7　两种试验方法对比

方法	用时/h	所需人数/(人/头)	人工费/[元/(人·d)]	准确率	头平均弃奶数/kg
PPD 试验	>72	3	6	高	25.5
ELISA 试验	<20	1	1	高	0

2)推广应用

(1)快速检验方法的建立　根据示范试验结果,课题组确定了采用牛 γ-干扰素 ELISA 试验进行奶牛结核病的检验方法,应用于唐山市奶牛结核病的净化工作。

(2)检测时间　奶牛结核病净化场和稳定控制场,每年至少检测 1 次;控制场每年至少检测 2 次,间隔至少 5 个月以上。阳性牛按国家《牛结核病防治技术规范》和相关法律法规进行处置。

（3）推广应用　确定检验方法后,课题组通过结合相关国家政策、加强技术培训、现场指导、发放明白纸等技术措施将新的检验方法向所有奶牛场推广应用,同时在试验示范的基础上将唐山市地方标准《奶牛结核病防治技术规范》(DB 1302/T 291—2010)申请提升为河北省地方标准,该省标已经于 2017 年 8 月 29 日通过了河北省质量技术监督局组织的专家审定。

3. 实施效果

2017 年 10 月,结合河北省畜牧兽医局部署开展的"布病、结核病"基线调查工作,课题组开展了项目实施效果调查,具体调查结果见表 8-8、表 8-9。

表 8-8　示范场实施效果

场名	存栏数/头	检验数/头	阳性数/头	阳性检出率/%
A	7 100	7 100	0	0.00
B	3 520	3 520	0	0.00
C	3 421	3 421	0	0.00
D	2 200	2 200	0	0.00
E	3 650	3 650	0	0.00
合计	19 891	19 891	0	0.00

表 8-9　唐山市结核病调查结果

县(市、区)	场(小区)总数	检测场数	奶牛存栏总数/头	检测数量/头	检测阳性数/头	阳性检出率/%
遵化市	5	5	1 620	1 131	2	0.18
玉田县	6	5	29 234	27 130	13	0.05
丰润区	16	16	6 603	6 603	9	0.14
丰南区	21	21	15 640	4 357	5	0.11
滦县	48	47	30 634	25 796	45	0.17
滦南县	124	124	67 526	52 577	86	0.16
迁安市	8	8	4 766	2 234	2	0.09
迁西县	1	1	216	197	0	0.00
乐亭县	22	22	10 557	5 846	4	0.07
曹妃甸区	2	2	140	140	0	0.00
开平区	2	2	995	900	1	0.11
古冶区	9	3	3 249	2 590	2	0.08
路南区	4	4	2 010	1 736	1	0.06

续表 8-9

县(市、区)	场(小区)总数	检测场数	奶牛存栏总数/头	检测数量/头	检测阳性数/头	阳性检出率/%
路北区	2	0	790	543	1	0.18
芦台区	2	2	1 285	1 285	0	0.00
汉沽区	3	3	9 000	3 468	0	0.00
高新区	6	6	2 900	2 900	2	0.07
唐港区	3	3	1 837	1 137	2	0.18
合计	284	274	189 002	140 570	175	0.12

调查结果显示,经 3 年推广应用,示范场奶牛结核病阳性检出率降到 0,唐山市奶牛场结核病阳性检出率从项目实施前的 2.56% 下降到 0.12%,下降了 2.44 个百分点。

四、技术关键

(1)两种检验方法比较试验时,必须要先采集血液样本再进行 PPD 注射;

(2)开展 γ-干扰素试验操作时,必须要在采集牛全血后 8 h 内进行体外抗原刺激,并经过 16~24 h 的培养后,采集上清液进行试验。

第九章　奶牛布鲁氏菌病防控技术

本项目针对规模奶牛场、奶牛养殖小区奶牛布鲁氏菌病(以下简称"布病")防控工作中存在的免疫奶牛和非免疫牛鉴别诊断困难、净化效果不好、环境控制不彻底等问题,通过快速诊断方法的建立、定期开展病原学检测、强化环境控制等技术手段、制定并推广奶牛布病防治技术措施,达到降低布病阳性检出率、减少扑杀损失,保护社会公共卫生安全的目的。

经过3年的推广应用,不但使规模奶牛场、奶牛养殖小区布病的阳性检出率极大地下降,同时奶牛结核病的阳性率也有很大的降低,截至2016年底,累计在77万多头奶牛中推广应用,使布病的阳性检出率下降了3.28个百分点,385个规模奶牛养殖场(小区)达到"两病"稳控标准,285个达到净化标准。

一、研究背景

奶牛布鲁氏菌病简称奶牛布病,是由布鲁氏菌引起的奶牛的一种传染病。主要侵害生殖系统,以母牛流产和公牛发生睾丸炎为主要特征。布病为人畜共患病,人主要通过直接接触奶牛生产和食用污染鲜奶而感染,感染后可以引起发热、肌肉疼痛、关节炎、眼部疾病、不孕不育等。

河北省自2008年开始开展布病强制免疫工作,2010年开始该病的净化工作,省政府"十二五"规划中制定了到2016年底全省所有奶牛场、养殖小区达到稳定控制标准,为了完成这一目标,唐山市各级相关部门自2010开始加大了该病的防控力度,唐山市动物疫病预防控制中心针对该病诊断中免疫牛和非免疫牛如何区分、怎样进行环境控制等开展技术研究,经大量试验研究确定了免疫后6个月检出布病抗体阳性即为布病感染牛的成果,并起草制定了《奶牛布鲁氏菌病防治技术规范》唐山市地方标准,并集成制定了该病的防控技术措施,为将该技术推广应用,2016年唐山市动物疫病预防控制中心向唐山市政府农业办公室申请立项,开展推广工作,通过建立健全推广体系、加强培训、广泛宣传等推广措施,力求解决该病在诊断、检测、防控等方面突出问题,达到降低阳性检出率、减少因扑杀造成的经济损失及社会影响,维护社会公共卫生安全的目的。

二、主抓技术环节

(一)诊断

1.临床诊断

牛布病潜伏期长短不一,短者2周,长者可达半年。多数病例为隐性感染,症状不够明显。部分病畜呈现关节炎、滑液囊炎及腱鞘炎,通常是个别关节(特别是膝关节和腕关节),偶尔见多处关节肿胀疼痛,呈现跛行,严重者可导致关节硬化和骨、关节变形。

怀孕母牛流产是本病主要症状,但不是必然出现的症状。流产可发生在怀孕的任何时期,而以怀孕后期多见。牛多发生在怀孕后5~7个月。流产前表现沉郁,食欲减退,起卧不安,阴唇和乳房肿胀,阴道潮红、水肿,自阴道流出灰黄或灰红褐色黏液或黏液性分泌物,不久发生流产。流产胎儿多为死胎,即使出生弱胎,也往往于生后1~2 d死亡。多数母牛在流产后伴发胎衣停滞或子宫内膜炎,从阴道流出红褐色污秽不洁带恶臭的分泌物,可持续2~3周以上,或者子宫蓄脓长期不愈,甚至由于慢性子宫内膜炎而造成不孕。

公牛除关节受害以外,往往侵害生殖器官,发生睾丸炎,睾丸肿大、阴囊增厚硬化、性机能降低,甚至不能配种。

2.剖检变化

牛布鲁氏菌病的病理变化主要是子宫内部的变化。在子宫绒毛的间隙中,有污灰色或黄色无气味的胶样渗出物,其中含有细胞及其碎屑和布鲁氏菌。绒毛膜的绒毛有坏死病灶,表面覆以黄色坏死物或污灰色脓汁。胎膜由于水肿而肥厚,呈胶样浸润外观,表面覆以纤维素和脓汁。

流产胎儿主要为败血症病变。浆膜黏膜有出血点与出血斑,皮下结缔组织发生浆液出血性炎症,脾脏和淋巴结肿大,肝脏中出现坏死灶,肺常有支气管肺炎。流产之后常继发子宫炎,如果子宫炎持续数月以上,将出现特殊的病变,此时子宫体略增大,子宫内膜因充血、水肿和组织增殖而显著肥厚,呈污红色,其中还可见弥漫性红色斑纹。肥厚的黏膜构成了波纹状皱褶,有时还可见局灶性坏死和溃疡。

输卵管肿大,卵巢发炎,组织硬化,有时形成卵巢囊肿。乳腺的病变,常表现为间质性乳腺炎,严重的可继发乳腺的萎缩和硬化。

公牛患布鲁氏菌病时,可发生化脓坏死性睾丸和副睾炎。睾丸显著肿大,其被膜与外层浆膜相粘连,切面见坏死病灶与化脓灶。慢性病例,除见实质萎缩外,间质中还出现淋巴细胞的浸润。阴茎可以发生红肿,其黏膜上也可出现小而硬的结节。

3. 实验室诊断

通过临床症状和剖检病变只能临床怀疑,确诊必须要通过实验室诊断,方法主要是采用虎红平板凝集试验和试管凝集试验。

由于所有试验检测的均为布病抗体,不能区别是因免疫疫苗产生的还是由于感染布病产生的抗体,所以实验室诊断的关键是如何区分免疫奶牛和非免疫奶牛,此项关键技术唐山市动物疫病预防控制中心在 2009 年立项开展的"规模奶牛场常见病防控技术研究"项目中通过大量试验已经得出结论,即免疫后 6 个月以上检出的布病抗体即为感染抗体,所以免疫后 6 个月开展实验室诊断即可确诊。

(二)检测时间

免疫牛群在免疫前必须 100% 进行检测,按规定处置阳性牛,每半年检测一次。

(三)阳性牛处置

按国家《布病防治技术规范》和相关法律法规进行处置。

(四)饲养管理措施

1. 严把购牛关

大力提倡自繁自养为主的方针,确需引进种牛或补充牛群时,要严把购牛关,查看检疫证明,严格检疫。将牛只购回后隔离饲养观察 45 d,同时进行布病的检查,全群检查结果为阴性者,才可以与原有奶牛混群。

2. 严把配种关

尽量采取人工授精的方式进行繁殖,所用精液必须购自有经营许可的正规渠道,严禁私自采精、授精。确需本交的,每年配种前,种公牛必须进行检疫,确认健康者方能参加配种。

3. 严把检疫关

做好"两病"(布病和结核病)检测工作,对牛群定期进行检疫,每年至少进行一次检疫,以能及时发现和处理病畜,并作为一项防疫制度长期坚持。牛群中如果发现不明原因流产病畜,应及时按程序上报畜牧兽医主管部门。

4. 严把卫生消毒关

建立完善的消毒工作制度牛场的设计和建设要符合国家动物卫生防疫要求,门口应设消毒池和消毒间。实行封闭式饲养管理,员工的工作服、胶鞋要保持清洁;车辆、行人不可随意进入场内;对病畜污染的畜舍、运动场、饲槽及各种饲养用具等,用 5% 克辽林或来苏儿溶液、10%～20% 石灰乳、2% 氢氧化钠溶液等进行消毒。流产胎儿、胎衣、羊水及产道分泌物等,更应妥善消毒和处理。1%～3% 的石炭酸溶液、2%的福尔马林溶液、3%的漂白粉溶液、20%的石灰乳和苛性钠溶液消毒效果都很好。

三、多点控制试验示范过程及结果

(一)选择示范场

课题组分别在河北玉田县、唐山市丰南区、河北滦南县、河北滦县、唐山市汉沽管理区选择了5个具有代表性的奶牛养殖场(小区)(以下分别称为 A、B、C、D、E 场)作为项目试验示范场,开展项目各项示范试验,示范场基本情况见表9-1。

表 9-1　示范场情况

序号	场名	存栏数/头
1	A	8 124
2	B	6 534
3	C	3 520
4	D	10 241
5	E	7 658

(二)血清学试验

2013 年 6—12 月,课题组分别在示范场和唐山市汉沽管理区、河北滦南县、唐山市丰南区、河北遵化市、河北玉田县等规模奶牛养殖场、养殖小区开展了布病血清学检测工作。

1. 示范场血清学检测

示范场检测结果见表9-2。

检测结果表明,示范场奶牛布鲁氏菌病阳性率为1.87%,最高的达到6.12%,按国家相关规定对阳性牛进行了处置。

表 9-2　示范场布病检测结果

序号	场名	检测数/头	阳性数/头	阳性率/%
1	A	152	2	1.32
2	B	185	5	2.70
3	C	98	6	6.12
4	D	185	3	1.62
5	E	235	0	0.00
	合计	855	16	1.87

2. 奶牛场奶牛血清学抽检

结合"两病"净化效果抽查工作,各县(市、区)动物疫病预防控制中心采样,唐山市动物疫病预防控制中心检测的方式,在唐山市汉沽管理区、河北滦南县、唐山市丰南区、河北遵化市、河北玉田县、唐山市古冶区、唐山市芦台经济开发区、唐山市丰润区等 41 个奶牛养殖场(养殖小区),采集血清样本 2 830 份,采用虎红平板凝集试验初检、试管凝集试验确诊的方法进行了奶牛布病的检测。结果见表 9-3。

抽查结果显示,唐山市奶牛布病抗体阳性率 4.03%,最高达到 7.07%,最低为 0,说明唐山市奶牛布病防控效果参差不齐,其中唐山市芦台经济开发区、唐山市汉沽管理区防控工作比较扎实,而奶牛存栏较多的县区防控效果不理想。

表 9-3　2013 年唐山市规模奶牛场布病血清学抽检结果

县(市、区)	采样场数/个	检测数/头	阳性数/头	阳性率/%
遵化市	2	125	4	3.20
玉田县	3	216	7	3.24
丰润区	5	350	15	4.29
丰南区	5	350	11	3.14
滦县	5	350	8	2.29
滦南县	7	495	35	7.07
乐亭县	5	345	14	4.06
汉沽区	2	120	0	0.00
古冶区	2	75	4	5.33
芦台区	1	80	0	0.00
其他	4	324	16	4.94
合计	41	2 830	114	4.03

综合示范场和唐山市抽查结果,加权后唐山市奶牛布病病原学检测阳性率为 3.53%。

(三)防控措施

1. 快速诊断

1)临床诊断

怀孕母牛出现流产,公牛发生睾丸炎可作为临床疑似。

2)实验室诊断

(1)非免疫牛　直接采集血清样本采用虎红平板凝集试验初筛、试管凝集试验确诊的方法进行检验。

(2)免疫牛　免疫后6个月以上采集血清样本,按上述方法开展检验。

2. 阳性牛处置

按国家相关法律、规定进行无害化处置。

3. 强化饲养管理

除常规饲养管理外,要严把四关,即:严把购牛关、严把配种关、严把检疫关、严把卫生消毒关。

具体措施参见主要技术内容。

(四)多点控制示范试验结果

1. 示范场结果

经1年的示范试验后,2014年7月,课题组结合唐山市"两病"净化效果抽查工作,对5个示范场开展了布病净化效果检测,结果见表9-4。

表9-4　2014年示范场检测结果

序号	场名	检测数/头	阳性数/头	阳性率/%
1	A	257	0	0.00
2	B	200	0	0.00
3	C	155	0	0.00
4	D	200	0	0.00
5	E	200	0	0.00
合计		1 012	0	0.00

结果显示,经1年的示范试验,5个示范场均没有布病病原学阳性检出。

2. 示范推广结果

在多点控制示范试验的基础上,课题组总结制定了集诊断、检测、日常管理一体的奶牛布病防控技术措施,连同《奶牛布鲁氏菌病防治技术规范》唐山市地方标准一起在更大范围内开展了生产示范推广,并于示范1年后在示范区域开展病原学检测,生产示范情况见表9-5、表9-6。

表 9-5　唐山市生产示范范围

县(市、区)	示范场数/个	示范奶牛数/头
遵化市	4	1 027
玉田县	3	10 235
丰润区	8	3 210
滦县	21	15 248
滦南县	38	26 854
丰南区	6	4 850
乐亭县	8	3 652
其他	12	3 886
合计	100	68 962

表 9-6　唐山市生产示范区域布病病原学检测结果

县市区	采样场数/个	样品数/份	阳性数/份	阳性率/%
遵化市	2	285	1	0.35
玉田县	2	306	2	0.65
丰润区	4	400	2	0.50
滦县	7	564	1	0.18
滦南县	10	750	2	0.27
丰南区	3	240	0	0.00
乐亭县	4	380	0	0.00
其他	7	525	3	0.57
合计	39	3 450	11	0.32

　　结果显示,项目开展后,生产示范区域内规模奶牛养殖场、养殖小区布鲁氏菌病病原学阳性率为 0.32%,个别县区达到 0,综合示范场和生产示范检测结果项目开展后奶牛场、养殖小区奶牛布鲁氏菌病病原学检测阳性率为 0.25%,效果显著。

3. 实施效果

　　根据多点控制试验及生产示范结果,加权平均后项目实施效果为:规模奶牛养殖场、养殖小区奶牛布鲁氏菌病病原学阳性率由项目开展前的 3.53% 下降到 0.25%,下降了 3.28 个百分点。具体实施效果见表 9-7。

表 9-7　项目实施效果比较

	病原学阳性检出率/%
项目实施前	
示范场	1.87
奶牛场普查	4.03
加权合计	3.53
项目实施前	
示范场	0.00
生产示范	0.32
加权合计	0.25
效果比较	下降了 3.28 个百分点

经 3 年的推广应用,不但使规模奶牛场、养殖小区布病的阳性检出率极大地下降,同时奶牛结核病的阳性率也有很大的降低,截至 2016 年底,唐山市 385 个规模奶牛养殖场(养殖小区)全部达到河北省畜牧兽医局规定的"两病"稳定控制标准,其中有 285 个奶牛场达到净化标准。3 年累计推广奶牛 77.24 万头,减少扑杀经济损失 12 435.72 万元,经济及社会效益显著。

四、技术关键

(1)摸清了唐山市奶牛场(养殖小区)奶牛布鲁氏菌病的污染情况。

(2)推广应用了免疫牛和非免疫牛布病鉴别诊断技术。

(3)集成制定了奶牛场布鲁氏菌病防控技术,并应用于该病的净化,使 385 个奶牛场(养殖小区)达到稳控标准,285 个场(养殖小区)达到净化标准,布病阳性检出率下降了 3.28 个百分点。

第十章 标准化猪场建设规范

（DB 1302/T 355—2013）

本标准按照 GB/T 1.1—2009 的规则起草。

本标准由唐山市质量技术监督局提出。

本标准起草单位:唐山市动物疫病预防控制中心。

本标准主要起草人:张 军 刘志勇 张子佳 刘乃强 王爱军 包永玉

赵福国 张宝恩 周忠良 李兰春 张尚勇 于 波

张秀环 李 颖 刘爱丽 李海燕 杨东风 王丽华

李孝艳 李继勇 杨秀娟 李恩元

1 范围

本标准规定了标准化猪场建设的总则、饲养工艺与建设规模、建设面积、选址、布局、配套工程、设施设备、抗灾等。

本标准适用于存栏基础母猪 200 头以上的标准化猪场建设。

2 规范性引用文件

下列文件对于本文件的应用是必不可少的。凡是注日期的引用文件,仅注日期的版本适用于本文件。凡是不注日期的引用文件,其最新版本(包括所有的修改单)适用于本文件。

《中华人民共和国畜牧法》(2005 年 12 月 29 日第十届全国人民代表大会常务委员会第十九次会议通过)

《中华人民共和国动物防疫法》(中华人民共和国第十届全国人民代表大会常务委员会第二十九次会议于 2007 年 8 月 30 日修订通过,自 2008 年 1 月 1 日起施行)

《畜禽规范养殖污染防治条例》(2013 年 10 月 8 日国务院常务会议审议通过)

GB/T 17824.1—2008 规模猪场建设

GB/T 17824.3—2008 规模猪场环境参数及环境管理

GB 50016—2012 建筑设计防火规范

NY/T 682—2003 畜禽场场地设计技术规范

NY/T 1568—2007 标准化规模养猪场建设规范

3 术语和定义

下列术语和定义适用于本文件。

3.1 标准化猪场

采用现代养猪技术与设施设备进行饲养和管理,实现安全、高效、生态、全年均衡生产,存栏基础母猪 200 头以上的养猪场。

3.2 基础母猪

已经生产出第一胎、处于正常繁殖周期的母猪。

3.3 净道

场区内用于健康猪群、饲料及其他投入品等洁净物品转运的专用道路。

3.4 污道

场区内用于垃圾、粪便、病死猪及其污染物等非洁净物品转运的专用道路。

3.5 缓冲区

在猪场外周围,沿场区围墙向外≤500 m 范围内的区域,该区具有保护猪场免受外界污染的功能。

4 总则

执行《中华人民共和国畜牧法》《中华人民共和国动物防疫法》。

5 饲养工艺与建设规模

5.1 猪群周转流程

执行 GB/T 17824.1—2008 第 4.1 条规定。

5.2 猪群结构

在均衡生产的情况下,标准化猪场的猪群结构见表 10-1。

表 10-1　不同规模标准化猪场猪群结构指标

建设规模/(头/年)	3 000	3 000～5 000	5 000～10 000	10 000 以上
成年种公猪/头	4～6	6～12	12～24	＞24
后备公猪/头	1～2	2～4	4～6	＞6
基础母猪/头	200	200～300	300～600	＞600
后备母猪/头	12～24	24～36	36～72	＞72

5.3 舍内配置

5.3.1 猪舍分成 4 个以上相对独立的单元,便于猪群全进全出。

5.3.2 猪舍内配置的猪栏数、饮水器和食槽数执行 GB/T 17824.1—2008 第

4.3.2 条规定。

5.3.3 每个猪栏的饲养密度执行 GB/T 17824.1—2008 第4.3.3 条规定。

5.4 建设项目

建设内容见表10-2,具体工程可根据工艺设计和饲养规模实际需要增减。

表 10-2 标准化猪场建设内容

建设项目	生产设施	功用配套设施及管理和生活设施	防疫设施	无害化处理设施
建设内容	空怀配种猪舍、妊娠猪舍、分娩舍、保育猪舍、生长猪舍、育肥猪舍、装(卸)猪台、进(出)猪专用通道等	缓冲区、围墙、大门、场区道路、变配电室、锅炉房、水泵房、蓄水构筑物、饲料库、物料库、车库、修理间、办公室、档案室、食堂、宿舍、门卫值班室、厕所等	消毒池、淋浴消毒室、更衣室、化验室、兽医室、药品工具室、隔离舍等	病死猪无害化处理设施、粪污及污染物贮存及无害化处理设施、废弃药品、生物制品及包装处理设施等

6 建设面积

6.1 总占地面积应不低于表10-3 的数据。

表 10-3 标准化猪场占地面积

基础母猪规模(头)	200	200~300	300~600	>600
总占地面积[m²(亩)]	7 999~10 666 (12~16)	10 666~13 333 (16~20)	13 333~26 667 (20~40)	>26 667 (>40)

6.2 猪舍建筑面积执行 GB/T 17824.1—2008 第5.2 条规定。

6.3 辅助建筑面积执行 GB/T 17824.1—2008 第5.3 条规定。

7 选址

7.1 选址原则执行《畜禽规范养殖污染防治条例》第十条、第十一条的规定。

7.2 选址应符合国家相关法律法规、当地土地利用发展规划和村镇建设发展规划。地势高燥,通风良好,交通便利,水电供应稳定,隔离条件良好。

7.3 选址应符合 GB/T 17824.1—2008 第6.3、6.4 条规定。其他不应建场的要求执行 NY/T 682—2003 第4.1.7 条规定。

7.4 新建猪场应进行环境影响评价。

8 平面布局

8.1 场区规划布局执行 NY/T1568—2007 第 7 章规定。

8.2 场区内净道、污道应分开修建。

9 建设要求

建设要求执行 GB/T 17824.1—2008 第 8 条规定。

10 配套工程

10.1 场区道路建设执行 NY/T 682—2003 第 4.3 条规定。

10.2 场区绿化执行 NY/T 682—2003 第 4.5 条规定。

10.3 水电供应执行 GB/T 17824.1—2008 第 9 章规定。

10.4 标准化猪场应配套建设供暖设施。

10.5 采光执行 GB/T 17824.3—2008 第 5.3 条规定。

11 设施设备

11.1 材质与性能要求

执行 GB/T 17824.1—2008 第 10.1 条规定。

11.2 设备主要选型

执行 GB/T 17824.1—2008 第 10.2 条规定。

11.3 现代设施

11.3.1 标准化猪场应配置以下动物福利:

a)每天提供 8 h 不低于 40 lx 的光照。

b)所有猪每天至少喂料一次。

c)剪犬齿在仔猪 7 日龄之前,不许断尾。

d)正常断奶不得低于 21 d。

e)猪舍内至少有 1/3 的地面是实体且易于排污。

f)除分娩母猪及公猪外,要求群养。

g)猪舍自动设备应每天检查一次,采用机械通风方式,应有报警和应急措施。

11.3.2 配置人工授精、妊娠诊断、背膘测定等设备。

11.3.3 配置与生产相匹配的人员、车辆、设备、药品等日常卫生防疫设施。

11.3.4 配置与饲养规模相匹配的现代化数字管理系统。

12　抗灾

12.1　防寒,最低－20℃。

12.2　防涝,抗本地区日最大降雨量。

12.3　防风,十级风。

12.4　防震,抗震≥7度。

12.5　防火,执行 GB 50016—2012 的规定。

第十一章　猪场清洁生产规范

（DB1302/T 357—2013）

本标准按照 GB/T 1.1—2009 给出的规则起草。

本标准由唐山市质量技术监督局提出。

本标准起草单位：唐山市动物疫病预防控制中心。

本标准主要起草人：张　军　刘志勇　刘乃强　张子佳　王爱军　张宝恩
李雨来　赵福国　张永胜　田亚群　王丽华　张迎志
董长兴　李春芳　于冬梅　张连秀　白凤武　张旭东
甄玉柱　赵云侠　郝振江

1　范围

本标准规定了猪场饲养过程中基本要求、生产工艺、环境控制和管理、生产投入品使用、猪群管理、监督管理等清洁生产要求。

本标准适用于存栏基础母猪 200 头以上的标准化猪场清洁生产。

2　规范性引用文件

下列文件对于本文件的应用是必不可少的。凡是注日期的引用文件，仅注日期的版本适用于本文件。凡是不注日期的引用文件，其最新版本（包括所有的修改单）适用于本文件。

《中华人民共和国畜牧法》（2005 年 12 月 29 日第十届全国人民代表大会常务委员会第十九次会议通过）

《中华人民共和国动物防疫法》（中华人民共和国第十届全国人民代表大会常务委员会第二十九次会议于 2007 年 8 月 30 日修订通过，自 2008 年 1 月 1 日起施行）

《医疗废物管理条例》（2003 年 6 月 4 日国务院第十次常务会议通过）

《畜禽规范养殖污染防治条例》（2013 年 10 月 8 日国务院常务会议审议通过）

GB 16548—2006　病害动物和病害动物产品生物安全处理规程

GB/T 17824.1—2008　规模猪场建设

GB/T 17824.2—2008　规模猪场生产技术规程

GB/T 17824.3—2008　规模猪场环境参数及环境管理

GB 18596—2001　畜禽养殖业污染物排放标准

NY/T 1168—2006　畜禽粪便无害化处理技术规范

DB 1302/T 355—2013　标准化猪场建设规范

DB 1302/T 356—2013　猪生产投入品使用规范

3　术语和定义

下列术语和定义适用于本文件。

3.1　废弃物

指生猪饲养过程中产生的粪、尿、污水、病死猪、垫料、组织留样、医疗废物和废弃饲料等。

3.1.1　排泄物

指饲养过程中猪排泄的粪、尿等。

3.1.2　污染物

指被病原微生物污染或疑似污染的饲料、饮水、垫料、用具等。

3.1.3　废渣

指猪场排放的垫料、废弃饲料等固体废物。

3.1.4　医疗废弃物

指饲养过程中免疫、治疗后产生的包装物、过期药物、医疗用品、样品、尸体、防护用品等。

3.2　恶臭污染物

指一切刺激嗅觉器官,引起人们不愉快及损害生活环境的气体。

3.3　雨污分流

采用雨水沟和粪尿沟两套独立的系统将自然雨水与猪场生产污水分开收集、处理和排放。

3.4　固液分离

采用干清粪、漏缝地板等工艺和设施使粪便中的固体与液体分开收集、处理和排放。

3.5　生物安全处理

通过用焚毁、化制、掩埋或其他物理、化学、生物学等方法将病死猪尸体及产品或附属物进行处理,以彻底消灭其所携带的病原体,达到消除病害因素,保障人畜健康安全的目的。

3.6　二氧化碳排放当量

养猪生产中将所有排放物折算成二氧化碳的气体。在一个饲养周期中每头猪加权平均排放等于二氧化碳当量 2.5 kg。

3.7 饲料吸收沉积率

饲料经猪消化吸收后能够沉积转化为机体组织的物质占摄入饲料的比例。

4 基本要求

4.1 总则

执行《中华人民共和国畜牧法》《中华人民共和国动物防疫法》。

4.2 基本原则

4.2.1 清洁养猪实行预防为主、防治结合的原则。

4.2.2 清洁养猪坚持统筹规划、合理布局,实行综合利用优先,资源化、无害化和减量化。

5 生产工艺

标准化猪场生产工艺执行 DB 1302/T 355—2013 第 5 章规定。

6 环境控制与管理

6.1 环境参数

猪舍环境参数与环境管理执行 GB/T 17824.3—2008 第 5 章规定。

6.2 环境控制

6.2.1 排泄物

6.2.1.1 清理

猪场排泄物清理应使用先进的工艺,采用雨污分流、固液分离的生产工艺。

6.2.1.2 贮存及运输

排泄物的贮存和运输执行 NY/T 1168—2006 第 7.2 条、第 8 章的规定。

6.2.1.3 处理

排泄物的处理执行 NY/T 1168—2006 第 9 章的规定。

6.2.1.4 排放

6.2.1.4.1 用于肥料的应经生物安全处理,还田时不能超过当地的最大农田负荷量,避免造成地面污染和地下水污染。

6.2.1.4.2 液态排泄物严禁未经处理达标就直接排放。

6.2.2 污染物

6.2.2.1 清理与贮存

猪场污染物的清理应专人负责、专场贮存、防止扩散、尽快处置。

6.2.2.2 处理与排放

6.2.2.2.1 污染的饲料、饮水、废水、垫料等应进行生物安全处理。

6.2.2.2.2 污染的用具经生物安全处理后方可再次使用。

6.2.2.2.3　水污染物排放标准执行 GB 18596—2001 第 3.1.2 条规定。

6.2.3　废渣

6.2.3.1　清理与贮存

猪场废渣应有固定的存储设施和场所,存储场所应有防治粪液渗漏、溢流的措施。

6.2.3.2　处理

废渣处理应符合 GB 18596—2001 第 3.2.2 条规定。

6.2.3.3　排放

废渣的排放标准应符合 GB 18596—2001 第 3.2.4 条规定。

禁止直接将废渣倒入沟壑、干枯河道、自然水域或其他环境中。

6.2.4　医疗废弃物

执行《医疗废物管理条例》中相关规定。

6.2.5　病死猪及产品

执行 GB 16548—2006 第 3 章规定。

6.2.6　恶臭污染物

执行 GB 18596—2001 第 3.3 条规定。

7　生产投入品使用

7.1　兽药

执行 DB 1302/T 356—2013 第 5 章规定。

7.2　饮水

执行 DB 1302/T 356—2013 第 6 章规定。

7.3　饲料

7.3.1　执行 DB 1302/T 356—2013 第 4 章规定。

7.3.2　猪场饲料投入遵循在不影响生产性能的前提下应用科学的饲料配方提高饲料吸收沉积率,从源头减少二氧化碳排放当量。

7.3.3　利用添加必需氨基酸、植酸酶等先进技术,适当降低粗蛋白水平,以提高饲料利用率,减少排放。

8　猪群管理

执行 GB/T 17824.2—2008 第 7 章规定。

9　监督管理

执行《畜禽规模养殖污染防治条例》中第五条的规定。

第十二章 猪生产投入品使用规范

（DB1302/T 356—2013）

本标准按照 GB/T 1.1—2009 给出的规则起草。

本标准由唐山市质量技术监督局提出。

本标准起草单位:唐山市动物疫病预防控制中心。

本标准主要起草人:张　军　张子佳　刘志勇　刘乃强　王宝华　包永玉
张英海　赵丽英　李兰春　于　波　马永兴　张晓丽
刘爱丽　周建颖　李　颖　王丽华　赵云侠　齐　静
王秀清　白凤武　李恩元

1　范围

本标准规定了标准化猪场饲养过程中饲养用水、饲料、饲料添加剂、兽药等生产投入品的使用要求。

本标准适用于存栏基础母猪 200 头以上标准化猪场的生产投入品使用。

2　规范性引用文件

下列文件对于本文件的应用是必不可少的。凡是注日期的引用文件,仅注日期的版本适用于本文件。凡是不注日期的引用文件,其最新版本(包括所有的修改单)适用于本文件。

GB 13078—2001　饲料卫生标准

NY 5027—2001　无公害食品 畜禽饮用水水质标准

NY 5030—2006　无公害食品 畜禽饲养兽药使用准则

NY 5031—2001　无公害食品 生猪饲养兽医防疫准则

NY 5032—2006　无公害食品 畜禽饲料和饲料添加剂使用准则

《中华人民共和国兽用生物制品质量标准》(2001 年版)

《兽药管理条例》(2004 年 3 月 24 日国务院第 45 次常务会议通过,自 2004 年 11 月 1 日起施行)

《饲料和饲料添加剂管理条例》(2011 年国务院令第 609 号)

《兽药国家标准和部分品种的停药期规定》(2003 年农业部公告第 278 号)

《饲料原料和饲料产品中三聚氰胺限量值》(2009 年农业部公告第 1218 号)

《饲料药物添加剂使用规范》(2010 年农业部公告第 168 号)

《食品动物禁用的兽药及其他化合物清单》(2010 年农业部公告第 193 号)

《饲料添加剂安全使用规范》(2010 年农业部公告第 1224 号)

《兽药地方标准废止目录》(2012 年农业部公告第 560 号)

《饲料原料目录》(2012 年农业部公告第 1773 号)

3　术语和定义

GB/T 10647 中确定的及下列术语和定义适用于本文件。

3.1　猪生产投入品

猪在饲养过程中投入的饲料和饲料添加剂、兽药、饮水等物质。

3.2　兽药

用于预防、治疗和诊断畜禽等动物的疾病,有目的地调节其生理机能并规定作用、用途、用法、用量的物质(含饲料药物添加剂)。包括兽用生物制品、兽用药品(化学药品、中药、抗生素、生化药品、放射性药品)。

3.3　饲料

指经工业化加工、制作的供猪食用的生产投入品,包括单一饲料、添加剂预混合料、青绿饲料、浓缩饲料、配合饲料等。

3.4　饲料原料

指来源于动物、植物、微生物或者矿物质,用于加工制作饲料但不属于饲料添加剂的饲用物质。

3.5　饲料添加剂

指在饲料加工、制作、使用过程中添加的少量或者微量物质,包括营养性饲料添加剂和一般饲料添加剂。

3.6　自配饲料

猪场自行配制用于直接饲喂猪只的全价配合饲料。

3.7　商品饲料

批量生产和销售的用于直接饲喂的饲料。

3.8　停药期

猪只从停止给药到许可屠宰或它们的产品(肉、内脏)许可上市的间隔时间。

4　饲料

4.1　自配饲料

4.1.1　饲料原料

4.1.1.1　允许使用的饲料原料符合《饲料原料目录》和《饲料原料和饲料产品中

三聚氰胺限量值》中的规定。

4.1.1.2　制药工业副产品不得作为饲料原料。

4.1.2　自配饲料不得对外销售。

4.1.3　自配饲料应符合《饲料和饲料添加剂管理条例》和《饲料添加剂安全使用规范》中相关规定。

4.1.4　饲料加工过程应符合 NY 5032—2006 第 4.6 条的规定。

4.1.5　自配饲料应符合 GB 13078 的规定。

4.2　商品饲料

应使用产品质量符合国家相关标准规定并在有效期内的饲料。

4.3　贮存和运输

4.3.1　饲料的贮存和运输执行 NY 5032—2006 第 7.3、7.4 条的规定。

4.3.2　库房内不应使用化学药品和有毒有害物质,如灭鼠药等。

4.4　留样

4.4.1　新进场的饲料原料和商品饲料应保留样品,注明准确的名称、来源、产地、接收日期、接收人等信息。

4.4.2　各个批次的自配饲料均应留样保存,应保存每批饲料生产配方的原件和配料清单。

4.4.3　留样应置于密闭容器内,贮存于阴凉、干燥的样本室内。

4.4.4　留样应保存至有效期内最后 1 天。

5　兽药

5.1　兽药处方

猪场兽药使用应依据具备执业兽医师以上资质人员出具的处方。

5.2　兽药来源

进行预防、治疗和诊断疾病所购入的兽药必须来自具有《兽药生产许可证》,并获得农业部颁发《中华人民共和国兽药 GMP 证书》的兽药生产企业,所用的兽药应有产品批准文号或经取得农业部进口兽药证书的兽药。

5.3　使用要求

5.3.1　兽药的使用原则符合《兽药管理条例》的规定。兽用生物制品应符合《中华人民共和国兽用生物制品质量标准》。

5.3.2　兽药使用执行 NY 5030—2006。

5.3.3　禁止使用的兽药执行《食品动物禁用的兽药及其他化合物清单》和《兽药地方标准废止目录》中规定的兽药及其他化合物。

5.3.4　禁止使用非兽用药。

5.3.5　育肥后期的商品猪兽药使用执行《兽药国家标准和部分品种的停药期规定》。

5.3.6 兽医防疫准则执行 NY 5031—2001 的规定,免疫病种、疫苗品种、免疫程序等按国家相关规定执行。

6 饮用水

6.1 供给充足的饮水,水质符合 NY 5027—2001 的规定。

6.2 经常对饮水设备进行清洗消毒,避免细菌滋生。

6.3 各栏舍安装安全可靠的送水、饮水装置,避免饮用水受外界污染。

6.4 定期对水源进行质量检测,掌握用水质量情况。

7 建立档案

猪场生产投入品的使用应建立统一的档案,并专人负责。

第十三章　猪质量安全追溯体系建设管理规范

（DB1302/T 358—2013）

●━━━━━━━━━━━━━━━━━●

本标准按照 GB/T 1.1—2009 给出的规则起草。

本标准由唐山市质量技术监督局提出。

本标准起草单位:唐山市动物疫病预防控制中心。

本标准主要起草人:张　军　　刘乃强　　刘志勇　　张子佳　　王宝华　　王爱军
赵丽英　　李雨来　　周忠良　　张　磊　　王彩霞　　杨秀娟
李孝艳　　白凤武　　李继勇　　徐晓勇　　甄玉柱　　赵云侠
郝振江　李海燕

1　范围

本标准规定了猪质量安全追溯体系建设与管理等。

本标准适用于猪质量安全追溯体系建设与管理。

2　规范性引用文件

下列文件对于本文件的应用是必不可少的。凡是注日期的引用文件,仅注日期的版本适用于本文件。凡是不注日期的引用文件,其最新版本(包括所有的修改单)适用于本文件。

《中华人民共和国畜牧法》(2005 年 12 月 29 日第十届全国人民代表大会常务委员会第十九次会议通过)

《中华人民共和国动物防疫法》(中华人民共和国第十届全国人民代表大会常务委员会第二十九次会议于 2007 年 8 月 30 日修订通过,自 2008 年 1 月 1 日起施行)

《畜禽标识和养殖档案管理办法》(2006 年农业部令第 67 号)

《动物防疫条件审查办法》(2010 年农业部令第 7 号)

3　术语和定义

下列术语和定义适用于本文件。

3.1 猪质量安全追溯体系

应用电子耳标、电子识读器及中央数据库等为载体,能够准确、快速地查询和监控猪饲养过程中饲养管理、投入品使用、免疫、检测、发病及治疗、检疫等生命周期内的各种活动,达到有效监控和预防动物疫病,保障猪质量安全的体系。

3.2 电子耳标

加施于猪左耳部,用于证明其身份、承载其个体信息的标志物,每个耳标拥有唯一二维码,且能够用相应识读器识读。

3.3 移动智能识读器

追溯体系使用的,用于数据采集录入、二维码图像转换、数据存储、表单打印和无线网络传输等功能的终端设备。

3.4 耳标二维码

由畜禽种类代码、县级行政区域代码、标识顺序号及专用条码等信息组成的,承载于电子耳标上的二维条形码。

3.5 养殖档案

猪在饲养过程中建立的资料性管理文件,主要内容包括猪场建设、饲养管理、投入品使用、发病治疗、防疫、消毒、检测、无害化处理等。

4 总则

执行《中华人民共和国畜牧法》《中华人民共和国动物防疫法》。

5 追溯体系建设

5.1 建立养殖档案

仔猪出生后即按照《畜禽标识和养殖档案管理办法》中相关规定分栋舍建立养殖档案。

5.2 养殖档案内容

5.2.1 猪场基本情况

包括场名、地址、法人、养殖规模、养殖品种、养殖数量等情况。

5.2.2 人员情况

包括饲养人员、驻场兽医、疫病诊断人员等。

5.2.3 投入品使用情况

5.2.3.1 饲料及饲料添加剂品种、成分、剂量、用途、使用时间等。

5.2.3.2 兽药及药物添加剂品种、成分、剂量、用途、使用时间、休药期等。

5.2.3.3 疫苗名称、生产厂家、来源、剂量、免疫病种、免疫时间等。

5.2.4 疫病诊疗情况

包括发病日期、发病率、死亡率、诊断及治疗用药等。

5.2.5　无害化处理情况

5.2.5.1　病死猪无害化处理情况。

5.2.5.2　排泄物无害化处理情况。

5.2.5.3　污染物及医疗废弃物无害化处理情况。

5.2.6　消毒情况

　　包括消毒药品种、用量、消毒方法、消毒人员、消毒时间、消毒面积(地点)等。

5.2.7　疫病检测情况

　　包括采样时间、数量、检测病种、结果等,应附有取得农业部认证的兽医实验室出具的检验结果通知书。

5.2.8　盐酸克伦特罗(瘦肉精)自检情况

　　应附有自检报告。

5.2.9　检疫情况

　　在猪饲养过程中开展的检疫情况,应附有动物卫生监督机构出具的检疫证明。

5.3　佩戴耳标

5.3.1　第一次免疫注射时,即在猪左耳部佩戴具有唯一二维码的电子耳标,同时经移动智能识读器试读入网上追溯系统数据库。

5.3.2　电子耳标具有唯一性,一经佩戴,不得更换。

5.4　信息录入

5.4.1　将养殖档案内容对应经移动智能识读器试读入网的耳标号详细录入网上追溯系统。

5.4.2　追溯系统内信息应根据养殖档案更新适时补录,周期不得少于1个月。

5.5　出栏或转运

5.5.1　猪出栏时应将出栏猪栋号、数量、去向等录入养殖档案。

5.5.2　猪出栏时应经动物卫生监督机构产地检疫,合格的出具相关票证,同时录入相关信息。

5.5.3　猪转运时应经动物卫生监督机构开具检疫证明,并将转运目的一并录入追溯系统。

5.6　屠宰

5.6.1　猪进入屠宰场时应经动物卫生监督机构宰前检疫。

5.6.2　经宰前检疫合格的,应经移动智能识读器核对每头猪耳标信息后,方可进行屠宰。

6　追溯体系管理

6.1　管理主体

　　县及以上畜牧兽医主管部门负责追溯。

6.2 追溯职责

6.2.1 畜牧兽医主管部门职责

6.2.1.1 组织辖区内猪质量安全追溯体系规划、建设与实施。

6.2.1.2 监督落实猪安全生产法规和标识规则。

6.2.1.3 技术培训。

6.2.1.4 根据《动物防疫条件审查办法》对规模养猪场进行审核,发放动物防疫条件合格证。

6.2.1.5 奖励举报有功人员。

6.2.2 动物疫病预防控制机构职责

6.2.2.1 依据《畜禽标识和养殖档案管理办法》,组织供应追溯体系建设中电子耳标、移动智能识读器等物资。

6.2.2.2 提供相关疫病诊断、检测等技术支持。

6.2.3 基层畜牧兽医站职责

6.2.3.1 按照《畜禽标识和养殖档案管理办法》指导规模养猪场做好养殖档案的填写工作。

6.2.3.2 监督规模养猪场疫病免疫及电子耳标佩戴工作。

6.2.3.3 相关追溯信息的录入工作。

6.2.3.4 指导养猪场疫病诊断、检测样本的采集及送检工作。

6.2.3.5 负责散养猪档案填写、免疫注射、耳标佩戴工作。

6.2.4 养猪场、户职责

6.2.4.1 提高猪饲养管理水平。

6.2.4.2 严格按规定使用投入品。

6.2.4.3 保护生产环境、减少污染。

6.2.4.4 建立、健全、如实填写、妥善保管养殖档案。

6.2.4.5 做好重大疫病免疫、诊断、检测、疫情处置等工作。

第十四章　种猪场猪瘟免疫
净化技术规范

（DB13/T 2444—2017）

本标准按照 GB/T 1.1—2009 给出的规则起草。

本标准由河北科技师范学院提出。

本标准起草单位:河北科技师范学院,唐山市动物疫病预防控制中心。

本标准主要起草人:马增军　张　军　芮　萍　刘志勇　杨彩然　王爱军　刘谢荣　王秋悦　王贵江　张晓利　平　凡　郭彦军　吴建华　田　瑞　刘玄福　周忠良

1　范围

本标准规定了种猪场猪瘟免疫净化的术语和定义、检测方法与判定标准、净化群的建立、净化场的检测认定、净化群的维持和综合卫生防疫措施。

本标准适用于种猪场猪瘟净化。

2　规范性引用文件

下列文件对于本文件的应用是必不可少的。凡是注日期的引用文件,仅注日期的版本适用于本文件。凡是不注日期的引用文件,其最新版本(包括所有的修改单)适用于本文件。

GB 16548　病害动物和病害动物产品生物安全处理规程

GB/T 17824.2　规模猪场生产技术规程

NY/T 1168　畜禽粪便无害化处理技术规范

NY/T 1568　标准化规模养猪场建设规范

《猪瘟防治技术规范》(农医发〔2007〕12 号)

《跨省调运乳用、种用动物产地检疫规程》(农医发〔2010〕33 号)

3　术语和定义

下列术语和定义适用于本文件。

3.1　猪瘟(classical swine fever,CSF)

由黄病毒科瘟病毒属猪瘟病毒(CSFV)引起的一种猪的高度接触性、出血性和致死性传染病。

3.2　净化

对某病发病地区采取一系列措施,达到消灭和清除传染源的过程。

3.3　哨兵猪

哨兵猪是指非免疫的某些疾病阴性猪只,在某特定猪场区域内用于监控或预警环境中某些疾病污染程度的一类猪只。

4　检测方法与判定标准

4.1　猪瘟病毒检测

采集活体猪扁桃体、血清或公猪精液,流产胎儿、脐带血。病死猪扁桃体、脾脏、肾脏、淋巴结等,采用猪瘟野毒与疫苗毒 RT-PCR 鉴别诊断方法检测猪瘟病毒核酸。

4.2　猪瘟抗原检测

采集猪血清,依据《猪瘟防治技术规范》,利用猪瘟病毒抗原 ELISA 检测试剂盒检测猪瘟抗原。

4.3　猪瘟抗体检测

采集猪血清,按照《猪瘟防治技术规范》,利用猪瘟病毒抗体阻断 ELISA 试剂盒检测猪瘟抗体。

4.4　合格免疫抗体判定标准

4.4.1　个体免疫抗体合格标准

猪瘟免疫抗体按 4.3 检测,阻断率≥40%。

4.4.2　群体免疫抗体合格标准

猪瘟免疫抗体的阻断率≥40%的头数要达到 100%,猪瘟免疫抗体的阻断率≥50%的头数要达到 90%,变异系数 CV 值≤25%。

5　净化群建立

5.1　猪瘟带毒调查阶段

5.1.1　采样数量及检测

按种公猪 100%、种母猪 10%比例采集血液,分离血清。按 4.3 方法检测猪瘟病毒抗体,根据猪群猪瘟抗体合格率、离散度情况,确定具体净化方案。

5.1.2　净化方案的确定

5.1.2.1　如果猪群猪瘟抗体合格率在 90%以上,直接进入"猪瘟稳定控制阶段",对猪群抗体不合格的猪进行二次免疫(在第一次免疫后 6 周进行二免),免疫 6 周后再检测猪瘟抗体,抗体阳性猪保留,阴性猪淘汰。

5.1.2.2 如果猪群猪瘟抗体合格率在90%以下,则进行全群检测,对抗体不合格的猪只,补免猪瘟疫苗6周后,再次检测猪瘟抗体,抗体阳性猪保留,阴性猪淘汰。

5.2 免疫

5.2.1 疫苗选择

使用合法、合格的猪瘟疫苗(最好使用猪瘟传代细胞活疫苗)进行免疫接种。

5.2.2 免疫程序

种公(母)猪:每年春秋普免2次。猪瘟污染场,经产母猪在产前3~4周加强免疫1次。

后备种猪:配种前2~4周再加强免疫一次。

仔猪:35~45日龄首免,70~80日龄二免,或者根据抗体检测结果,以抗体合格率在85%以上为标准,确定首免及二免的时间。

5.3 检测与淘汰

5.3.1 后备种猪的检测与补充

对后备种猪在转入种猪群前1~2周逐头采取扁桃体和血液样本,进行猪瘟病毒和抗体的检测,猪瘟病毒阴性,抗体合格的留种,抗体不合格者补免一次,仍不合格者淘汰。

5.3.2 种猪群检测

5.3.2.1 "猪瘟稳定控制阶段",母猪群抗体合格率在90%以上,种母猪(后备母猪、1~3胎母猪、4~6胎母猪、6胎以上母猪)按10%的比例采集扁桃体,种公猪全群采样,按4.1方法,经RT-PCR扩增,野毒感染猪直接淘汰。母猪第一年检测2次,以后每年1次;公猪每年至少2次。

5.3.2.2 一年后,进入"猪瘟全群净化阶段",生产成绩稳定,基础猪群的猪瘟抗体合格率在95%以上,整齐度高,离散度小。对实施净化的种猪群(种公猪和种母猪)逐头采集活体猪扁桃体和血液,进行猪瘟病毒和免疫抗体检测。

5.3.2.3 处置

a)猪瘟病毒检测阳性者,应淘汰处理。

b)猪瘟病毒检测阴性且免疫抗体合格者,可作为种猪保留。

c)猪瘟病毒检测阴性但免疫抗体不合格者,用猪瘟疫苗再次强化免疫,免疫后6周重新采样进行免疫抗体检测。个体免疫抗体水平仍未达到4.4.1合格标准者,应淘汰处理。

5.3.3 仔猪检测

仔猪按周龄抽样5%比例(2周龄、4周龄、6周龄、8周龄、11周龄、14周龄、16周龄),各周龄时间点上下浮动不得超过3天,仔猪样品至少采自3窝以上。按照4.2和4.3的方法检测猪瘟病毒抗原和抗体,抗原阳性猪进行隔离淘汰,不做种用。对抗体阴性猪群加强免疫 1 次,4～6 周后进行抗体检测,仍不合格猪进行隔离淘汰。并根据抗体消长规律,调整免疫程序。

5.3.4 引种检测

从猪瘟阴性/净化猪场引种,按照《跨省调运乳用、种用动物产地检疫规程》规定引进猪只。

5.4 净化场的检测与认定

5.4.1 设立哨兵仔猪

初步净化 1 年后,先设立哨兵仔猪,哨兵仔猪的数量为每条生产线 30 头猪,均匀分散在不同的猪栏。1 个月后全部检测,应该为抗体阴性;做 2～3 批猪重复试验,批次之间间隔 1 个月。

5.4.2 设立哨兵母猪

一年后,设立哨兵母猪,哨兵母猪占净化群体母猪数量2‰～3‰,或最低为 10 头母猪,也可固定一定数量的非免疫哨兵母猪,循环使用。非免疫哨兵母猪在猪群的配种前、怀孕后 40～50 天、80～90 天、产后 2 周分别采血检测猪瘟抗体,其后代于 3～4 周龄检测,猪瘟抗体均应为阴性。

5.4.3 判定标准

5.4.3.1 检测生产成绩

净化实施完成后连续二年内,生产成绩正常稳定。

5.4.3.2 样品检测

每年一次,按种公猪 100% 比例、母猪 10% 比例采集活体猪扁桃体和血液,进行猪瘟病毒和免疫抗体检测。如抽检种猪群猪瘟病毒全部阴性且群体抗体水平符合 4.4.2 免疫抗体合格标准可视为假定猪瘟阴性群。

6 净化猪群的维持

6.1 免疫

按照 5.2.2 免疫程序接种猪瘟疫苗。

6.2 检测

6.2.1 日常检测

6.2.1.1 每年对净化猪群进行 3～4 次抽检。每次采集活体扁桃体和血清样品,抽样比例为存栏种猪的 25%。检测方法按 4.2 及 4.3 执行。

6.2.1.2 个体免疫抗体水平符合 4.4.1 且群体免疫抗体水平符合 4.4.2 合格标准者,为免疫抗体合格。

6.2.1.3 抽样复查如猪瘟病原检测出现阳性,应重新对种猪群开展净化。

6.2.2 后备猪和引种的检测

做好后备猪的检测和引进猪只的检疫,方法同 5.3.1 和 5.3.4。

6.2.3 外来供精种猪的检疫

对外来供精种公猪进行检疫,确保供精种公猪猪瘟病毒检测或猪瘟病毒核酸检测阴性,抗体水平合格。

6.2.4 病死猪的检测

病死猪只应进行猪瘟病毒核酸检测,样品采集及检测方法同 4.1。如若病死猪猪瘟病毒核酸阳性,应重新按照"5 净化群建立"对种猪群开展净化。

7 综合卫生防疫措施

7.1 合理的猪场选址

按 NY/T 1568 标准化规模养猪场建设规范执行。

7.2 生产模式

坚持自繁自养、全进全出及"两点式"或"三点式"的生产或饲养模式。

7.3 饲养管理

按 GB/T 17824.2 规模猪场生产技术规程执行,加强饲养管理,减少应激。

7.4 消毒措施

按 DB13/T 991—2008 猪场消毒技术规范执行。严格做好人员、物品、用具、车辆、猪舍内外环境、以及粪便排泄物和污水的消毒。

7.5 无害化处理措施

7.5.1 病死猪及母猪所生产的弱仔猪、死胎、流产胎儿按 GB 16548 的规定执行。

7.5.2 粪便按 NY/T 1168 的规定进行无害化处理。

7.6 杀虫防蝇灭鼠措施

定期开展杀虫、灭鼠、防蝇工作。

7.7 档案管理

参考 DB13/T 1742—2013 无公害畜禽养殖档案管理技术规范执行。

第十五章　奶牛结核病防控技术规范

（DB1302/T 398—2014）

本标准按照 GB/T 1.1—2009 给出的规则起草。

本标准由唐山市质量技术监督局提出。

本标准起草单位:唐山市动物疫病预防控制中心。

本标准主要起草人:张　军　刘志勇　刘乃强　张子佳　周忠良　李　颖

张晓利　齐　静　刘爱丽　周建颖　张尚勇　于　波

张英海　朱秋艳　李淑娜　杨建辉　董维亚　韦景平

张宝恩　张立颖　张秀环　阎满俊　李继勇　郝振江

1　范围

本标准规定了奶牛结核病的诊断、预防、控制。

本标准适用于唐山市境内奶牛结核病防控,其他牛参照执行。

2　规范性引用文件

下列文件对于本文件的应用是必不可少的。凡是注日期的引用文件,仅注日期的版本适用于本文件。凡是不注日期的引用文件,其最新版本(包括所有的修改单)适用于本文件。

GB/T 18645—2002 动物结核病诊断技术

SN/T 1310—2011 动物结核病检疫技术规范

《牛结核病防治技术规范》(农医发〔2007〕12 号)

3　缩略语

下列缩略语适用于本文件。

PPD:提纯蛋白衍生物,提纯结核菌素

PCR:聚合酶链式反应

PBS:磷酸盐缓冲液

ELISA:酶联免疫吸附试验

4 诊断

4.1 临床诊断

4.1.1 临床症状

潜伏期一般为3~6周,有的可长达数月或数年,以肺结核、乳房结核和肠结核最为常见。

a)肺结核:以长期顽固性干咳为特征,且以清晨最为明显。患畜容易疲劳,逐渐消瘦,病情严重者可见呼吸困难。

b)乳房结核:一般先是乳房淋巴结肿大,继而后方乳腺区发生局限性或弥漫性硬结,硬结无热无痛,表面凹凸不平。泌乳量下降,乳汁变稀,严重时乳腺萎缩,泌乳停止。

c)肠结核:消瘦,持续下痢与便秘交替出现,粪便常带血或脓汁。

4.1.2 剖检变化

在肺脏、乳房和胃肠黏膜等处形成特异性白色或黄白色结节。结节大小不一,切面干酪样坏死或钙化,有时坏死组织溶解和软化,排出后形成空洞。胸膜和肺膜可发生密集的结核结节,形如珍珠状。

4.2 实验室诊断

4.2.1 细菌学检查

按 GB/T 18645—2002 第3章规定执行。

4.2.2 结核分枝杆菌 PPD 皮内变态反应试验

按 GB/T 18645—2002 第4章规定执行。

4.2.3 实时荧光 PCR 检测

按 SN/T 1310—2011 第7章规定执行。

4.2.4 常规 PCR 检测

按 SN/T 1310—2011 第8章规定执行。

4.2.5 牛 γ-干扰素 ELISA 试验

见附录A。

4.3 判定

4.3.1 疑似

符合4.1.1或4.1.2的判为疑似奶牛结核病。

4.3.2 阳性

4.2.1至4.2.5中任一实验室诊断为阳性的判为奶牛结核病阳性。

5　预防

5.1　检测

5.1.1　检测比例

100％检测。

5.1.2　检测时间

5.1.2.1　奶牛结核病净化场和稳定控制场,每年至少检测一次。

5.1.2.2　奶牛结核病控制场每年至少检测 2 次,间隔至少 5 个月以上。

5.1.2.3　奶牛结核病污染场每季度检测一次。

5.1.2.4　初生牛犊,应于 20 日龄时进行第一次检测。

5.1.3　检测方法

采用 4.2.2 或 4.2.5 规定的方法。

5.2　检疫

按《牛结核病防治技术规范》(农医发〔2007〕12 号)规定执行。

5.3　人员要求

患有结核病的人员不得从事奶牛场工作。

5.4　防疫监督

按《牛结核病防治技术规范》(农医发〔2007〕12 号)规定执行。

鲜奶收购点(站)必须凭奶牛健康证明收购鲜奶。

6　控制

6.1　疫情报告

任何单位和个人发现疑似病牛,应当及时向当地动物卫生监督机构报告。

动物卫生监督机构接到疫情报告并确认后,按《动物疫情报告管理办法》及有关规定及时上报。

6.2　疫情处理

6.2.1　疑似奶牛结核病牛处理

凡判为疑似或牛型结核分枝杆菌 PPD 皮内变态反应试验疑似阳性者,于 7 日后采集样品应用 PCR 或牛 γ-干扰素 ELISA 试验进行复检,结果为阳性的按照本标准 6.2.2 处理。

6.2.2　阳性牛处理

按《牛结核病防治技术规范》(农医发〔2007〕12 号)规定执行。

6.3　净化措施

按《牛结核病防治技术规范》(农医发〔2007〕12 号)规定执行。

附录 A
（资料性附录）
牛结核病 γ-干扰素 ELISA 试验

1 试验材料

1.1 牛结核分枝杆菌 γ-干扰素检测试剂盒。

1.2 肝素钠真空采血管。

1.3 牛型提纯结核菌素和禽型提纯结核菌素。

1.4 常用化学试剂：95％乙醇、88％磷酸。

1.5 仪器设备：酶标仪、洗板机、微量移液器、低温离心机、培养箱、微量振荡器。

2 试验方法

2.1 临床采样及预处理

2.1.1 样本采集：牛尾静脉无菌采血 5 mL，放入肝素钠抗凝管中，混合均匀。出现凝血的样本不可用。

2.1.2 样本运送：抗凝血应在周围环境温度（22±5）℃，并且最好在采血后 8 h 内用于检测。

2.1.3 定量吸取肝素钠抗凝全血：分装前充分混合样本。将抗凝血加入 24 孔组织培养板，每头动物加 3 管 1.5 mL 分装的抗凝血。

2.1.4 体外结核菌素（PPD）刺激：向 24 孔培养板中无菌加入 100 μL PBS（阴性抗原对照）、牛 PPD、禽 PPD 至相应孔。抗原必须与分装的血液充分混匀，最好用微量振荡器高速震荡 1 min。

2.1.5 全血孵育过夜：全血培养最好在有加湿器的培养箱内、37℃孵育 16～24 h。

2.1.6 收获血浆：经过过夜培养，用移液器小心吸取约 400 μL 的上层血浆，转入独立的 1.5 mL 离心管中。吸取血浆时应尽量避免吸入细胞。收获的血浆可立即用于检测或－20℃冷冻贮存。

2.2 检测

2.2.1 所有试剂使用前恢复至室温。

2.2.2 取出酶标板，加入 50 μL 样本稀释液至所需孔，再加入 50 μL 样本和对照样本至相应孔中。对照样本应最后加入。震荡混匀。封板，室温孵育 1 h。

2.2.3 用洗板机洗涤 6 次，将酶标板在干净的滤纸上拍打几次，尽量除去残留的洗液。

2.2.4　每孔加入 $100\ \mu L$ 稀释好的酶标结合物,震荡混匀。室温孵育 1 h。

2.2.5　重复步骤 2.2.3.

2.2.6　每孔加入 $100\ \mu L$ 新鲜配制的底物溶液,震荡混匀。室温孵育 30 min。

2.2.7　迅速加入 $50\ \mu L$ 终止液;混匀。

2.2.8　终止后 5 min 内读在酶标仪上取 $OD_{450\ nm}$ 值,计算结果。

2.3　结果判定

2.3.1　试验成立标准

　　牛 γ-干扰素阴性对照 OD 值<0.13;γ-干扰素阳性对照 OD 值>0.7。

2.3.2　结果判定

　　阳性＝牛型 OD 值－禽型 OD 值$\geqslant0.1$,且牛型 OD－PBS 对照 OD 值$\geqslant0.1$。

　　阴性＝牛型 OD 值－禽型 OD 值<0.1,且牛型 OD－PBS 对照 OD 值<0.1。

第十六章 奶牛布鲁氏菌病
防治技术规范

（DB 1302/T 291—2010）

本标准由唐山市质量技术监督局提出。

本标准起草单位:唐山市动物疫病预防控制中心。

本标准主要起草人:刘乃强 刘志勇 周忠良 马永兴 李 颖 张进红

1 范围

本标准规定了奶牛布鲁氏菌病的诊断、检测、疫情报告和处理、预防、控制、净化等。本标准适用于唐山地区奶牛布鲁氏菌病防治。

2 规范性引用文件

下列文件对于本文件的应用是必不可少的。凡注日期的引用文件,仅注日期的版本适用于本文件。凡是不注日期的引用文件,其最新版本(包括所有的修改单)适用于本文件。

GB/T 18646—2002 动物布鲁氏菌病诊断技术

NY/T 541—2002 动物疫病实验室检验采样方法

《布鲁氏菌病防治技术规范》(农医发〔2007〕12号)

3 诊断

3.1 非免疫牛群诊断

3.1.1 临床诊断

3.1.1.1 流行特点

任何年龄段的奶牛都能感染本病,母畜比公畜、成年畜比幼年畜发病多。在母畜中,第一次妊娠母畜发病较多。带菌动物是主要传染源。主要经消化道、呼吸道,也可通过损伤的皮肤、黏膜等感染。常呈地方性流行。

3.1.1.2 临床症状

最显著症状是怀孕母畜发生流产,流产后可能发生胎衣滞留和子宫内膜炎,从阴道流出污秽不洁、恶臭的分泌物。新发病的畜群流产较多,老疫区畜群发生流产的较少,但发生子宫内膜炎、乳房炎、关节炎、胎衣滞留、久配不孕的较多。公畜往往发生睾丸炎或附睾炎及睾丸肿胀,关节炎及局部肿胀。

3.1.1.3　病理变化

主要病变为生殖器官的炎性坏死,淋巴结、肝、肾、脾等器官形成特异性肉芽肿(布病结节)。有的可见关节炎。胎儿主要呈败血症病变,浆膜和黏膜有出血点和出血斑,皮下结缔组织发生浆液性、出血性炎症。

3.1.2　实验室诊断

细菌学诊断按《布鲁氏杆菌病防治技术规范》(农医发〔2007〕12号)执行。

3.1.3　血清学试验

3.1.3.1　初筛试验

动物布病虎红平板凝集试验(RBPT)按 GB/T 18646—2002　动物布鲁氏菌病诊断技术第2条执行。

3.1.3.2　确诊试验

血清样本可任选下列3种试验方法进行:

a)动物布病试管凝集试验(SAT)按 GB/T 18646—2002　动物布鲁氏菌病诊断技术第4条执行。

b)动物布病补体结合试验(CFT)按 GB/T 18646—2002　动物布鲁氏菌病诊断技术第5条执行。

c)动物布病 C-ELISA 试验(按试剂说明书执行)。

d)流产胎儿、胎衣等样本采用布病 RT-PCR 试验(按说明书执行)。

3.2　免疫牛群诊断

3.2.1　临床诊断

按本标准3.1.1临床诊断执行。

3.2.2　实验室诊断

免疫后6个月牛适合进行实验室鉴别诊断。

3.2.3　初筛试验

按本标准3.1.3.1初筛试验执行。

3.2.4　确诊试验

按本标准3.2.3.2确诊试验执行。

3.3　病牛或隐性感染牛判定

符合下列条件其中之一的即为发病牛或隐性带菌牛:

a)分离出布鲁氏菌。

b)未免疫奶牛初筛试验出现阳性反应,并有流行病学史和临床症状者。

c)确诊试验中试管凝集试验阳性或补体结合试验阳性者。

d)RT-PCR 试验阳性奶牛。

e)免疫后 6 个月确诊试验中试管凝集试验阳性或补体结合试验阳性者。

4　检测

4.1　免疫前奶牛群必须 100％进行检测。平时每半年检测一次。

4.2　检测方法

　　首先按(NY/T 541—2002)进行采集样本,进行初筛试验(按本标准 3.1.3.1 执行),初筛阳性的进行确诊试验(按本标准 3.2.3.2 执行)。

4.3　免疫后 6 个月及以上的牛按本标准 4.2 执行。

5　疫情报告和处理

　　按《布鲁氏杆菌病防治技术规范》第 3、4 条执行。

6　预防和控制

　　按《布鲁氏杆菌病防治技术规范》第 5 条执行。

7　净化

　　按《布鲁氏杆菌病防治技术规范》第 6 条执行。

第二篇　家禽篇

第十七章 蛋禽 H5 亚型高致病性禽流感免疫抗体卵黄检测技术

"蛋禽 H5 亚型高致病性禽流感免疫抗体卵黄检测技术应用推广"是河北省农业厅 2014 年下达的农业科技推广计划项目,起止年限为 2014—2016 年。在实施过程中,主要推广应用了《河北省禽流感免疫效果检测技术规范》河北省地方标准、用禽蛋代替血清开展蛋禽 H5 亚型高致病性禽流感免疫抗体卵黄检测技术。

通过定期召开省、市、县三级动物疫情解析例会,交流推广中存在的问题及解决措施,同时在项目承担县(市、区)推广禽蛋代替血清开展 H5 禽流感免疫抗体检测技术,在确保免疫密度和免疫效果的前提下,既节省了采样费用,又减少了因采样造成的产蛋率下降问题,达到了防控疫病和提高养殖户经济效益的目的。项目实施 3 年来,河北省 H5 亚型禽流感免疫密度常年保持 100%,免疫抗体水平常年保持在 95%以上,免疫抗体不合格的鸡群得到及时补免,所以河北省无 H5 亚型高致病性禽流感疫情发生,其他亚型禽流感得到稳定控制。累计推广蛋禽 73 911.52 万只,新增经济效益 38 606.02 万元。

一、项目背景

近年来,全球高致病性禽流感疫情呈持续发展态势。自 2003 年以来,禽流感病毒逐步传播到非洲、亚洲、欧洲和中东 30 多个国家并感染野生鸟类和家禽。我国自 2004 年以来,也先后有 24 个省份发生疫情,给禽业生产造成严重损失。H5N1 型禽流感病毒是一种具有大流行潜力的毒株,据有关资料分析认为它有可能变异成一种在人类中传染的毒株。据世界卫生组织统计显示,近三年来全球共确诊人感染禽流感病例超过 200 例,死率高达 55%～70%,我国也确认有 20多例。

免疫抗体检测是高致病性禽流感防控中的最重要的技术措施之一。为科学评价高致病性禽流感防控效果,分析预测防控形势,落实各项防控措施,我国各级兽医防疫部门已将高致病性禽流感检测作为一项长期性和制度化工作来抓,并已建立了一套禽流感疫情预测预报体系。近几年河北省年均鸡存栏近 6 亿只、产蛋鸡常年存栏近 4 亿只,禽流感免疫检测需每年进行 6～8 次、每次检测比例

0.1%～0.5%,每群鸡至少应每次检测 30 份,每年河北省要进行 600 万份左右产蛋鸡的禽流感免疫检测,数量巨大。按照国际通用方法和我国标准,禽流感免疫抗体检测样本是血清,在长期的实际工作中体会到血清样本的采集存在以下几方面的问题:一是抓禽采血使禽群产生应激,造成产蛋率明显下降,且养殖户抵触情绪强烈,影响工作的开展;二是 80%的规模养殖场(存栏 500～2 000 只)采血技术不过关,甚至不会采血,必须由兽医亲自来完成,兽医在各养殖场之间往来活动易造成疫病传播;三是采血费用较大,需要大量的人力物力财力来保障。

如果通过检测卵黄中禽流感免疫抗体来代替血清,将能很好地解决上述问题。

针对上述问题,河北省动物疫病预防控制中心立项"禽卵黄和血清禽流感免疫抗体差异及相关性研究与应用",其核心技术经专家评审达到"国际领先水平",并已获河北省科技进步二等奖。该技术先进、可靠、实用,建立了以卵黄抗体检测技术替代血清抗体检测技术进行禽流感免疫抗体检测的技术方法,能够克服血清检测的缺点、提高工作效率、增加经济效益。2014 年河北省农业厅将"蛋禽 H5 亚型高致病性禽流感免疫抗体卵黄检测技术应用推广"列为农业科技推广项目,依据河北省地方标准《蛋禽 H5 亚型禽流感免疫抗体卵黄检测技术规程》(DB 13/T 946—2008)向全省推广应用。

二、技术成果来源

"蛋禽 H5 亚型高致病性禽流感免疫抗体卵黄检测技术应用推广"项目推广的技术成果来源于河北省畜牧兽医局下达的科研项目"禽卵黄和血清禽流感免疫抗体差异及相关性研究与应用",河北省地方标准《蛋禽 H5 亚型禽流感免疫抗体卵黄检测技术规程》(DB 13/T 946—2008),该技术先进、可靠、实用,能够克服通过采集家禽血清检测抗体的缺点、提高工作效率、增加经济效益。

三、推广的核心技术

针对蛋禽 H5 亚型禽流感免疫抗体检测中血清样本采集易造成禽应激、产蛋下降,耗费人力、物力、财力等主要问题,着重开展了河北省各级兽医实验室检测能力调查、免疫抗体检测技术培训、建立以规模蛋禽养殖场为检测基点,以各级动物疫病预防控制机构兽医实验室为检测基本,以河北省动物疫病预防控制中心为主体的省、市、县、乡镇、场五级技术推广体系。该项目的实施过程中,H5 亚型禽流感免疫密度常年保持 100%,免疫抗体水平常年保持在 95%以上,免疫抗体不合格的鸡群得到及时补免,全河北省无 H5 亚型高致病性禽流感疫情发生,其他亚型禽流感得到稳定控制。推广的主要技术如下。

(1)蛋禽应用禽蛋代替血清样本的采样技术。

(2)应用卵黄代替血清检测 H5 亚型禽流感免疫抗体技术。

(3)河北省地方标准《蛋禽 H5 亚型禽流感免疫抗体卵黄检测技术规程》的推广。

四、采取的主要技术措施

1. 认真研究,科学制定推广工作实施方案

为保证项目顺利实施,对河北省禽流感检测工作情况进行了全面摸底调研,多次向上级部门进行汇报、聆听指导、取得支持,多次与有关专家进行研究、广泛收集分析相关技术资料,并结合"高致病性禽流感防控技术规范"要求和河北省实际情况,制定下发了《河北省蛋禽 H5 亚型禽流感免疫抗体卵黄检测技术应用推广实施方案》(冀疫控监发〔2014〕7 号),确定了推广内容、技术路线、实施范围、进度要求、推进措施等各项任务目标,要求河北省各市动物疫病预防控制中心制定具体工作方案并认真组织实施,确保技术推广工作及时展开、有效实施。

2. 结合实际,科学确定推广工作的技术路线和技术方法

为顺利开展技术推广,"项目技术指导小组"组织有关人员,于 2014 年年初对河北省各级兽医实验室的技术能力进行了全面调查摸底,3 次组织技术小组人员进行研究,确定了以市级核心示范点技术人员为技术骨干、以各动物疫情测报站基本示范点技术人员为技术主力,以点带面、逐级推广、全面实施技术辐射的推广技术路线。技术路线见图 17-1。

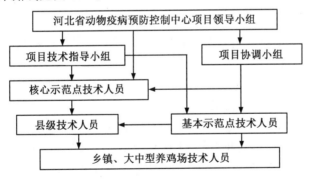

图 17-1　推广技术路线图

按照推广工作总体思路要求,"项目技术指导小组"对《蛋禽 H5 亚型禽流感免疫抗体卵黄检测技术规程》的技术难点、试验条件等技术因素进行分析研究,并组织 3 次、15 人次县乡级人员进行现场试验,结合河北省基层实验室的具体实际情况,确定在"技术规程"规定的"直接稀释法"(一步法)和"萃取法"两种方法中,选定"直接稀释法"(一步法)作为河北省禽流感免疫抗体卵黄检测技术的基本方法进行推广应用。

3. 紧密结合国家、河北省相关政策,建立省、市、县、乡镇、场五级推广网络,覆盖全省80%以上蛋禽养殖场,保障推广范围

河北省自 2008 年就开始建设动物防疫体系,主要内容是每个县选择 2 个乡镇,每个乡镇选择 1~2 禽场作为基点,每季度对检测基点进行流行病学调查,同时按比例采集样本进行血清学和病原学检测,形成报告指导全省动物疫病防控工作。本项目立项批准后,为推进推广工作,在此基础上完善建立了省、市、县、乡镇、场五级推广体系,变检测基点为推广示范场,进而辐射周边养殖单位。

4. 选择推广试验场,开展试验示范,保障技术推广质量

在研究项目取得成果并获得河北省科技进步二等奖后,唐山市动物疫病预防控制中心就在唐山市、石家庄市、保定市等地蛋禽养殖大县的规模禽场进行了小范围应用,2014 年本项目批准立项后的推广工作初期,为了以点带面使推广工作迅速见到效果,项目组确定了技术力量较强的 61 个市级、测报站级实验室为推广示范点,"项目技术指导小组"随即跟进、上门进行技术指导,各示范点迅即掌握了技术并展开卵黄检测禽流感免疫抗体工作。在总结经验、交流技术的基础上,各示范点又进行了传、帮、带,向其他县和乡镇基层站全面推广,使该技术得以全面快速铺开。

5. 实行动物疫情解析例会制度,为推广工作提供技术支撑

准确的动物疫情预警预报,为决策疫病防控措施提供科学依据,为采取措施赢得宝贵的时间,是防控疫病的重要手段。为提高预报的准确性,2010 年河北省成立了以省、市及农业院校专家、教授为成员的动物疫病解析专家组,每季度举行一次专家解析例会。同时各市及各县(市、区)都成立了动物疫病解析专家组。本项目批准立项后,通过解析例会为载体,交流本项目推广工作中遇到到各项问题,并及时提出解决措施,保障了推广成效。

6. 强化培训,提高专业技能水平

为使河北省开展卵黄检测禽流感免疫抗体工作的检测能力和检测水平得到全面提升,项目组积极谋划和组织,认真做好技术培训工作。一是集中培训,推广期间,组织了 4 期各市、重点县及各示范点技术人员参加的师资培训班,培训人员达 100 余人次;二是采用"小范围、多批次、手把手"模式,把有关的基层实验室技术人员请到我中心实验室进行现场操作,重点解决检测过程中易忽视但对检测结果影响较大的关键环节、关键操作问题,共进行 3 期、轮训 20 余人次;三是项目专家直接到各地现场解决推广工作遇到的技术问题。经过培训,使样品采集、样品处理与制备、检测操作、检测试剂等关键环节得以全省统一,卵黄检测禽流感免疫抗体的技术水平明显提高。

7. 拓宽思路,做好技术引导和普及宣传

一是对各级实验室技术人员做好技术引导,使卵黄检测 H5 型禽流感免疫抗体技术在河北省各级动物疫病预防控制中心及早得到应用。二是拓宽推广思路、积极宣传,使该项技术能够在乡镇兽医实验室及具备自行检测条件的养鸡场得以运用。为此,项目组印制了河北省地方标准《河北省禽蛋 H5 亚型禽流感免疫抗体卵黄检测技术规程》(DB 13/T 946—2008)600 余份,在相关实验室及检测点进行了发放,使卵黄检测禽流感抗体技术做到有据可依。三是深入场区、现场指导,项目组专家采取入场、入村现场指导的方式,发现问题及时解决,指导养禽场和各级检测机构开展技术推广工作。

五、试验示范开展情况

为使项目核心技术取得更好的效果,项目组首先开展了试验示范,取得基础数据,同时辐射其他养殖场,进而在河北省推广应用。

(一)H5 禽流感免疫抗体检测方法调查

为了掌握河北省应用卵黄代替血清开展 H5 禽流感免疫抗体检测的实际情况,项目组 2014 年 3 月开展了基本情况调查,调查范围为河北省所有县的部分蛋鸡场,采用填写调查表的形式,具体调查结果见表 17-1。

表 17-1　基本调查结果

市	调查县数/个	调查鸡场数/个	应用卵黄检测县数/个	应用卵黄检测场数/个	应用卵黄检测县所占比例/%	应用卵黄检测场所占比例/%
石家庄	23	108	7	27	30.43	25.00
保定	25	114	9	32	36.00	28.07
唐山	18	102	6	28	33.33	27.45
秦皇岛	7	48	3	12	42.86	25.00
承德	11	32	4	9	36.36	28.13
张家口	17	38	8	7	47.06	18.42
廊坊	8	30	2	7	25.00	23.33
邢台	19	82	9	11	47.37	13.41
邯郸	19	76	8	16	42.11	21.05
沧州	16	49	6	13	37.50	26.53
衡水	11	52	4	13	36.36	25.00
合计	174	731	66	175	37.93	23.94

从调查结果看,本项目开展前河北省仅有 37.93% 的县和 23.94% 的蛋鸡场采用鸡蛋代替血样检测 H5 禽流感,覆盖面较少。

(二)采样对群体产蛋率的影响试验

项目组为了解由于采集血清样本对蛋鸡群体造成的产蛋下降情况,于 2014 年 4 月开展了血样采集对蛋鸡群体产蛋率的影响试验,具体试验方法和结果如下。

1. 试验场及分组

在石家庄市、保定市分别选择了 5 个饲养规模和管理相似,日龄在 200 日龄左右的蛋鸡场,各选择 100~200 只健康蛋鸡开展此项试验。

2. 试验方法

(1)产蛋率计算方法,日产蛋率=日产蛋个数/存栏数×100%。

(2)分别计算采样前一天各个组产蛋率,于第二天上午 8:00 开始采样,每组采集 20 只鸡的血液样本,方法为:采样人员穿戴防护服、口罩等个人防护用品,由饲养员随机抓取 20 只鸡,采样人员采样完毕后,放回原鸡笼。每天收集鸡蛋个数,计算日产蛋率。

3. 结果

(1)精神状态 观察采样完毕后鸡群精神状态,抓鸡时整个鸡群精神亢奋、鸣叫,采样后 3 h 后,鸡群整体恢复正常。

(2)采食量 采样第 1 天采食量明显下降,至第 7 天逐渐恢复正常。

(3)产蛋率 产蛋率自第 1 天开始下降明显,至第 8 天开始正常,所以本试验仅计算采样后 7 d 的产蛋率,具体结果见表 17-2、表 17-3。

表 17-2 采样造成产蛋数下降情况

组别	试验鸡数/只	采样前产蛋数/个	采样后产蛋数/个						
			第1天	第2天	第3天	第4天	第5天	第6天	第7天
1	170	158	140	143	148	148	150	152	155
2	155	141	130	129	132	133	138	140	142
3	185	168	152	155	159	160	162	163	163
4	200	182	160	162	173	176	178	180	180
5	180	164	150	153	152	154	157	160	162
合计	890	813	726	743	769	771	785	795	802

表 17-3　采样造成产蛋率下降情况

组别	试验鸡数/只	采样前产蛋率/%	采样后产蛋率/%							7 天加权平均/%
			第1天	第2天	第3天	第4天	第5天	第6天	第7天	
1	170	92.94	82.35	84.12	87.06	87.06	88.24	89.41	91.18	87.06
2	155	90.97	83.87	83.23	85.16	85.80	89.03	90.32	91.61	88.57
3	185	90.81	82.16	83.78	85.95	86.49	87.57	88.11	88.11	86.02
4	200	91.00	80.00	81.00	86.50	88.00	89.00	90.00	90.00	87.29
5	180	91.11	83.33	85.00	84.44	85.56	87.22	88.89	90.00	86.35
合计	890	91.36	81.16	83.48	86.40	86.62	88.20	89.33	90.11	86.01

从表 17-3 中可以看出，由于采集血液样本，造成蛋鸡应激反应，从而影响产蛋，使试验鸡产蛋率从 91.36% 下降到 86.01%，平均下降了 5.35 个百分点。

(三)蛋鸡采用血清和卵黄分别检测 H5 禽流感免疫抗体比较试验

为了验证采用血清和卵黄检测 H5 禽流感免疫抗体的符合程度和准确率，项目组开展了两种方法的比较试验。

1.材料与方法

1)疫苗

重组禽流感病毒灭活疫苗(H5N1 亚型，Re-1 株，禽用)，哈尔滨维科生物技术有限公司生产，批号 20140428。

2)血凝抑制试验用抗原和血清

禽流感 H5 亚型抗原和禽流感 H5 亚型血清，哈尔滨兽医研究所生产，批号 20051113。

3)试验动物

保定市满城县某鸡场饲养的 140 日龄 939 蛋鸡 2 000 只。该鸡群已于 70 日龄用哈尔滨维科生物技术有限公司生产的 H5N1(Re-1) 油苗进行免疫，剂量为 0.5 mL/只，免疫后 70 d(140 日龄)产蛋率达 30%，健康状况良好，我们对鸡群随机采集 10 份血清进行禽流感免疫抗体检测，其效价为 4、6、4、4、4、5、6、6、6、6，合格率为 60%，按照农办医〔2006〕12 号文件"免疫抗体≥25 判为免疫合格，合格率≤70% 要及时进行补免"的要求，于 141 日龄对鸡群接种禽流感 H5N1(Re-1) 油苗，剂量为 0.7 mL/只。

4）主要仪器

900 V 型血凝板、移液器、微量振荡器、离心机、液体快速混合器等。

5）主要试剂

1‰鸡红细胞，PBS液。

2.试验程序

1）鸡群分组

将鸡群分为 2 组，一组为固定采样组，即在同一鸡舍内，单笼饲养 20 只鸡，并编号为 1～20 号。固定组反映出同一只鸡体内抗体的消长规律及差异性，突出了结果的准确性。另一组为随机采样组，即鸡群的其余所有鸡只。随机组反映出整个鸡群抗体的消长规律及差异性，显示了结果的代表性。

2）样品采集

按以下方案进行采血和收集鸡蛋。

（1）固定采样组　注苗后每间隔 10 d 或 20 d（若间隔时间太短造成应激过大，可能影响体内抗体生成及产蛋）对应采集血清和鸡蛋进行 HI 抗体检测，每次采集 15 份样品（采样时有的鸡可能不下蛋，所以不可能达到 20 份）。

（2）随机采样组　注苗后每间隔 5 d 或 10 d，从鸡群中随机选择 20 只产蛋鸡，对应采集血清和鸡蛋样品（每次被采样鸡只不重复）。

（3）血凝抑制价（HI）测定

①血清。按照国家标准（GB/T 18936）《禽流感血凝（HA）和血凝抑制（HI）试验方法》测定血清 HI 效价。

②卵黄。采取两种方法进行 HI 效价测定。一是卵黄直接进行稀释，测定卵黄中 HI 效价。卵黄直接稀释方法为：将收集的每枚鸡蛋弃去蛋清，分别吸取 200 μL 蛋黄，加入 200 μL PBS 液做 1∶1 稀释用以测定 HI 效价，其测定方法同测定血清 HI 效价的方法。二是卵黄经过萃取后测定 HI 效价。卵黄萃取方法为：取卵黄 200 μL，加 PBS 液 200 μL 做 1∶1 稀释，然后再加等量氯仿（400 μL）萃取，充分振荡均匀，室温静置 30 min，最后 3 000 r/min 离心 5 min，取上清进行 HI 效价测定，其测定方法同测定血清 HI 效价的方法。

3.试验结果分析

1）试验结果

固定采样组共配对采集鸡血清和鸡蛋 13 次，共检测血清和卵黄禽流感 HI 抗体 180 组份，随机采样组共配对采集鸡血清和鸡蛋 23 次，共检测血清和卵黄禽流感 HI 抗体 462 组份，结果见表 17-4，抗体消长曲线分别见图 17-2 和图 17-3。

表 17-4　蛋鸡二免后血清与卵黄禽流感 H5N1(Re-1)HI 效价均值

d/(log₂·份)

d/($\log_2$·份)

固定采样组					随机采样组				
日龄/d	免后天数/d	血清	萃取	卵黄	份数	日龄/d	免后天数/d	血清	萃取	卵黄	份数
153	10	7.64	5.09	6.09	11	153	10	7.50	6.00	5.70	20
164	21	9.23	4.34	9.69	13	158	15	8.60	6.65	6.65	20
174	30	9.21	10.21	9.71	14	164	21	9.50	4.34	9.50	20
194	50	8.71	9.43	9.07	14	174	30	9.40	9.65	9.55	20
214	70	7.57	7.71	7.93	14	186	42	8.27	9.55	8.86	22
224	80	7.60	8.27	8.13	15	194	50	8.50	9.15	9.15	20
245	100	7.13	6.93	6.60	15	202	60	9.00	9.59	9.27	22
266	120	7.40	7.13	7.40	15	214	70	8.00	7.95	8.10	20
287	140	7.71	7.64	7.29	14	224	80	7.50	8.20	7.50	20
307	160	6.36	6.71	6.29	14	235	90	6.90	7.45	7.10	20
318	181	7.00	7.43	6.79	14	245	100	6.85	6.85	6.45	20
324	197	7.50	7.67	7.20	15	255	110	7.70	7.85	8.00	20
338	220	6.83	7.08	7.00	12	266	120	7.55	7.10	7.40	20
						277	130	7.10	8.00	7.85	20
						287	140	7.00	6.90	6.95	20
						297	150	7.90	8.60	8.10	20
						307	160	7.00	7.05	6.74	19
						317	170	6.30	7.25	7.05	20
						318	181	6.90	6.85	6.95	20
						327	190	6.55	7.00	7.70	20
						324	197	7.90	8.35	7.70	20
						331	204	8.20	8.45	8.40	20
						338	220	8.26	8.74	8.47	19

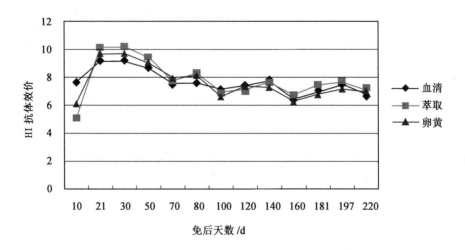

图 17-2　固定采样组禽流感 H5N1(Re-1)血清和卵黄 HI 抗体消长曲线

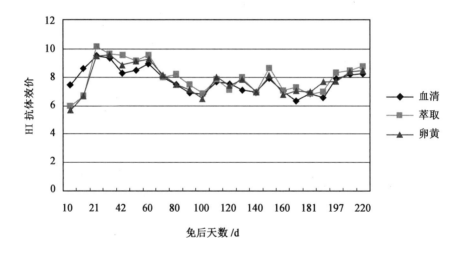

图 17-3　随机采样组血清和卵黄禽流感 H5N1(Re-1)HI 抗体消长曲线

2)结果分析

分两个阶段分析,即免疫抗体上升阶段和免疫抗体处于保护阶段。

(1)免疫抗体上升阶段　两组试验结果均表明,免疫后 21 d HI 抗体达到高峰,且 3 种方法测得结果接近。本试验 21 d 前检测 2 次,即免后 10 d、15 d 两组共检测血清和卵黄 51 组分,HI 抗体处于上升阶段,卵黄 HI 抗体明显低于血清 HI 抗体,说明卵黄抗体的上升滞后于血清抗体的上升,具体分析见表 17-5。

表 17-5　蛋鸡二免后 10 d、15 d 血清和卵黄 HI 抗体分析表

相差效价	血清-卵黄/份	占总份数/%	血清-萃取/份	占总份数/%
$-\log_2$	2	3.92	1	1.96
0	5	9.8	10	19.61
$\log_2$	15	29.41	9	17.65
$2\log_2$	12	23.53	11	21.57
$3\log_2$	14	27.45	13	25.49
$4\log_2$	2	3.92	7	13.73
$5\log_2$	1	1.96	0	0

其中血清 HI 抗体高于卵黄直接测得 HI 抗体的有 44 份,占 86.3%,血清 HI 抗体高于萃取后测得 HI 抗体的有 40 份,占 78.4%,说明免疫抗体上升阶段卵黄抗体的上升滞后于血清抗体的上升。

血清 HI 效价均值为 7.96$\log_2$,卵黄 HI 效价均值为 6.16$\log_2$,卵黄萃取后 HI 效价均值为 6.06$\log_2$,血清与卵黄测得 HI 效价相差 1.80$\log_2$,与卵黄萃取后测得结果差 1.90$\log_2$,说明免后 21 d 前也就是抗体达到高峰前血清与卵黄抗体平均相差近 2$\log_2$。

(2)免疫抗体处于保护阶段　免疫后 21~220 d,固定采样组共检测 12 次,169 组份,随机采样组共检测 21 次,422 组份。从图 17-2、图 17-3 中不难看出,这段时间 HI 抗体效价处于免疫保护有效阶段,且 3 种方法测得结果比较接近,具体分析如下。

①相关性分析。根据表 17-4 对免后 21~220 d 测得结果计算相关系数,两组 3 种方法测得结果均呈强相关,见表 17-6。

表 17-6　蛋鸡免后 21~220 d 相关系数

项目	固定采样组	随机采样组
血清与卵黄	$\gamma_1=0.97$	$\gamma_1=0.91$
血清与萃取	$\gamma_2=0.97$	$\gamma_2=0.92$
卵黄与萃取	$\gamma_3=0.97$	$\gamma_3=0.94$

②个值分析。对两组三种方法检测结果个值差异进行统计,具体分析固定采样组见表 17-7,随机采样组见表 17-8。

表 17-7　固定采样组二免后 21～220 d HI 效价个值分析结果

相差效价	血清-卵黄/份	占总份数/%	血清-萃取/份	占总份数/%	卵黄-萃取/份	占总份数/%
$-4\log_2$	0	0	1	0.59	0	0
$-3\log_2$	1	0.59	1	0.59	0	0
$-2\log_2$	11	6.5	9	5.33	9	5.33
$-\log_2$	45	26.63	55	32.54	57	33.73
0	80	47.34	81	47.93	79	46.75
$\log_2$	28	16.57	20	11.83	19	11.24
$2\log_2$	4	2.37	2	1.18	5	2.96

固定采样组血清和卵黄直接测得 HI 效价相差 $\log_2$ 以内的有 153 份,占 90.54%,血清和卵黄萃取后测得 HI 效价相差 $\log_2$ 以内的有 156 份,占 92.3%,卵黄直接稀释和经萃取后测得 HI 效价相差 $\log_2$ 以内的有 155 份,占 91.7%。

表 17-8　随机采样组二免后 21～220 d HI 效价个值分析结果

相差效价	血清-卵黄/份	占总份数/%	血清-萃取/份	占总份数/%	卵黄-萃取/份	占总份数/%
$-4\log_2$	0	0	1	0.24	1	0.24
$-3\log_2$	4	0.95	4	0.95	2	0.48
$-2\log_2$	20	4.74	31	7.34	17	4.03
$-\log_2$	127	30.09	158	37.44	135	31.99
0	181	42.89	183	43.36	191	45.26
$\log_2$	78	18.48	31	7.34	59	13.98
$2\log_2$	12	2.84	8	1.90	11	2.61
$3\log_2$	0	0	5	1.19	4	0.95
$4\log_2$	0	0	1	0.24	2	0.48

随机采样组血清和卵黄直接测得 HI 效价相差 $\log_2$ 以内有 386 份,占 91.47%,血清和卵黄萃取后测得 HI 效价相差 $\log_2$ 以内的有 372 份,占 88.14%,卵黄直接稀释和卵黄经萃取后测得结果相差 $\log_2$ 以内的有 385 份,占 91.2%。个

值分析说明,3 种方法测得结果,个值相差 $\log_2$ 以内占绝大多数。

③均值分析。根据表 17-1 计算免后 $21\sim220$ d 固定采样组血清、萃取卵黄和卵黄直接测得 HI 效价均值分别为 $7.69\log_2$、$8.03\log_2$ 和 $7.76\log_2$,血清与卵黄萃取、血清与卵黄、卵黄萃取与卵黄测得 HI 效价均值相差分别为 $-0.34\log_2$、$-0.07\log_2$ 和 $0.27\log_2$,随机采样组血清、萃取卵黄和卵黄直接测得结果均值分别为 $7.73\log_2$、$8.13\log_2$ 和 $7.94\log_2$,血清与卵黄萃取、血清与卵黄、卵黄萃取与卵黄测得 HI 效价均值相差分别为 $-0.4\log_2$、$-0.21\log_2$ 和 $0.19\log_2$,对固定采样组和随机采样组分别进行 F 检验,结果差异均不显著。

根据以上试验示范可知,利用禽蛋代替血清样本检测 H5 禽流感免疫抗体和直接用血清检测结果无明显差异,本成果在保证检测结果准确的基础上,不但节省了大量的人力、物力,同时降低了采血产生的群体产蛋率下降,减少了经济损失。

(四)技术创新实验

在河北省推广应用过程中遇到了一些技术问题,一是由于实验室工作繁忙,有时做不到对鸡蛋样本及时进行禽流感卵黄抗体检测,需要将样本暂时保存,不同保存方式、保存期长短等因素是否影响检测结果,原研究项目没有涉及;二是采用"直接稀释法"(一步法)进行禽流感卵黄抗体的实际检测中,经常会因技术人员操作熟练程度和操作手法不同,造成检测结果不太一致和重复性较差,需要进行技术改进。为此,项目技术指导小组积极组织技术人员进行试验研究,使有关技术得以解决,进一步研究、改进、完善和创新了原有技术。

1. 研究确定样本保存方式

(1)研究目的　摸清鸡蛋样本不同保存方法、不同保存期是否对影响禽流感卵黄抗体效价。

(2)主要研究方法　从 4 个处于禽流感免疫期内的鸡群采集各采集 1 组鸡蛋样本,依据保存温度、方式和保存期不同,设 2 个常温鸡蛋样本组、1 个冷冻卵黄样本组、1 个冻融卵黄样本组,按照《蛋禽 H5 亚型禽流感免疫抗体卵黄检测技术规程》,分别于采样或保存后第 2 天和第 2、4、6、8 周,用 3 名人员按"直接法"对每组 30 个样本的每份样本,同时重复检测、计算结果均值的办法检测禽流感 HI 抗体,得到共计 600 份样本的卵黄 HI 效价个样均值与本组的总均值数据(表 17-9)。

表 17-9　个样均值与本组总均值差异统计

相差效价	常温样本组		常温样本组		冷冻样本组		冻融样本组	
	份数	占比/%	份数	占比/%	份数	占比/%	份数	占比/%
$>-2\log_2$	3	2.0	2	1.3	2	1.3	2	1.3
$>-\log_2$	16	10.6	12	8.0	13	8.7	8	5.4
$\pm\log_2$	119	79.4	121	80.7	120	80.0	131	87.3
$>\log_2$	12	8.0	12	8.0	14	9.3	6	4.0
$>2\log_2$			3	2.0	1	0.7	3	2.0

(3)分析与结论　采用 SPSS 17.0 统计软件对全部检测结果数据进行统计分析。数据分析处理结果表明,采集鸡蛋样本进行卵黄法检测禽流感 HI 抗体时,鸡蛋样本可在室温下保存较长时间(至少 2 个月),对检测结果不产生影响。采用卵黄法检测禽流感 HI 抗体时,为便于样本保存,可用 2 倍量稀释将鸡蛋样本制成卵黄样本,样本长期冷冻(至少 2 个月)或多次冻融(至少 4 次)不影响对检测结果的准确性。

2. 改进检测技术操作流程

鸡蛋样本进行禽流感卵黄抗体检测过程中,"一步法"采用把鸡蛋打破、定量提取 50 μL 卵黄样本作为检样直接加入 50 μL 已标定的抗原液中进行后续检测,操作简便、样本提取和检样制备一步到位,但往往因卵黄液黏稠、不宜准确微量提取和操作人员技术熟练及细心程度不同等因素,影响检测结果的准确度。

针对上述不足,项目组技术人员在推广工作伊始就组织多次试验改进,变样本提取和检样制备"一步到位"为"两步到位"(两步法)。"两步法"即把鸡蛋小孔破壳,先用移液器直接在蛋内较大量地(0.5～1 L)抽取卵黄液,再放入等量稀释液进行倍比稀释制成检样进行后续检测,克服了"一步法"的不足。

为验证"两步法"进行样本提取和检样制备的检测效果,项目组组织技术能力不同的人员进行了对比检测。方法是一一对应采集、标记鸡只的血清样本和鸡蛋样本各 400 个,河北省动物疫病预防控制中心实验室对全部血清样本进行 HI 抗体效价标定,由 2 名市级、4 名县级、4 名乡镇级技术人员采用样本提取和检样制备"一步法"和"两步法",每人随机检测 20 个鸡蛋样本,对比、分析检测结果。结果表明,"两步法"比"一步法"检测准确率提高近 5 个百分点(表 17-10)。

表 17-10　不同样本提取和检测情况

检测人员情况		"一步法"		"两步法"	
人员来源	人数	检测数量	结果一致率/%	检测数量	结果一致率/%
市级	2	40	100	40	100
县级	4	80	95	80	100
乡镇级	4	80	93.50	80	98.75
合计	10	200	95	200	99.50

3. 完善技术配套

在充分试验、得到大量数据验证的基础上,项目组将卵黄样本提取和检样制备的技术操作流程进行了改进,进一步完善和配套了原有的卵黄检测禽流感抗体技术,有力推进了项目的推广应用工作。

(五)推广应用

由采集血样引起的产蛋降低率由 5.35% 下降到 0,每只鸡单次采样费用由 2 元降到 0.38 元,3 年累计推广蛋鸡 73 911.52 万只,检测鸡蛋样本 1 847.79 万份(次),新增经济效益 38 606.02 万元,年新增经济效益 12 868.67 万元。

六、项目的创新内容

推广过程中,项目组对鸡蛋样本的卵黄提取、检样制备、分装保存等具体的检测过程和实验操作,多次试验,进行了技术性改进、完善和创新,提高了该技术的实用性和检测结果的准确率、可重复性,进一步规范了 H5 型禽流感免疫抗体卵黄检测技术,在河北省推广应用工作中发挥了重要作用。

第十八章　鸡新城疫防控技术规范

（DB 1302/T 313—2011）

本标准由唐山市质量技术监督局提出。

本标准起草单位：唐山市动物疫病预防控制中心。

本标准主要起草人：张　军　刘乃强　李　颖　刘志勇　周忠良　张子佳

张进红　孙继涛　王丽华　陈雅娟　刘爱丽　齐　静

崔广平　王丽英　张尚勇　梁　宝　杨秀娟　于冬梅

马永兴　范红印

1　范围

本规范规定了新城疫综合防控中的环境控制、管理措施、诊断、疫情报告、疫情处理、预防措施、控制和消灭标准。

本规范适用于唐山市行政区域内的一切从事鸡饲养、产品经营的单位和个人。

2　规范性引用文件

下列文件中的条款通过本标准的引用而成为本标准的条款。凡是注日期的引用文件，其随后所有的修改单位（不包括勘误的内容）或修订版均不适用于本标准，然而，鼓励根据本标准达成协议的各方研究是否可以使用这些文件的最新版本。凡是不注日期的引用文件，其最新版本适用于本标准。

GB 16548　病害动物和病害动物产品生物安全处理规程

GB 7959　粪便无害化卫生标准

GB/T 16550　新城疫诊断技术

DB13/T 1089　规模猪场口蹄疫综合防控技术规范

鸡新城疫防治技术规范（农业部 2010 年 7 月 7 日发布）

高致病性禽流感消毒技术规范（农业部公告第 347 号，2004 年 2 月 11 日起实施）

3   环境控制

3.1   规模养鸡场

3.1.1   鸡场距居民点 1 500 m 以上,距其他养鸡场 2 500 m 以上,附近无大型污染的化工厂、重工业厂矿或排放有毒气体的染化厂。

3.1.2   鸡场必须具备高于 2.5 m 的围墙,有条件的 围墙外可设立宽于 10 m 的绿化带。

3.1.3   鸡场内生产区和生活区分开;净道与污道分开,不得交叉。每栋鸡舍间距不少于 10 m。

3.1.4   具备完善的通风、采光、保温、消毒、防蝇灭鼠等设施设备。全方面加强环境控制。

3.2   散养户

做好鸡舍或场地的清洁、消毒以及饲料、饮水的卫生等工作,有条件的参照规模养鸡场环境控制。

4   管理措施

4.1   规模养鸡场

4.1.1   鸡场应具有专业的兽医技术人员,制定并严格执行相关饲养、管理制度。

4.1.2   建立完善的防疫档案,完整详细地填写投入品、免疫、疫病诊疗、卫生消毒等相关记录。

4.1.3   场内严禁饲养如鸭、鹅、鸽等其他易感禽类。

4.1.4   坚持全进全出的饲养方式。出栏后鸡舍要彻底清扫、冲洗和消毒,空舍至少 21 d 后方可使用。

4.1.5   引种或购入商品鸡时,要从非疫区购入。

4.1.6   严禁可能携带鸡新城疫病原的人、动物及其产品进出场,特殊情况下必须进出的,要经过严格的消毒后方可进出。

4.1.7   对病死鸡及其产品、可能被污染的物品、污物进行无害化处理。

4.1.8   养鸡场门口要设有消毒池及消毒间,进出场的人员及车辆要经消毒后方可入场。每天定期清理粪便、污水;每周至少对全场消毒 2～3 次。饲喂的饲料及饮水保持清洁。

4.2   散养户

可参照规模养鸡场的管理措施。

5 诊断

5.1 临床诊断

按 GB/T 16550《新城疫诊断技术》第 2.2 条执行。

5.2 实验室诊断

5.2.1 血清学诊断

按 GB/T 16550 《新城疫诊断技术》第 2.4.2 条执行。

5.2.2 病原学诊断

按 GB/T 16550 《新城疫诊断技术》第 2.4.1 条执行。

5.2.3 确诊

采用鸡新城疫 RT-PCR 方法,按 GB/T 16550《新城疫诊断技术》第 2.5.2 条执行,必要时送河北省动物疫病预防控制中心复检。

6 预防与控制

唐山市行政区域内对新城疫实施强制免疫政策。所用疫苗必须是经国务院兽医主管部门批准使用的新城疫疫苗。

6.1 免疫

6.1.1 规模养鸡场免疫

规模养鸡场免疫采取程序化自免的方式,参考免疫程序为:

(1)种鸡、商品蛋鸡:1 日龄时,用新城疫弱毒活疫苗初免;7～14 日时用新城疫弱毒活疫苗和(或)灭活疫苗进行免疫;12 周龄用新城疫弱毒活疫苗和(或)新城疫灭活疫苗强化免疫,17～18 周龄或开产前再用新城疫灭活疫苗免疫一次。开产后,根据免疫抗体检测情况进行疫苗免疫。

(2)肉鸡:7～10 日龄时,用新城疫弱毒活疫苗和(或)灭活疫苗初免,2 周后,用新城疫弱毒活疫苗加强免疫一次。

具体免疫程序根据免疫抗体检测结果适时调整。

6.1.2 散养户免疫

采取春、秋两季各集中免疫一次,每月定期补免的方式。有条件的地方可参照规模养鸡场免疫程序进行免疫。

6.1.3 紧急免疫

发生疫情时,要对疫区、受威胁区等高风险区域的所有鸡进行一次加强免疫。按由外围向疫点的顺序进行。最近一个月内已免疫的可以不实施强化免疫。

6.2 消毒

按高致病性禽流感消毒技术规范执行。

6.3 检测

以免疫抗体检测和病原学检测为主,结合流行病学调查。集中检测由县级以上畜牧兽医主管部门组织实施,日常检测由县级以上动物疫病预防控制机构组织实施。

6.3.1 检测方法

6.3.1.1 免疫抗体检测

采用血凝试验(HA)和血凝抑制试验(HI),按 GB/T 16550《新城疫诊断技术》第 5 条执行。

结果判定:经血凝抑制试验,肉鸡抗体效价在 $4\log_2$ 以上为合格,蛋鸡抗体效价在 $6\log_2$ 以上为合格。

6.3.1.2 病原学检测

同 5.2.2。

6.3.2 检测比例

6.3.2.1 规模养禽场

5 000 只以上按 0.5%检测,5 000 只以下按 1%检测,但每场不得少于 20 份。

6.3.2.2 散养户

以行政村为单位,每村不得低于 10 户,检测数量不得少于 20 份。

6.3.3 检测结果处理

检测结果要及时汇总,由县级动物预防控制机构定期上报市动物疫病预防控制中心。

7 预警

动物疫病预防控制机构应对检测结果及相关信息进行风险分析,做好预警预报。

8 检疫

按《新城疫防治技术规范》执行。

9 疫情报告

按国务院《重大动物疫情应急条例》执行。

10 疫情处理

按《新城疫防治技术规范》执行。

11 废弃物处理

11.1 病死、患传染病死亡的鸡只,按 GB 16548 的规定处理。

11.2 污染的饲料、粪便等,按 GB 7959 的要求,采取堆积发酵方式处理。

11.3 污水采取分级沉淀池方式处理或使用沼气等处理方法。

12 控制和消灭

按《新城疫防治技术规范》执行。

第十九章　蛋禽 H5 亚型禽流感
免疫抗体卵黄检测技术规程
（DB13/T 946—2008）

本标准由河北省畜牧兽医局提出。

本标准起草单位:河北省动物疫病预防控制中心、河北省畜牧兽医研究所。

本标准主要起草人:郑文波　白玉坤　冯雪领　韩庆安　孟　艳　吴秀楼
杨秀女　胡自然　武秋双　刘　红　许玉静　郑　丽
李志民　李同山　张绍军　刘乃强

1　范围

本标准规定了蛋禽 H5 亚型禽流感免疫抗体卵黄检测技术中的样本采集、实验准备、实验方法、结果判定等操作方法。

本标准适用于用卵黄进行蛋禽 H5 亚型禽流感灭活疫苗免疫抗体检测。

2　规范性引用文件

下列文件中的条款通过本标准的引用而成为本标准的条款。凡是注日期的引用文件,其随后所有的修改单位(不包括勘误的内容)或修订版均不适用于本标准,然而,鼓励根据本标准达成协议的各方研究是否可以使用这些文件的最新版本。凡是不注日期的引用文件,其最新版本适用于本标准。

GB/T 18936　高致病性禽流感诊断技术

3　术语和定义

下列术语与定义适用于本标准。

3.1　蛋禽

已经产蛋的家禽。

3.2　检样

经过直接稀释或氯仿萃取制备好的、用于检测的样品。

3.3 跳管

血凝抑制试验中,同一检样在反应板上出现的前、后孔凝集抑制而中间孔凝集的现象。

4 样本采集

采集蛋禽免疫接种 H5 亚型禽流感灭活疫苗 21 d 后所产的新鲜禽蛋。

5 实验准备

5.1 材料准备

5.1.1 仪器设备

96 孔 900 V 形微量反应板、微量移液器、滴头、微量振荡器、离心机、液体快速混合器、容量瓶。

5.1.2 试剂

a)葡萄糖、柠檬酸钠、柠檬酸、氯化钠、磷酸氢二钠、磷酸二氢钠、氢氧化钠、盐酸等。

b)禽流感病毒 H5 型 HI 抗原、禽流感病毒 H5 亚型阳性血清和阴性血清。

5.2 试液配制

5.2.1 阿氏(Alsevers)液配制

称取葡萄糖 2.05 g,柠檬酸钠 0.8 g,柠檬酸 0.055 g、氯化钠 0.42 g,加蒸馏水至 100 mL 容量瓶中,定容,散热溶解后调 pH 至 6.1,69 kPa 高压灭菌 15 min,4℃保存备用。

5.2.2 1%鸡红细胞悬液配制

采集至少 3 只 SPF 公鸡或无禽流感和新城疫等抗体的健康公鸡的血液与等体积阿氏液混合,用 pH 7.2 0.01 mol/L PBS 洗涤 3 次,每次均以 1 000 r/min 离心 10 min,洗涤后用 PBS 配成 1%(V/V)红细胞悬液,4℃保存备用。

5.2.3 0.01 mol/L PBS 试液

a)称取磷酸氢二钠 2.74 g,磷酸二氢钠 0.79 g,用适量蒸馏水溶解后,移入 100 mL 容量瓶中,定容。

b)量取上述溶液 40 mL,加入氯化钠 8.5 g 溶解后,移入 1 000 mL 容量瓶中,定容。

c)用 0.01 mol/L 氢氧化钠或 0.01 mol/L 盐酸调 pH 至 7.2,高压灭菌备用。

5.3 检样制备

5.3.1 卵黄直接稀释

在样品管中加入 0.5 mL PBS 液,再吸取 0.5 mL 卵黄做 1∶1 稀释,混匀制成卵黄检样备用。

5.3.2　卵黄氯仿萃取

取 5.3.1 制备好的卵黄检样 0.4 mL 加入等量氯仿,迅速用液体快速混合器充分振荡混匀,室温静置 30 min,3 000 r/min 离心 5 min,取上清液备用。

6 实验方法

6.1　抗原血凝效价测定(HA 试验,微量法)

操作方法按 GB/T 18936 执行。

6.2　血凝抑制(HI)试验(微量法)

6.2.1　卵黄直接稀释测定法

操作方法按 GB/T 18936 执行。用 5.3.1 中制备的卵黄检样代替血清进行检测。检测时设标准阳性血清和阴性血清对照。

6.2.2　卵黄氯仿萃取测定法

6.2.2.1　适用范围

在卵黄直接稀释测定法检测出现"跳管"或测不出抗体时,采用卵黄氯仿萃取法检测。

6.2.2.2　方法

操作方法按 GB/T 18936 执行。用 5.3.2 中制备的检样代替血清进行检测。检测时设标准阳性血清和阴性血清对照。

7　结果判定

7.1　试验结果成立条件

只有阴性对照孔血清效价不大于 $22\log_2$,阳性对照孔血清误差不超过 $\log_2$,试验结果才有效。

7.2　HI 效价的计算方法

以完全抑制 4 个 HAU 抗原的样本最高稀释倍数作为 HI 效价。样本制备过程中卵黄的稀释倍数和加入氯仿量都计入该样本的稀释倍数。

7.3　判定方法

7.3.1　卵黄直接稀释测定法结果判定

将"检样制备"过程中样本的稀释倍数计入终点效价判定,即:微量反应板上血凝抑制的终点效价加 $\log_2$ 为该样本的 HI 抗体效价(终点效价为零时则不再加)。举例:微量反应板上血凝抑制的终点效价是 $7\log_2$,则该样本 HI 抗体效价为 $8\log_2$。

7.3.2　卵黄氯仿萃取测定法结果判定

将"检样制备"过程中样本的稀释倍数计入终点效价判定,即:微量反应板上血凝抑制的终点效价加 $2\log_2$ 为该样本的 HI 抗体效价(终点效价为零时则不再加）。举例：微量反应板上血凝抑制的终点效价是 $7\log_2$，则该样本 HI 抗体效价为 $9\log_2$。

8 免疫抗体合格判定

8.1 个体合格判定

样本 HI 抗体效价大于等于 $4\log_2$ 为免疫合格。

8.2 群体合格判定

免疫合格样本数占检测总样本数 70％以上（包括 70％）判为群体合格。

第三篇　毛皮动物篇

第二十章 貂、狐日粮营养调配技术

（DB 1302/T 355—2013）

一、立项背景

河北省毛皮动物饲养量 3 000 余万只，占全国的 30％左右，现已形成以唐山为中心的唐山—秦皇岛带，石家庄为中心的灵寿—藁城—鹿泉带和以沧州为中心的黄骅—海兴—肃宁带。唐山市毛皮动物常年饲养量已达到 600 万只，以水貂、银黑狐、蓝狐和貉为主，每年创产值 15 亿元以上。重点养殖县——乐亭县每年产狐皮 60 余万张，貉皮 263 万张，水貂皮 57 万张，全年向外地供应种兽 50 万～100 万只。

貉饲养中以成品配合料为主，而水貂、银黑狐、蓝狐等毛皮动物饲养中日粮多以当地产蛋白质原料配以相应的谷物、维生素、微量元素等物质组成的自配料为主，使用的蛋白质原料以鸡架、杂鱼粉、毛蛋、肝、畜禽屠宰下脚料等为主，这些原料目前在我国还没有相关的营养指标数据和饲养标准可以参考，养殖户在配制日粮时主要凭借经验来进行或参考 20 世纪 80 年代的国外数据，导致貂、狐等毛皮动物日粮营养不平衡。通过对当地貂、狐养殖场采集到的正在使用的 14 种 100 余个鲜态蛋白质原料的酸价、挥发性盐基氮、大肠杆菌等检测发现这些原料存在不同程度的酸败（表 20-1）。酸败的原料不仅影响貂、狐的生长，而且影响其繁殖和皮张质量。

貂、狐等毛皮动物养殖多以养殖户为主，规模化养殖场较少，养殖者科学饲养观念淡薄，懂得毛皮动物养殖的科技人员较少，科技服务较薄弱，导致皮张质量较差、养殖效益不稳定。近几年，规模化养殖程度不断提高，但相应的饲养管理技术还处在散养阶段，影响了貂、狐养殖业的发展。

鉴于上述原因，课题组研究人员针对国内外水貂、银狐和蓝狐等毛皮动物养殖现状及冀东地区毛皮动物发展现状，结合冀东地区毛皮动物用非常规蛋白质原料特点和营养成分分析、安全指标分析，对水貂、银狐和蓝狐各阶段用饲料营养调控技术展开研究，并将研究成果进行集成与示范应用，以促进冀东地区乃至河北省的貂、狐等养殖业的发展。

表 20-1　当地产蛋白质原料安全指标测定结果

原料名称	状态描述	酸价	挥发性盐基氮 /（mg/100 g）	大肠杆菌 （MPN)/（个/g）
混鲜内脏	畜禽屠宰的内脏	1.32～3.52	167.20～365.3	＞1.1×10⁵
杂鱼	海产的各种鱼类	3.64～6.81	187.94～578.43	1.1×10³～1.1×10⁹
毛鸡	出壳后的公雏和弱雏	3.53～5.18	98.32～160.4	＞1.1×10⁹
去毛鸡	去皮后公雏和弱雏	3.98	136.74	＞1.1×10⁹
毛蛋	蛋鸡孵化过程中的死胚	0.87～1.97	8.79～17.89	＞1.1×10⁹
鸡架	肉鸡分割后的骨架	1.35～3.50	8.98～29.37	＞1.1×10⁹
鸡杂	肉鸡屠宰中的内脏、爪、头等的混合物	24.50	219.24	＞1.1×10⁵
鸡肠	鸡屠宰中的消化道	13.38～32.12	207.52～453.03	3.6×10⁶～1.1×10⁹
鸡头		3.24～5.32	156.64～208.12	1.1×10⁵～1.1×10⁷
鸡内脏	包括肝、肠、心等内脏	6.66～9.55	127.54～329.7	1.1×10³～1.1×10⁵
鸡肝		18.54～26.75	335.3～350.22	1.1×10³
猪肝		17.79～18.49	413～576.85	1.1×10⁵～1.1×10⁹
肉粉		1.12～3.56	38.35～89.39	1.1×10⁵
油渣	猪、鸡等的脂肪炼油后的产物	2.71～5.65	8.68～19.87	1.1×10³

二、总体思路

　　课题组在对毛皮动物用非常规蛋白质原料和日粮营养指标、安全指标测定基础上，进行貂和狐促生长、提高繁殖、改善皮张质量的日粮营养调控技术研究，并将研究结果转化为相应产品进行示范应用，同时，进行相关养殖技术培训，以促进貂、狐养殖业的发展。

三、实施方案

在总体思路的指导下,课题组研究人员展开各项研究工作。各部分研究工作见图 20-1。

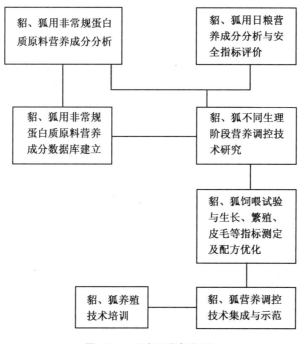

图 20-1　研究工作框架图

(一)貂、狐用非常规蛋白质原料营养成分分析与安全指标分析

冀东地区是我国重要的毛皮动物养殖区域,毛皮动物饲养量大、规模小,毛皮动物饲料以就地取材的鲜料为主,不仅营养指标变化大,若处理、贮存不当,还会氧化酸败。鉴于此,为提高貂、狐生产水平和毛皮质量,对水貂、银狐和蓝狐等毛皮动物常用的蛋白质原料的营养指标进行测定分析,以便为毛皮动物日粮配制和生产提供借鉴。

1. 样品采集、处理及测定

在河北乐亭县、唐山市丰南区、唐山市开平区、秦皇岛市昌黎县、承德市兴隆县等县(市、区)的水貂、银狐、蓝狐等养殖场(户)采集动物蛋白质原料样品 18 种 120 个。对采集到的鲜态样品进行烘干处理,烘干后粉碎,装瓶用于营养指标分析。采集到的蛋白质原料特征描述见表 20-2。

表 20-2　蛋白质原料特征描述

原料名称	特征描述
混鲜内脏	畜禽屠宰后的肠、肝、心、肾、肺等内脏的混合物
杂鱼	渤海湾产的各种海鱼
毛鸡	鸡蛋孵化出壳后的公雏或弱雏
去毛鸡	鸡蛋孵化出壳后去掉皮的公雏或弱雏
毛蛋	鸡蛋孵化过程中的死胚
鸡架	肉鸡屠宰、分割去肉后的骨架
鸡杂	肉鸡、淘汰蛋鸡屠宰的下脚料
鸡肠	肉鸡、淘汰蛋鸡屠宰后的消化道
鸡头	肉鸡、淘汰蛋鸡屠宰后的头部
鸡内脏	肉鸡、淘汰蛋鸡屠宰中的心、肝、肺、肠管等
鸡肝	肉鸡、淘汰蛋鸡屠宰的肝
猪肝	生猪屠宰的肝脏
油渣	生猪、家禽屠宰的脂肪炼油后的副产物
鸡肉粉	肉仔鸡屠宰后不可食部分及碎肉的加工产品
肉粉	生猪、肉仔鸡等屠宰后不可食部分及碎肉的加工产品
虾粉	不可食河虾、海虾的加工产物
酵母蛋白质	玉米淀粉生产中副产物经酵母发酵后所得产品
血球粉	畜禽血液加工产品

测试指标包括：粗蛋白质、粗脂肪、干物质、粗灰分、钙、总磷、氨基酸。本试验中饲料原料营养成分指标的检测均选用我国国家标准方法。

2. 检测结果

对所采集到的饲料原料样品营养指标测定结果见表 20-3 和表 20-4。

从表 20-3 可知，鲜态原料的干物质含量为 18%～41%。干态粗蛋白质含量为 31%～94.05%，粗脂肪含量为 0.04%～43.7%，粗灰分含量为 3.6%～28.08%，钙含量为 0.16%～9.88%，磷含量为 0.21%～3.4%。各种成分的变化均较大。而且，从数据可见，某些样品营养指标值变异较大，说明不同采集时间、不同采集地点采集的同种原料样品指标间具有较大差异，但为了使用方便，此处只显示了平均值。

表 20-3　动物性蛋白质原料营养指标测定结果　　　　　　　　　　　%

原料名称	干物质	鲜态粗蛋白质	粗蛋白质	粗脂肪	粗灰分	钙	磷
混鲜内脏	18.11±1.35	6.11±0.15	33.75±1.32	6.81±0.38	5.81±0.15	1.65±0.08	0.80±0.03
杂鱼	22.7±1.24	14.79±1.31	63.5±1.57	7.21±1.79	16.46±2.46	4.81±0.68	2.56±0.31
毛鸡	24.9±1.68	16.15±1.01	64.86±1.61	20.80±0.56	7.85±0.31	2.14±0.31	0.90±0.09
去毛鸡	24.1±1.01	17.11±0.87	71.01±0.98	18.75±1.06	8.85±1.03	1.55±0.13	1.05±0.07
毛蛋	35.3±0.09	11.54±0.12	32.7±0.1	29.26±0.13	28.08±0.06	9.88±0.08	0.39±0.03
鸡架	39.1±1.89	14.10±0.34	36.06±1.32	43.70±1.95	10.19±0.87	3.61±0.43	1.79±0.41
鸡杂	34.7±1.85	16.64±0.98	47.95±1.68	41.75±1.99	5.30±0.93	0.86±0.06	0.69±0.01
鸡肠	40.5±2.79	10.81±0.89	31.1±1.29	39.7±1.38	4.56±0.48	0.63±0.03	0.62±0.05
鸡头	28.4±1.89	13.88±2.53	48.9±2.62	28.11±1.67	16.03±1.42	5.97±0.92	2.61±0.15
鸡内脏	23.4±2.05	12.6±1.08	58.4±2.85	24.7±1.68	8.11±0.85	0.44±0.01	0.78±0.03
鸡肝	29.7±1.62	18.01±0.38	60.8±1.38	22.13±1.29	5.98±0.85	0.47±0.03	0.88±0.08
猪肝	28.1±2.15	18.5±1.32	65.77±2.89	18.52±1.72	7.32±0.74	0.78±0.03	1.07±0.02
油渣	86.6±1.03	39.71±1.12	45.85±1.65	42.58±1.62	2.93±0.67	0.16±0.02	0.29±0.01
鸡肉粉	31.6±1.89	18.09±1.03	57.24±1.38	17.05±1.07	17.88±1.12	7.92±1.09	3.40±0.86
肉粉	88.9±0.03	56.45±0.89	56.45±0.89	10.5±0.67	16.98±0.32	6.89±0.24	2.91±0.12
虾粉	88.7±0.31	44.89±1.89	44.89±1.89	5.85±0.89	25.51±2.41	3.95±0.32	1.32±0.11
酵母蛋白质	92.0±0.32	42.10±0.12	42.1±0.37	5.42±0.12	5.1±0.11	0.43±0.02	0.21±0.01
血球粉	90.2±0.69	94.05±0.82	94.05±0.82	0.04	3.6±0.01	0.76±0.01	0.47±0.01

表 20-4　动物性蛋白质原料氨基酸分析结果　　　　　　　　　　%

原料名称	天冬氨酸	苏氨酸	丝氨酸	谷氨酸	甘氨酸	丙氨酸	胱氨酸	缬氨酸	甲硫氨酸	异亮氨酸	亮氨酸	酪氨酸	苯丙氨酸	赖氨酸	组氨酸	精氨酸	脯氨酸
混鲜内脏	2.77	1.23	1.55	4.67	1.79	2.06	0.72	1.69	0.68	1.35	3.13	0.80	1.51	1.77	0.85	2.00	2.03
杂鱼	5.00	2.18	1.93	7.93	4.33	4.42	0.79	2.58	1.70	2.44	4.87	1.79	2.15	4.58	1.06	2.76	2.65
毛鸡	4.55	2.29	2.80	7.01	4.25	3.65	1.31	2.95	1.27	2.48	5.04	1.8	2.47	3.50	1.29	3.67	3.50
去毛鸡	4.56	2.25	2.48	7.05	4.00	3.71	1.06	2.82	1.34	2.42	4.93	1.70	2.35	3.62	1.26	3.52	3.16
毛蛋	3.50	1.63	2.19	4.56	1.49	2.22	0.97	2.14	1.21	1.76	3.38	1.34	1.84	2.41	0.89	2.26	1.50
鸡架	2.37	0.97	0.75	3.40	2.74	2.20	0.26	1.34	0.72	1.37	2.75	0.78	1.23	2.3	0.80	2.15	2.02
鸡杂	3.46	1.39	1.49	4.12	2.05	2.74	0.81	2.47	1.17	2.17	4.10	1.51	2.02	2.84	0.92	2.42	1.92
鸡肠	2.28	0.91	0.77	3.07	1.79	1.88	0.29	1.45	0.65	1.24	2.27	0.90	1.04	1.92	0.48	1.65	1.46
鸡头	3.39	1.58	1.55	5.72	6.52	3.73	0.54	1.75	0.84	1.57	3.22	0.91	1.62	2.71	0.81	3.28	4.18
鸡内脏	3.61	1.46	1.44	5.44	4.76	3.15	0.72	2.18	1.07	1.96	4.06	1.48	1.74	2.86	0.83	3.05	2.97
鸡肝	4.23	1.84	1.46	5.19	2.70	3.64	0.69	3.11	1.33	2.74	5.65	2.19	2.54	3.79	1.26	3.47	2.58
猪肝	3.92	1.83	1.13	5.28	2.10	3.89	0.61	3.04	1.27	2.22	5.37	1.68	2.29	3.24	1.09	3.12	2.65
油渣	3.48	1.39	1.44	4.56	2.15	2.34	0.81	2.56	1.37	2.27	4.13	1.56	2.22	2.81	0.94	2.22	1.96
鸡肉粉	4.96	2.39	2.01	7.30	3.81	3.80	0.57	2.73	1.38	2.55	5.04	1.85	2.31	4.40	1.43	3.77	3.08
肉粉	3.10	1.32	1.56	5.33	8.02	3.94	0.46	1.53	0.60	1.19	2.79	0.80	1.37	2.26	0.68	3.62	5.02
虾粉	3.35	1.58	1.36	4.75	1.99	2.48	0.59	1.75	1.15	1.59	2.82	1.02	1.45	2.59	0.59	2.30	1.73
酵母蛋白质	2.29	1.32	1.26	5.54	1.94	2.50	0.97	1.77	0.50	1.22	3.04	0.84	1.20	1.53	1.67	1.37	2.29
血球粉	10.04	2.65	3.37	7.05	4.12	8.22	0.57	7.21	0.85	0.46	14.07	1.88	5.63	7.93	6.83	3.68	3.08

从表 20-4 中数据可以看出，各原料样品中氨基酸含量间存在很大差异，杂鱼、毛鸡、去毛鸡、鸡肝、猪肝、鸡肉粉、血球粉中赖氨酸含量较高均在 3％以上；甲硫氨酸含量，杂鱼、毛鸡、去毛鸡、毛蛋、鸡杂、鸡内脏、鸡肝、猪肝、鸡肉粉、虾粉等样品中均在 1％以上。

检测结果显示出所采集的畜禽内脏、杂鱼等鲜态原料在营养指标上存在较大差异，这些数据为这些原料的应用提供了很好的支持，对养殖户进行日粮调配具有很好的参考价值。

(二)貂、狐日粮营养成分分析与安全指标分析

冀东地区作为我国重要的毛皮动物养殖区域,毛皮动物饲养量大、规模小,毛皮动物饲料以就地取材的鲜料为主,多数为自配料,因原料品质参差不齐,导致毛皮动物日粮营养指标和安全指标变化较大。鉴于此,为提高毛皮动物生产水平和毛皮质量,对采集到的毛皮动物用日粮样品的营养指标、安全指标进行分析,以便为毛皮动物日粮配制和生产提供借鉴。

1. 样品采集、处理与测定

在河北乐亭县、唐山市丰南区、唐山市开平区、秦皇岛市昌黎县、承德市兴隆县等县(市、区)的水貂、银狐、蓝狐等养殖场(户)采集日粮样品 14 个,一部分样品于−20℃条件下冷冻保存,以便进行安全指标分析;另一部分进行烘干处理,烘干后粉碎,装瓶用于营养指标分析。

营养指标:粗蛋白质、粗脂肪、水分、粗灰分、钙、总磷、氨基酸。

安全指标:酸价、挥发性盐基氮、大肠杆菌、沙门氏菌。

2. 检测结果

(1)毛皮动物日粮营养指标分析结果　对所采集到的毛皮动物日粮样品进行营养指标测定,结果见表 20-5。

表 20-5　貂、狐日粮营养指标测定结果 　　　　　　　　　　%

日粮名称	水分	干物质	粗蛋白质	粗脂肪	粗灰分	钙	磷
水貂繁殖期日粮 1	72.46	27.54	51.10	12.41	10.01	2.68	1.29
水貂繁殖期日粮 2	75.00	25.00	69.17	13.98	9.49	2.22	1.30
水貂繁殖期日粮 3	78.10	21.90	31.40	7.19	7.19	1.67	0.96
水貂繁殖期日粮 4	79.71	20.29	23.91	5.76	5.76	1.65	0.63
水貂繁殖期日粮 5	60.32	39.68	35.26	9.35	9.35	2.31	0.83
水貂生长期日粮	72.30	27.70	36.26	10.12	6.35	1.89	0.92
蓝狐生长期日粮 1	66.19	33.81	35.43	7.95	7.95	2.60	1.25
蓝狐生长期日粮 2	60.48	39.52	32.24	10.89	10.89	1.08	1.34
蓝狐繁殖期日粮 1	77.68	22.32	28.53	6.05	6.05	1.51	0.45
蓝狐繁殖期日粮 2	76.36	23.64	28.54	9.32	9.12	2.50	0.90
银狐生长期日粮 1	77.20	22.80	34.00	7.49	7.49	2.28	0.74
银狐生长期日粮 2	84.42	15.58	33.32	6.45	6.45	1.07	0.79
银狐繁殖期日粮 1	78.13	21.87	39.06	8.38	8.38	2.42	1.31
银狐繁殖期日粮 2	13.50	86.50	32.50	6.58	6.81	1.89	0.83

从表 20-5 可见,所采集的样品中除银狐繁殖期日粮 2 外,其他日粮干物质含量为 15.58%～39.68%,水分含量变化较大,导致其他营养成分含量变化。粗蛋白质含量为 23.91%～69.17%,粗脂肪含量为 5.76%～13.98%,粗灰分含量为 6.35%～10.89%,钙含量为 1.07%～2.68%,磷含量为 0.74%～1.34%。各种成分的变化均较大,不仅同种毛皮动物不同生长时期日粮营养间存在差异,即使同种毛皮动相同生长阶段,不同养殖户采集的日粮营养物质含量也存在差异。

表 20-6 显示毛皮动物用不同阶段日粮氨基酸间存在很大差异,同种毛皮动物不同生理阶段日粮氨基酸含量间也存在差异,即使同种毛皮动物、相同生理阶段的日粮氨基酸含量也不相同,说明毛皮动物用日粮氨基酸营养参差不齐。

对所采集到的毛皮动物日粮氨基酸比值与理想氨基酸模式进行比较,比较结果见表 20-7,甲硫氨酸＋胱氨酸与赖氨酸的比值中,蓝狐生长期日粮 1、蓝狐繁殖期日粮 1 和 2 比值分别为 110、82 和 113,超过理想模式值,而其他日粮低于理想模式值;苏氨酸与赖氨酸的比值有 5 个日粮样品超过了理想模式值,其他样品接近或未达到理想模式值;组氨酸与赖氨酸的比值中,所有样品均低于理想氨基酸模式值。

表 20-6 各阶段貂、狐日粮氨基酸分析结果 %

原料名称	天冬氨酸	苏氨酸	丝氨酸	谷氨酸	甘氨酸	丙氨酸	胱氨酸	缬氨酸	甲硫氨酸	异亮氨酸	亮氨酸	酪氨酸	苯丙氨酸	赖氨酸	组氨酸	精氨酸	脯氨酸
水貂繁殖期日粮 1	4.07	1.90	1.96	6.13	2.67	3.22	0.72	2.35	1.22	2.09	4.36	1.36	2.04	3.30	1.30	2.73	2.35
水貂繁殖期日粮 2	4.11	1.92	1.94	6.12	2.68	3.17	0.71	2.39	1.30	2.12	4.41	1.39	2.09	3.30	1.26	2.88	2.39
水貂繁殖期日粮 3	2.57	1.19	1.20	4.20	2.16	2.23	0.58	1.52	0.77	1.23	2.90	0.74	1.36	2.25	0.85	1.99	1.78
水貂繁殖期日粮 4	3.44	1.62	1.72	6.34	2.57	2.45	0.44	1.91	0.88	1.51	3.15	1.07	1.52	2.59	1.09	2.27	1.91
水貂繁殖期日粮 5	2.79	1.31	1.38	4.58	2.06	2.16	0.66	1.64	1.39		3.01	0.86	1.41	2.11	0.84	2.21	1.85
水貂生长期日粮	3.27	1.53	1.63	5.40	2.59	2.66	0.52	1.92	1.17	1.63	3.24	1.11	1.55	2.44	0.98	2.34	2.03
蓝狐生长期日粮 1	2.23	1.08	1.17	3.69	2.33	2.14	0.51	1.33	0.68	1.12	2.33	0.80	1.18	1.08	0.53	1.47	1.31
蓝狐生长期日粮 2	2.54	1.23	1.24	4.14	2.07	2.24	0.55	1.48	0.79	1.29	2.79	0.77	1.30	2.11	0.85	1.85	1.77

续表 20-6

原料名称	天冬氨酸	苏氨酸	丝氨酸	谷氨酸	甘氨酸	丙氨酸	胱氨酸	缬氨酸	甲硫氨酸	异亮氨酸	亮氨酸	酪氨酸	苯丙氨酸	赖氨酸	组氨酸	精氨酸	脯氨酸
蓝狐繁殖期日粮 1	2.14	0.94	1.09	3.78	1.65	1.55	0.54	1.19	0.48	1.04	2.27	0.71	1.14	1.25	0.60	1.60	1.64
蓝狐繁殖期日粮 2	2.25	0.74	0.69	3.19	1.80	2.16	0.50	1.47	0.75	1.33	2.68	0.91	1.35	1.11	0.39	1.13	1.66
银狐生长期日粮 1	2.85	1.26	1.85	6.54	1.97	1.94	0.59	1.72	0.70	1.30	2.96	0.95	1.59	3.30	0.81	2.13	2.28
银狐生长期日粮 2	2.74	1.14	1.62	6.38	1.68	1.80	0.56	1.53	0.67	1.14	2.74	0.89	1.46	2.39	0.76	1.95	2.03
银狐繁殖期日粮 1	3.57	1.43	2.03	6.96	2.15	2.12	0.73	2.00	0.67	1.41	3.34	1.11	1.69	1.93	0.96	2.57	2.02
银狐繁殖期日粮 2	2.61	1.16	1.40	4.44	1.74	1.98	0.61	1.52	0.61	1.26	3.00	0.79	1.39	1.76	0.88	1.85	1.92

表 20-7　貂、狐日粮氨基酸比值与理想氨基酸模式的比较

日粮名称	赖氨酸	甲硫氨酸＋胱氨酸	苏氨酸	组氨酸
水貂繁殖期日粮 1	100	59	58	39
水貂繁殖期日粮 2	100	61	58	38
水貂繁殖期日粮 3	100	60	53	38
水貂繁殖期日粮 4	100	51	63	42
水貂繁殖期日粮 5	100	62	62	40
水貂生长期日粮	100	69	63	40
蓝狐生长期日粮 1	100	110	100	49
蓝狐生长期日粮 2	100	64	58	40
蓝狐繁殖期日粮 1	100	82	75	48
蓝狐繁殖期日粮 2	100	113	67	35
银狐生长期日粮 1	100	39	38	25
银狐生长期日粮 2	100	51	48	32
银狐繁殖期日粮 1	100	73	74	50
银狐繁殖期日粮 2	100	69	66	50
理想氨基酸模式	100	77	64	55

(2)毛皮动物日粮安全指标分析结果 对毛皮动物日粮安全指标进行测定，测定结果见表20-8。

由表20-8可见，除貂繁殖期日粮4和貂生长期日粮(酸价值分别为30.57和28.54)外，其他毛皮动物日粮酸价值为1.41~7.33，说明基本未发生酸败；各日粮挥发性盐基氮含量为19.27~41.89 mg/100 g；大肠杆菌含量除银狐生长期日粮(300个)外，其他日粮含量为$1.1×10^3$~$1.1×10^7$个；沙门氏菌均未检出。

貂、狐不同生理阶段日粮营养指标测定结果显示，毛皮动物养殖户所配日粮的差异性较大。安全指标分析结果显示个别日粮样品存在变质或受大肠杆菌污染问题，这种日粮对于貂、狐生长具有一定的危害，会影响貂、狐的生长发育、繁殖性能和皮张的质量，进而影响养殖效益。这种日粮的变质现象可能由两种原因造成，一是日粮配制时间较长发生变质，二是使用了变质的动物性蛋白质原料。日粮营养指标和安全指标检测结果对指导养殖户进行合理的日粮配制和保存具有很好的指导意义。

表20-8 貂、狐日粮安全指标测定结果

原料名称	酸价	挥发性盐基氮 /(mg/100 g)	大肠杆菌 (MPN)/(个/g)	沙门 氏菌
水貂繁殖期日粮1	2.70	28.33	$>1.1×10^3$	未检出
水貂繁殖期日粮2	3.13	19.27	$>1.1×10^5$	未检出
水貂繁殖期日粮3	1.90	20.38	$>1.1×10^5$	未检出
水貂繁殖期日粮4	30.57	35.21	$>1.1×10^5$	未检出
水貂繁殖期日粮5	7.33	20.45	$>1.1×10^5$	未检出
水貂生长期日粮	28.54	41.20	$>1.1×10^7$	未检出
蓝狐生长期日粮1	4.92	30.53	$>1.1×10^3$	未检出
蓝狐生长期日粮2	2.87	21.81	$>1.1×10^5$	未检出
蓝狐繁殖期日粮1	2.73	38.56	$>1.1×10^5$	未检出
蓝狐繁殖期日粮2	3.16	35.28	$>1.1×10^7$	未检出
银狐生长期日粮1	3.12	23.50	$>1.1×10^7$	未检出
银狐生长期日粮2	3.71	35.17	300	未检出
银狐繁殖期日粮1	2.40	41.89	$>1.1×10^3$	未检出
银狐繁殖期日粮2	1.41	31.76	$>1.1×10^3$	未检出

(三)貂、狐不同生理阶段营养调控技术

在前期对毛皮动物用非常规蛋白质原料营养指标、安全指标测定分析基础上,结合不同生理阶段貂、狐日粮营养指标与安全指标分析结果,进行貂、狐等毛皮动物不同生理阶段特点和需求的营养调控技术研究。

1.酵母蛋白质在银狐养殖中的应用

酵母蛋白质是酵母发酵产物,含有丰富的蛋白质、B族维生素、脂肪、糖、酶等多种营养成分和某些协调因子,具有众多生理功能,使其在饲料工业中得到了广泛的研究与应用。酵母蛋白质作为鱼粉等动物蛋白质原料的替代品在猪、鸡等畜禽养殖中已应用,而在毛皮动物养殖中应用较少,为此,该研究以酵母蛋白质为蛋白质原料之一,饲喂生长期银狐,以研究酵母蛋白质在银狐养殖中的应用效果。

1)试验动物分组

选择体重、胎次、体况相近的生长期母银狐150只,公银狐150只,随机分为对照组、试验Ⅰ组和试验Ⅱ组3个组,公、母银狐各半,每组设1个重复。

2)试验时间及地点

试验于2011年8月11日至2011年10月20日在唐山市开平区某银狐养殖场进行,预试期10 d。试验银狐为笼养,每笼2只,由专人负责饲养管理,每天喂2次。

3)试验日粮组成及营养成分

对照组银狐喂以原日粮,试验组在原日粮基础上用一定比例的酵母蛋白质(由秦皇岛骊骅淀粉有限公司生产提供)代替部分鱼粉、花生粕等蛋白质原料。日粮组成及营养价值见表20-9。

4)测试指标及方法

(1)试验日粮氨基酸平衡分析　利用日立 L-8900 氨基酸分析仪对日粮氨基酸进行测定,并与毛皮动物氨基酸理想模式比较分析,以确定日粮氨基酸平衡状况。

(2)始重、末重、平均日增重　试验开始后称量始重,以后每隔15 d称量一次体重,试验期60 d,根据体重计算平均日增重。

5)试验结果与分析

(1)试验用日粮氨基酸分析　对对照组、试验Ⅰ组和试验Ⅱ组日粮取样进行氨基酸分析,并与毛皮动物理想氨基酸模型进行比较,结果见表20-10和表20-11。

表 20-9　银狐日粮组成及营养价值　　　　　　　　　　%

项目	对照组	试验组 I	试验组 II
日粮组成			
鱼粉	5	3.50	3
肉粉	5	5	4
花生饼	10	10	5
酵母	0	3	3
全价料	80	78	84.50
多维素	0.20	0.20	0.20
益生素	0.30	0.30	0.3
营养成分含量			
粗蛋白质	35.61	34.93	32.38
粗脂肪	4.89	4.72	4.58
粗灰分	7.24	7.81	7.28
钙	0.76	0.75	0.76
磷	0.61	0.6	0.62

表 20-10　日粮氨基酸分析结果　　　　　　　　　　%

氨基酸种类	对照组	试验 I 组	试验 II 组
天冬氨酸	3.004	2.850	2.791
苏氨酸	1.255	1.154	1.204
丝氨酸	1.780	1.661	1.669
谷氨酸	6.379	6.353	6.319
甘氨酸	2.245	1.982	1.767
丙氨酸	2.192	1.950	1.896
胱氨酸	0.636	0.586	0.574
缬氨酸	1.929	1.700	1.615
甲硫氨酸	0.771	0.706	0.701
异亮氨酸	1.459	1.274	1.197
亮氨酸	3.318	2.969	2.876
酪氨酸	1.079	0.977	0.929
苯丙氨酸	1.705	1.581	1.489
赖氨酸	2.458	2.470	1.923
组氨酸	0.892	0.812	0.799
精氨酸	2.299	2.176	1.953
脯氨酸	2.217	2.125	1.975

表 20-11　氨基酸含量与理想氨基酸模式的比较

氨基酸种类	对照组	试验Ⅰ组	试验Ⅱ组	理想氨基酸模式
赖氨酸	100.0	100.0	100.0	100.0
甲硫氨酸＋胱氨酸	57.2	52.3	66.3	77.0
苏氨酸	51.1	46.7	62.6	64.0
组氨酸	36.3	32.9	41.4	55.0

　　从表 20-11 可以看出,试验Ⅱ组甲硫氨酸、苏氨酸、组氨酸与赖氨酸的比值更接近于毛皮动物理想氨基酸模式,而试验Ⅰ组和对照组甲硫氨酸、苏氨酸、组氨酸与赖氨酸的比值与毛皮动物氨基酸理想模式相比差距较大。但无论哪个组其甲硫氨酸、苏氨酸、组氨酸与赖氨酸比值均低于氨基酸理想模式。

　　(2)酵母蛋白质饲喂试验结果　以酵母蛋白质为蛋白质原料之一按表 20-9 配制的日粮,进行 60 d 饲喂试验,结果见表 20-12 和表 20-13。

表 20-12　酵母蛋白对公狐的饲喂效果

测试指标	对照组	试验Ⅰ组	与对照组相比	试验Ⅱ组	与对照组相比
0 d 体重/kg	4.7±0.12	4.9±0.11	—	4.6±0.08	—
15 d 体重/kg	5.4±0.10	5.4±0.12	0	5.9±0.10	9.25%
30 d 体重/kg	5.9±0.14	5.9±0.10	0	6.5±0.08	10.16%
45 d 体重/kg	6.4±0.11	6.3±0.11	−1.56%	6.9±0.12	7.8%
60 d 体重/kg	6.7±0.13	6.5±0.12	−2.98%	7.1±0.10	5.9%
平均日增重/g	33.3	26.7	−19.8%	41.7	25.2%

表 20-13　酵母蛋白对母狐的饲喂效果

测试指标	对照组	试验Ⅰ组	与对照组相比	试验Ⅱ组	与对照组相比
0 d 体重/kg	4.6±0.09	4.5±0.11	—	4.3±0.11	—
15 d 体重/kg	5.1±0.11	4.8±0.10	−5.88%	5.2±0.10	1.96%
30 d 体重/kg	5.3±0.09	5.2±0.11	−1.88%	5.6±0.09	5.66%
45 d 体重/kg	5.5±0.12	5.5±0.12	0	6.1±0.12	10.9%
60 d 体重/kg	5.8±0.11	5.8±0.10	0	6.3±0.12	8.62%
平均日增重/g	20	21.7	8.5%	33.3	66.5%

　　由表 20-12 可见,在试验期内对于公狐而言,与对照组相比,试验Ⅰ组平均日增重未增加,反而有所下降,降低了 19.8%;而试验Ⅱ组与对照组相比平均日增重提高了 25.2%。

由表 20-13 可见,在试验期内对于母狐而言,试验Ⅰ组与对照组相比,平均日增重提高了 8.5%;而试验Ⅱ组与对照组相比平均日增重提高了 66.5%。

研究结果显示,试验Ⅱ组公狐和母狐在试验期内,平均日增重比对照组分别提高了 25.2% 和 66.5%。三种日粮氨基酸分析显示,试验Ⅱ组的甲硫氨酸、苏氨酸、组氨酸与赖氨酸的比值与理想氨基酸模式更接近。结果说明,在日粮中添加一定比例的酵母蛋白质代替鱼粉和花生粕具有平衡日粮中氨基酸的作用。研究表明,酵母蛋白质不仅可以为日粮提供充足的氨基酸供应,而且可以提高营养成分利用率。该研究中,试验Ⅱ组日粮氨基酸分析结果显示更接近于毛皮动物理想氨基酸模式,所以更有利于日粮营养成分的消化吸收和利用,且酵母蛋白质中含有的 B 族维生素等营养物质也有利于动物的生长与发育,进而对促进狐狸生长具有一定作用。

根据试验结果,在水貂、银狐、蓝狐养殖之中推广应用酵母蛋白质,替代部分鱼粉,不仅改善了毛皮动物日粮蛋白质质量和氨基酸水平,而且对促进毛皮动物生长和胃肠道发育及健康起到了积极作用。

2. 毛皮动物促生长的营养调控技术

因国内缺乏狐、貂、貉的饲养标准,且饲养管理水平较低,饲料原料品质参差不齐,不但导致狐、貂、貉的生长潜能不能很好地发挥出来,而且严重影响皮张的质量及毛皮动物的生长速度。课题组根据前期对水貂、银狐、蓝狐等毛皮动物用饲料原料、日粮营养分析,结合现代水貂养殖技术,展开对毛皮动物促生长营养调控技术的研究。

课题组结合水貂生长期饲料配方和饲料原料成分分析,对生长期水貂营养调控技术展开研究,最终形成以甲硫氨酸、维生素 E、维生素 A、维生素 D、生物素等为原料配制成生长期复合预混料,并在水貂上进行饲喂试验,达到促进生长期水貂生长的目的。

1)试验动物分组

选择体重、胎次、体况相近的生长期母貂 140 只,公貂 140 只,随机分为对照组、试验组 2 个组,公、母貂各半,每组设 1 个重复。

2)试验时间及地点

试验于 2011 年 8 月 10 日至 2011 年 10 月 25 日在唐山市开平区某水貂场进行,预试期 7 d。试验貂为笼养,每笼 2 只,由专人负责饲养管理,每天喂 2 次。

3)基础日粮组成及营养成分

对照组貂喂基础日粮,试验组在基础日粮基础上添加复合预混料 2.5 g/(d·只)。基础日粮组成及营养价值见表 20-14。氨基酸分析结果见表 20-15。

表 20-14　基础日粮组成及营养价值

日粮组成(干物质基础)/%		营养成分	
双良全价料	27.3	代谢能/(MJ/kg)	15.15
鸡肝	13.6	粗蛋白质/%	38.22
鱼粉	9.1	粗脂肪/%	14.66
毛蛋	31.8	粗灰分/%	18.19
鸡肉粉	18.2	钙/%	0.98
合计	100	磷/%	0.76

4)测试指标

始重、末重、平均日增重。试验开始称量始重,以后每隔 15 d 称重一次,每次称重均在早上 8:00 空腹进行,每组随机抽取 20 只称量。

5)数据处理与分析

对所得数据用 SPSS 软件进行方差分析与显著性检验。

6)试验结果与分析

(1)水貂基础日粮和试验日粮氨基酸分析结果　对水貂基础日粮和试验日粮进行氨基酸分析,结果见表 20-15。

表 20-15　基础日粮和试验日粮氨基酸分析结果

氨基酸种类	对照组	试验组
天冬氨酸	3.444	3.444
苏氨酸	1.624	1.624
丝氨酸	1.718	1.718
谷氨酸	6.341	6.341
甘氨酸	2.558	2.558
丙氨酸	2.452	2.452
胱氨酸	0.439	0.439
缬氨酸	1.910	1.910
甲硫氨酸	0.885	0.955
异亮氨酸	1.515	1.515
亮氨酸	3.150	3.150
酪氨酸	1.068	1.068
苯丙氨酸	1.520	1.520
赖氨酸	2.589	2.589
组氨酸	1.090	1.090
精氨酸	2.273	2.273
脯氨酸	1.908	1.908

根据表 20-15 中氨基酸检测数据,以赖氨酸为 100,甲硫氨酸、苏氨酸、组氨酸与其的比值结果见表 20-16。

表 20-16　基础日粮和试验日粮部分氨基酸与赖氨酸比值

氨基酸种类	对照组	试验组
赖氨酸	100	100
甲硫氨酸＋胱氨酸	51.1	53.8
苏氨酸	47.9	47.9
组氨酸	42.1	42.1

表 20-16 数据显示,试验组日粮在添加复合预混料后甲硫氨酸＋胱氨酸与赖氨酸的比值高于对照组基础日粮,为水貂生长提供了更为充足的含硫氨基酸供应。

(2)复合预混料对水貂体重的影响　在试验期内,每隔 15 d 于早上 8:00 空腹测定对照组和试验组水貂体重,每次称重各组随机抽取 20 只,称重后计算各组平均体重,结果见表 20-17。

表 20-17　复合预混料对水貂体重的影响

指标	公貂			母貂		
	对照组	试验组	提高比例	对照组	试验组	提高比例
0 d 体重	1 722±15	1 725±19	—	1 133±12	1 119±21	—
15 d 体重	1 803±25	1 843±32	2.2%	1 243±15	1 275±19	2.6%
30 d 体重	1 863±21	2 076±30*	11.4%	1 313±22	1 428±24*	8.8%
45 d 体重	1 985±32	2 227±32*	12.2%	1 422±19	1 551±28*	9.1%
60 d 体重	2 138±12	2 307±28	7.9%	1 518±31	1 626±21	7.1%
平均日增重/g	6.9	9.7	40.6%	6.4	8.5	32.8%

注:与对照组比较,* $P<0.05$ 表示差异显著,** $P<0.01$ 表示差异极显著。

由表 20-17 可见,在试验期内试验组无论公貂还是母貂平均体重均高于对照组,尤其在试验进行到 30 d 和 45 d 时,无论公貂还是母貂试验组体增重均显著高于对照组($P<0.05$)。在试验期内,试验组公貂平均日增重比对照组提高了40.6%,试验组母貂平均日增重比对照组提高了 32.8%。

试验结果显示,复合预混合饲料对生长期水貂具有明显的促进生长的作用。在生长期水貂日粮中添加 2.5 g/kg 的复合预混合饲料可以提高水貂的体增重和平均日增重。

3.改善毛皮动物繁殖性能的营养调控技术

我国毛皮动物养殖户在养殖中还是参照国外的标准,在配制饲料时仍以当地饲料资源为主要原料进行饲养,导致营养不平衡,进而引起繁殖力低、皮张质量差等问题。为此,针对我国水貂养殖实际,在原有饲养水平下,对水貂、银狐等毛皮动物影响繁殖性能的营养调控技术展开研究,最终形成以二氢吡啶、维生素 E、维生素 A、B 族维生素和氨基酸螯合锌、氨基酸螯合硒等微量元素为基础原料的营养调控技术,利用该技术配制的添加剂产品,按一定比例添加到日粮中,可提高水貂等毛皮动物繁殖性能。

1)试验动物分组

选择体重、胎次、体况相近的种母貂 36 只,公貂 6 只,随机分为对照组、试验组 2 个组,每组 3 只公貂,18 只母貂,母貂设 2 个重复。

2)试验时间及地点

试验于 2011 年 2 月 3 日至 2011 年 6 月 10 日在唐山市开平区某水貂场进行,预试期 7 d,试验期 120 d。试验貂为笼养,每笼 1 只,由专人负责饲养管理,每天喂 2 次,冬天每天喂一次。

3)基础日粮组成及营养成分

对照组喂以基础日粮,试验组在基础日粮基础上添加组合添加剂(主要由二氢吡啶、维生素 E、维生素 A、氨基酸螯合锌、氨基酸螯合硒组成),按每只每天 3 g 的比例添加。基础日粮组成及营养价值见表 20-18。

表 20-18　基础日粮组成及营养价值

日粮组成(干物质基础)/%		营养成分	
膨化玉米	53.3	代谢能/(MJ/kg)	16.35
鸡肝	9.3	粗蛋白质/%	39.56
鱼粉	26.6	粗脂肪/%	15.69
肉粉	10.7	粗灰分/%	19.39
多维素	0.1	钙/%	0.96
合计	100	磷/%	0.75

注:多维素主要由维生素 A、维生素 D、维生素 E、维生素 B_1、维生素 B_2 组成。

4)测试指标

精子活力、配种率、平均窝产仔数、断奶成活率、断奶平均体重。

5)试验结果与分析

水貂饲喂结果见表 20-19。

表 20-19　组合添加剂对水貂繁殖性能的影响

测试指标	对照组	试验组
精子活力/%	90.1±5.23	92.3±3.43[*]
配种受胎率/%	91.6±1.56	95.2±2.63[*]
平均窝产仔数/个	4.6±0.34	5.2±0.31[*]
断奶成活率/%	96.2±0.46	98.6±1.21[*]
45 日龄平均断奶重/g	486±3.56	495±5.87[*]

注:与对照组比较,[*] $P<0.05$ 表示差异显著,[**] $P<0.01$ 表示差异极显著。

由表 20-19 可见,与对照组相比,试验组公貂精子活力、母貂受胎率、平均窝产仔数、仔貂断奶成活率和 45 日龄断奶平均体重等繁殖性能指标均有显著提高($P<0.05$)。

试验结果表明,组合添加剂对水貂的繁殖性能具有明显的改善作用。在水貂日粮中添加 3 g/(只·d)的组合添加剂可使水貂的配种受胎率、平均窝产仔数、断奶成活率、公貂精子活力等得到提高。

4. 提高毛皮质量的营养调控技术

毛皮动物营养的好坏直接对毛皮质量产生影响,我国毛皮动物在养殖中,因缺乏相应的标准,且规模化程度较低、饲料质量参差不齐等诸多原因影响了皮张的品质,为提高皮张品质,课题组对毛皮动物营养调控技术展开研究,以便通过营养调控技术提高皮张质量。

目前,我国蓝狐饲养标准不规范,非常规饲料原料较多,缺乏有价值的参考数据,导致蓝狐养殖者配制的日粮营养平衡度差,生长期营养状况,既影响其生长速度和个体大小,而且影响狐皮的质量。为此,课题组以蓝狐为研究对象,结合冀东地区蓝狐生长期、冬毛期日粮和饲料原料成分分析的基础上展开改善皮张质量的营养调控技术研究。

1)试验动物及分组

选择体重、胎次、体况相近的生长期母蓝狐 80 只,公蓝狐 80 只,随机分为对照组、试验组 2 个组,公、母蓝狐各半,每组设 1 个重复。

2)试验时间及地点

试验于 2012 年 6 月 10 日至 2012 年 12 月 20 日在唐山市开平区某蓝狐养殖场进行,预试期 7 d。试验蓝狐为笼养,每笼 2 只,由专人负责饲养管理,每天喂 2 次。

3)基础日粮组成及营养成分

对照组蓝狐喂以基础日粮,试验组在基础日粮基础上添加复合添加剂 5 g/kg 日粮。基础日粮组成及营养价值见表 20-20。

表 20-20   基础日粮组成及营养价值

日粮组成(干物质基础)/%		营养成分	
双良全价料	35	代谢能/(MJ/kg)	16.2
鸡肝	14	粗蛋白质/%	28.54
鱼粉	9.0	粗脂肪/%	9.32
毛蛋	25	粗灰分/%	8.97
鸡肉粉	17	钙/%	1.5
合计	100	磷/%	0.9

4)测试指标及方法

(1)始重、末重、体增重、平均日增重   试验开始称量始重,结束时称量末重,计算体增重、平均日增重。每次称重均在早上 8:00 空腹进行。

(2)皮张长度   打皮后测量生皮长度。

(3)针毛、绒毛长度、细度   待皮充分干后,每组取 4 张皮,每张皮测背中部针毛、绒毛的长度,延中线将毛分开插入有刻度的薄钢板尺测其长度,从背中部取一小撮毛测定针毛、绒毛细度。

5)数据处理与分析

对所得数据用 SPSS 软件进行方差分析与显著性检验。

6)试验结果与分析

(1)蓝狐基础日粮和试验日粮氨基酸分析结果   基础日粮和试验日粮氨基酸分析结果见表 20-21。

表 20-21   基础日粮和试验日粮氨基酸分析结果   %

氨基酸种类	对照组	试验组
天冬氨酸	2.15	2.15
苏氨酸	0.94	0.94
丝氨酸	1.09	1.09
谷氨酸	3.78	3.78
甘氨酸	1.65	1.65
丙氨酸	1.55	1.55
胱氨酸	0.55	0.55
缬氨酸	1.19	1.19
甲硫氨酸	0.48	0.65

续表 20-21

氨基酸种类	对照组	试验组
异亮氨酸	1.03	1.03
亮氨酸	2.27	2.27
酪氨酸	0.71	0.71
苯丙氨酸	1.14	1.14
赖氨酸	1.75	1.75
组氨酸	0.60	0.60
精氨酸	1.60	1.60
脯氨酸	1.64	1.64

根据表 20-21 中氨基酸检测数据,以赖氨酸为 100,甲硫氨酸＋胱氨酸、苏氨酸、组氨酸与其相比的结果见表 20-22。

表 20-22　基础日粮和试验日粮氨基酸分析结果

氨基酸种类	对照组	试验组
赖氨酸	100	100
甲硫氨酸＋胱氨酸	58.9	68.6
苏氨酸	53.7	53.7
组氨酸	34.3	34.3

表 20-22 数据显示,试验组日粮在添加复合添加剂后甲硫氨酸＋胱氨酸与赖氨酸的比值高于对照组基础日粮,但与文献报道值相比还偏低。其他氨基酸与赖氨酸的比值均低于文献报道值。

(2)复合添加剂对蓝狐体重的影响　在试验期内,体重及平均日增重结果见表 20-23。

表 20-23　复合添加剂对蓝狐体重、日增重的影响

指标	对照组	试验组	与对照组相比
始重/g	1 724±31	1 708±35	—
末重/g	6 535±41	7 896±23*	20.8%
体增重/g	4 813±52	6 194±46**	28.7%
平均日增重/g	27.02	34.8	28.8%

注:与对照组比较,* $P<0.05$ 表示差异显著,** $P<0.01$ 表示差异极显著。

由表 20-24 可见,在试验结束时试验组蓝狐体重显著高于对照组($P<0.05$);在试验期内,试验组蓝狐体增重极显著高于对照组($P<0.01$)。

(3)复合添加剂对蓝狐皮张长度、针毛、绒毛长度、细度的影响   试验结束时,打皮,测量皮张长度和针毛、绒毛长度、细度等指标,并对数据进行整理与处理分析,结果见表 20-24。

表 20-24   复合添加剂对蓝狐皮张长度、针毛、绒毛长度、细度的影响

测试指标	对照组	试验组	与对照组相比
皮张长度/cm	95.3±4.32	102.5±4.28	7.32%
针毛长度/cm	5.24±0.39	5.67±0.32	8.21%
针毛细度/μm	70.82±3.39	71.38±4.05	0.79%
绒毛长度/cm	4.55±0.14	4.82±0.08	5.93%
绒毛细度 μm	19.81±1.69	20.17±2.11	1.82%

由表 20-24 可以看出,试验组蓝狐与对照组相比,皮张长度提高 7.82%,但未达显著水平($P>0.05$);针毛长度、细度、绒毛长度、细度与对照组相比,均有所提高,但未达显著水平($P>0.05$)。

试验结果显示,复合添加剂对蓝狐的生长和皮张质量具有明显的促进作用。可以极显著($P<0.01$)提高蓝狐的体增重;可以提高蓝狐的皮张长度、提高针毛、绒毛长度。

5. 促进毛皮动物生长的营养液的研制与应用

为提高毛皮动物生长速度,开发新型饲料资源,课题组研究人员结合貂、狐营养特点及前期研究成果,利用蚯蚓酶解物复合多种维生素,对促进毛皮动物生长的营养液制备工艺展开研究,并通过饲喂试验确定其促生长效果,以期研制出促进毛皮动物生长的产品。

1)促进毛皮动物生长的营养液制备工艺

(1)制备蚯蚓酶解产物提取液   将干蚯蚓与水按1∶(6～8)比例混合,在50～65℃条件下反应 20～30 h,得到反应物。将反应物在 4℃条件下按照 1 500～1 800 r/min 离心 5～10 min,得到的上清液即为蚯蚓酶解产物提取物。

(2)制备维生素半成品   维生素半成品的组分及重量份数为:维生素 A 2 份、维生素 D 6～8 份、维生素 E 5～15 份,将维生素 A、维生素 D、维生素 E 混合均匀制得维生素半成品。将蚯蚓酶解产物提取物、维生素半成品、甲硫氨酸和乳酸菌按质量比(30～50)∶1∶(3～5)∶0.1 的比例混合均匀即为最终产品。

该产品中含有丰富的低分子肽、游离氨基酸、乳酸菌等成分,可以促进水貂、银狐等毛皮动物肠道发育,提高营养物质吸收速度和利用效率。

2)水貂饲喂试验

(1)试验时间　试验于 2012 年 8 月 11 日至 2012 年 10 月 12 日进行。

(2)试验地点　唐山市开平区某水貂养殖场。

(3)试验动物分组　选取 200 只体况、体重相近健康水貂,公母各半,随机分成 2 组(组间差异不显著),每组 100 只。试验组水貂基础日粮＋150 g/kg 日粮营养液。对照组水貂饲喂基础日粮,基础日粮组成及营养价值见表 20-25。

表 20-25　基础日粮组成及营养价值

日粮组成(干物质基础)/%		营养成分	
双良全价料	25.1	代谢能/(MJ/kg)	15.2
肝	15.0	粗蛋白质/%	38.3
鱼粉	9.0	粗脂肪/%	14.5
毛蛋	32.0	粗灰分/%	18.2
鸡肉粉	18.9	钙/%	1.03
合计	100.0	磷/%	0.75

(4)测试指标及方法　始重、末重、平均日增重。于试验开始称量始重,以后每隔 15 d 称重一次,每次称重均在早上 8:00 空腹进行,每组随机抽取 20 只称量。

(5)数据处理与分析　对所得数据用 SPSS 软件进行方差分析与显著性检验。

(6)试验结果与分析

①营养液对水貂体重及平均日增重影响。在试验期内,每隔 15 d 测体重一次,早上 8:00 空腹称量对照组和试验组水貂体重,每次称重各组随机抽取 20 只,称量后计算各组平均体重,结果见表 20-26。

由表 20-26 可见,在试验期内试验组无论公貂还是母貂平均体重均高于对照组,尤其在试验进行到 30 d 和 45 d 时,无论公貂还是母貂试验组体增重均显著高于对照组($P < 0.05$)。在试验期内,试验组公貂平均日增重比对照组提高了 42.0%,试验组母貂平均日增重比对照组提高了 24.6%。

试验结果显示,利用蚯蚓酶解物开发的营养液对生长期水貂具有明显的促进生长的作用。在生长期水貂日粮中添加 150 g/kg 的营养液可以提高水貂的体增重和平均日增重。

表 20-26　营养液对水貂体重及平均日增重的影响　　　　　　　　g

测试指标	公貂			母貂		
	对照组	试验组	与对照组相比	对照组	试验组	与对照组相比
0 d 体重	1 782±12	1 784±0.10	—	1 183±21	1 208±18	—
15 d 体重	1 863±24	1 912±0.09	2.6%	1 309±25	1 323±31	1.1%
30 d 体重	1 935±21	2 226±0.07*	15.0%	1 384±51	1 495±42*	8.0%
45 d 体重	2 036±25	2 294±0.08*	12.8%	1 484±36	1 603±43*	8.1%
60 d 体重	2 196±28	2 377±0.08	8.2%	1 574±32	1 693±37	7.6%
平均日增重	6.9	9.8	42.0%	6.5	8.1	24.6%

注：与对照组比较，$*$ $P<0.05$ 表示差异显著，$**$ $P<0.01$ 表示差异极显著。

(四)技术培训与服务

为提高养殖户的养殖水平，课题组通过组织技术培训、现场指导、编印技术资料等多种形式对养殖户进行水貂、银狐、蓝狐等毛皮动物营养调控技术、饲养管理技术、疫病防治技术、繁育技术等多方面技术培训和服务，累计组织各种技术培训12次，培训养殖人员310余人次，培训养殖技术骨干3人；课题组利用实验室资源为养殖户开展饲料原料、饲料产品营养成分、安全指标检测20余批次，为养殖户科学配制饲料配方提供了技术支持。

四、创新性成果

(1)通过对冀东地区貂、狐用非常规蛋白质原料和日粮的营养价值分析和安全指标测定分析，不仅建立了18种蛋白质原料营养价值数据库，而且为毛皮动物饲料配方的设计奠定了基础，提供了数据支持。

(2)对酵母蛋白质在貂、狐养殖中的应用效果研究显示：酵母蛋白质可以平衡银狐日粮氨基酸水平，使银狐日粮氨基酸更接近毛皮动物理想氨基酸模式，酵母蛋白质以合适的比例添加到银狐日粮中对银狐具有很好的促生长作用。

(3)通过对促进水貂等毛皮动物的生长发育的营养调控技术研究，开发出了以甲硫氨酸、维生素 A、维生素 D 和维生素 E 为主要原料配合而成的复合预混合饲料和以蚯蚓酶解产物配以维生素、乳酸菌而制成营养液，并对生长期水貂进行饲喂结果显示对水貂具有很好的促进生长的作用。

(4)通过对提高貂、狐繁殖性能的营养调控技术研究，开发出了组合添加剂，并在水貂上进行了饲喂试验，可使貂的繁殖性能得到明显改善。与对照组相比，试验组公貂精子活力、母貂受胎率、平均窝产仔数、仔貂断奶成活率和 45 日龄断奶平均体重等繁殖性能指标分别为 2.44%、3.93%、13.04%、2.49% 和 1.86%。

（5）通过对改善貂、狐皮张质量营养调控技术研究，研究开发出了提高毛皮质量的添加剂产品，并在蓝狐上进行饲喂试验。可使试验组蓝狐体增重与对照组相比提高了 28.7%，达到极显著水平（$P < 0.01$），平均日增重比对照组提高了 28.8%；试验组蓝狐的皮张长度与对照组相比平均长 7.2 cm，针毛和绒毛的长度与直径均有所增加，但未达显著水平。复合添加剂对蓝狐具有很好的促生长作用，同时可以提高皮张质量。

在对貂、狐用非常规蛋白质原料、日粮营养分析和安全指标分析的基础上，对促进貂、狐生长的营养调控技术、提高貂、狐繁殖性能的营养调控技术、改善貂、狐皮毛质量的营养调控技术进行集成，开发出了貂、狐用系列全价配合饲料和预混合饲料及添加剂，并进行了示范应用。

五、实施效果

本项目研究经过多年的工作已完成研究任务，在对所采集的貂、狐用非常规蛋白质原料、日粮营养指标分析和安全指标分析的基础上，通过对促进貂、狐生长的营养调控技术、提高貂、狐繁殖性能的营养调控技术、改善貂、狐皮毛质量的营养调控技术进行研究与技术集成，开发出了貂、狐用系列全价配合饲料和预混合饲料，起草了企业标准，并对产品和技术进行了示范应用，使水貂、银狐等毛皮动物日增重提高 20% 以上，水貂、银狐繁殖性能得到改善，窝产仔数、断奶窝重、断奶成活率等均得到了提高，皮张长度增加，绒毛、针毛质量得到了改善。

六、与国内外同类研究比较

课题组对取得的研究成果与国内外相关同类研究进行比较，比较结果见表 20-27。

表 20-27　研究成果与国内外同类研究比较

本研究取得的成果	国内外研究情况	本研究与同类研究相比
毛皮动物用非常规蛋白质原料、日粮营养指标、安全指标测定与分析	孙伟丽等（2011）、云春凤（2012）等报道了毛皮动物用蛋白原质料——杂鱼、鸡杂、鸡架等的营养分析结果	本研究测定 18 种 120 余个蛋白质原料，种类更多，营养指标更全面，除常规指标外，还测定了氨基酸；同时，对日粮营养指标、安全指标进行了测定，这些数据为今后日粮的配制具有重要指导意义

续表 20-27

本研究取得的成果	国内外研究情况	本研究与同类研究相比
基于冀东地区蛋白质原料营养指标、安全指标分析基础上的促进毛皮动物生长的营养调控技术研究	周维纯（1989）、李光然（2009）等报道：添加二氢吡啶、磷酸氢钙、酵母粉、甲硫氨酸、羽毛粉等组成的核心料可促进水貂、银狐、蓝狐生长	本研究形成了基于冀东地区蛋白质原料营养指标、安全指标分析基础上利用二氢吡啶、维生素 A、维生素 D、生物素、甲硫氨酸等物质为核心的貂、狐生长营养调控技术，可使貂、狐体增重提高 7％以上。该技术通过综合营养调控使得促生长效果更好 本项目还利用蚯蚓酶解产物开发出了促进毛皮动物生长的营养液，可使貂、狐体增重提高 8％以上
提高毛皮动物繁殖性能的营养调控技术研究	卫喜明（2011）报道了维生素和矿物质对毛皮动物繁殖的影响；王夕国（2012）报道添加有机螯合锰可以提高母貂繁殖性能	本研究形成了利用氨基酸螯合微量元素、二氢吡啶、维生素、甲硫氨酸等物质综合调控毛皮动物繁殖性能的营养调控技术，可使公貂精子活力、母貂受胎率、平均窝产仔数分别提高 2.2 个百分点、3.6 个百分点和 0.6 只；仔貂断奶成活率和 45 日龄断奶平均体重也有所提高
提高毛皮动物皮张质量的营养调控技术研究	张海华（2011）报道了提高日粮蛋白质和甲硫氨酸水平可促进水貂毛囊生长；李光然（2009）报道了二氢吡啶、甲硫氨酸、赖氨酸、羽毛粉组成的核心料可增加蓝狐皮张长度和皮重	本研究形成了以维生素、甲硫氨酸螯合锌、甲硫氨酸、二氢吡啶、胱氨酸为核心调控毛皮动物皮张质量的营养调控技术，使蓝狐的皮张长度针毛、绒毛长度、分别提高 7.32％、8.21％、5.93％

就整套技术而言，与国内外相关研究报道相比，可以充分体现出本研究的特点，即结合冀东地区毛皮动物养殖特点进行营养调控技术研究、技术集成与示范，并配以相应的技术培训和服务，具有广泛的实际应用价值。

七、技术关键

（1）冀东地区毛皮动物用非常规蛋白质原料营养价值分析及安全指标分析。

（2）促进貂、狐生长的营养调控技术研究。

（3）改善貂、狐繁殖性能的营养调控技术研究。

（4）改善貂、狐皮张质量的营养调控技术研究。

八、应用价值与推广应用前景

本项目研究中通过对貂、狐用非常规蛋白质原料、日粮检测的数据,建立了原料营养指标数据库,为这些原料的应用和毛皮动物日粮的配制提供了技术支持;所形成的促进貂、狐生长的营养调控技术、提高貂、狐繁殖性能的营养调控技术、改善貂、狐皮毛质量的营养调控技术及相关饲料产品,对指导养殖户科学配制貂、狐日粮及貂、狐等毛皮动物养殖业的发展具有积极的促进作用。

本项目研究为结合冀东地区毛皮动物养殖实际而进行,取得的成果具有很强的针对性、可操作性和现实应用价值,推广应用后不仅可以促进貂、狐生长发育,而且可以改善皮张质量、提高繁殖性能;可以解决困扰养殖户的技术难题,增加养殖户的收益,推广应用前景广阔。

第二十一章　水貂标准化养殖技术

本项目针对水貂养殖中品种退化、生产性能不高、日粮营养调配不科学、皮张质量不高、饲养管理水平差、生产性能测定不规范、疫病防控不到位等现实问题，通过用美国短毛黑水貂改良本地水貂提高生产性能、对水貂动物源性蛋白质饲料原料的营养及安全指标进行测定分析、科学调配水貂日粮配方、规范水貂哺乳期饲养管理、开展水貂病毒性肠炎及阿留申病血清学及病原学检测，确定适宜的免疫程序等关键技术研究，制定并推广应用水貂标准化养殖技术，全面提升水貂养殖水平，提高经济效益。

一、立项背景

(一)国内外现状

水貂是一种珍贵的毛皮动物，其皮张被裘皮业誉为"软黄金"。美国、丹麦等水貂养殖国家，水貂品种优良，生产技术先进，生产的裘皮制品向来以优质著称。我国水貂主要分布于山东省、河北省及东北地区，全国种貂存栏 1 600 万只，年产水貂皮 4 400 余万张。国内水貂品种培育、饲养管理等技术与水貂养殖业发达国家相比有很大差距，每年都从国外引进优良貂种以满足国内市场的需求。

(二)存在的问题

(1)种群质量差。唐山市养貂历史悠久，养殖户也自发引进优良品种对水貂进行改良，但因管理不善和使用不当，改良效果不佳，皮张质量不理想，优良貂种存栏率不到 20%。

(2)饲养管理水平低，缺乏标准化养殖技术。

(3)日粮营养调配不科学。因我国没有水貂饲养标准，且饲料资源质量不好，导致日粮营养不全价，难以保证水貂各个时期生长的营养需要，影响皮张质量和经济效益。

(4)水貂主要疫病防控措施不到位，发病率、死亡率高。

（三）目的意义

本项目针对当前水貂养殖中存在的本地水貂生产性能不高、日粮营养调配不科学、饲养管理粗放、疫病防控效果不佳等关键技术问题,通过对本地水貂品种改良、哺乳期日粮营养调控,强化饲养管理、水貂病毒性肠炎防控等技术的研究与应用,提高本地水貂生产性能,降低主要疫病的发病率和死亡率,大幅提升毛皮质量,增加经济效益和社会效益。

二、总体思路

通过用水貂优良品种美国短毛黑公貂改良本地黑水貂,力求改良后的水貂兼具美国短毛黑针毛短、平、齐、密的优点和本地貂繁殖率高、抗逆性强的特点;在测定动物源性蛋白质饲料原料和水貂日粮营养和安全指标的基础上,通过水貂日粮营养调配来满足哺乳期营养需要;通过发明"水貂产床"及"水貂保定笼"等,强化水貂产仔期的饲养管理措施,提高仔貂成活率;通过开展水貂病毒性肠炎及阿留申病血清学调查及病原学检测,修订水貂细小病毒适宜的免疫程序和应用综合防治技术来降低水貂发病率和死亡率。本研究通过水貂品种改良、日粮营养调配、疫病防控等相关技术的研究,结合科学饲养管理、地方标准的制定等,使水貂养殖从品种选育、饲料配制、疫病防控等做到有据可依,从而提高优良种貂和优质皮张的比率,增加水貂养殖的整体效益。

三、实施方案

（一）品种改良关键技术研究

针对本地水貂生产性能较差(尤其是毛皮质量不高)的问题,课题组拟采用美国短毛黑水貂来改良本地黑水貂,开展杂交改良技术的研究工作。

1.品种选择

种公貂:美国短毛黑水貂品种性状突出,全身漆黑、毛短、毛峰平齐有弹性、光亮丰满、绒毛柔软、背腹毛趋于一致,体重 2 kg 以上,体长 42 cm 以上,针毛 21 mm,绒毛 17 mm,针绒比 1∶0.85 以上,精子活力 0.9 以上,一个配种季节交配 10 次以上,所配母貂受孕率 85% 以上。

种母貂:在本地黑水貂中选择全身黑色无杂毛,健康无病,产仔成活 5 只以上,体重 1 100 g 以上,体长 38 cm 以上,经产母貂不超 2 岁。

2.基础群的组建

以美国短毛黑公貂和本地黑母貂组建 0 世代,并对每只种貂进行编号。一世代由杂交一代母貂与美国短毛黑公貂组成。二世代由杂交二代母貂与美国短毛黑公貂组成。三世代为横交固定群,由杂交三代母貂与公貂组成。主要注重毛长度和平齐度的选择,对于性状分离毛皮质量差的公母貂进行严格淘汰。

3. 选配

以美国短毛黑公貂为父本,本地黑母貂为母本进行级进杂交,级进杂交三代进行横交,其杂交模式如下。

$$本地貂×短毛黑$$
$$（♀）　（♂）$$
$$↓$$
$$F1×短毛黑（非亲缘个体）$$
$$↓$$
$$（♀）　（♂）$$
$$↓$$
$$F2×短毛黑（非亲缘个体）$$
$$↓$$
$$（♀）　（♂）$$
$$↓$$
$$F3（♀）×F3（♂）$$
$$↓$$
$$横交固定群$$

每一世代均进行阶段性选择,选择方法及指标如下。

(1)初选　在6—7月仔貂分窝前进行。仔母貂:选择谱系清晰完整、亲代性状优良、个体大、无缺陷、无杂毛,5月10日以前出生,体质健壮,食欲旺盛,发育良好的水貂留种。初选留种比率不低于1∶1.3。

(2)复选　在9—10月进行。育成貂选择发育正常,体质健壮,体型大和换毛早的个体留种,复选留种比率不低于1∶1.2。

(3)精选　在11月15日前进行,主要是根据毛皮质量进行选留,第三代公貂体重2 kg以上、体长42 cm以上,睾丸发育正常、匀称,毛色漆黑,毛绒平齐,绒毛丰厚,背腹毛颜色一致;母貂体重1.1 kg以上、体长38 cm以上,体型清秀、阴门发育正常,毛绒平齐均匀,背腹毛色漆黑一致。

4. 改良效果

(1)体尺体重　各世代45日龄、3月龄和打皮的体重及体尺指标见表21-1、表21-2、表21-3。

表 21-1　45 日龄体重及体尺指标

指标	体重/g		体长/cm		背长/cm	
	母	公	母	公	母	公
本地貂	414.02±49.26	513.55±85.12	25.28±2.33	27.4±2.38	18.45±2.32	20.08±2.18
一世代	427.91±51.91	512.19±79.96	26.7±3.05	27.92±3.47	19.56±2.19	20.70±3.29
二世代	429.64±53.64	532.21±89.85	26.32±2.68	27.61±2.57	19.61±3.05	21.12±2.43
三世代	425.39±54.98	528.19±81.17	25.97±2.91	27.52±1.98	18.89±2.47	20.05±2.86
横交群	423.46±54.98	521.81±82.17	25.98±2.61	27.32±2.93	18.87±2.61	20.16±2.17
短毛黑	422.11±52.68	525.36±80.87	26.10±2.79	27.59±2.66	19.10±2.91	20.69±2.91

表 21-2　3 月龄体重及体尺指标

指标	体重/g		体长/cm		背长/cm	
	母	公	母	公	母	公
本地貂	908.32±128.40	1 323.60±199.28	36.50±3.94	40.15±3.63	28.39±4.12	31.91±3.34
一世代	872.28±120.61	1 289.47±213.13	35.77±3.21	39.94±3.78	28.12±3.19	31.29±3.96
二世代	917.31±142.71	1 350.26±196.98	36.55±2.98	40.08±4.25	28.33±3.38	31.85±5.61
三世代	891.43±119.88	1 314.34±184.87	35.82±4.01	40.01±3.36	28.13±3.25	31.65±3.43
横交群	883.27±123.47	1 321.01±199.88	35.84±3.21	40.81±3.73	28.83±2.95	32.65±3.63
短毛黑	906.45±126.14	1 306.41±246.62	35.88±3.84	40.12±3.82	28.20±2.97	31.75±3.80

表 21-3　打皮时体重及体尺指标

指标	体重/g		体长/cm		背长/cm	
	母	公	母	公	母	公
本地貂	1 132.10±210.83	2 180.40±210.45	37.50±3.14	44.75±3.37	30.50±2.34	36±3.38
一世代	1 134.25±265.80	2 190.51±210.61	38.10±4.34	44.86±2.98	30.58±3.17	36.79±3.38
二世代	1 153.31±220.02	2 231.69±298.14	38.21±1.94	45.13±4.05	31.12±3.21	37.10±3.32
三世代	1 180.63±310.82	2 214.57±279.56	37.90±2.84	44.91±3.17	30.87±3.42	36.20±3.63
横交群	1 147.19±310.82	2 252.84±279.56	37.86±2.24	43.91±3.07	33.87±3.46	37.20±3.43
短毛黑	1 140.21±258.82	2 176.73±159.46	37.38±3.04	44.59±2.87	30.47±3.31	35.88±3.30

(2)毛长　见表21-4、表21-5。

表21-4　本地公貂和杂交各代公貂针绒毛指标

水貂世代	性别	背部1/2处针毛长/mm	背部1/2处绒毛长/mm	针绒长度比
本地貂	母	19.96±1.21	13.15±0.53	1∶0.66
杂交一代	母	18.26±1.26	13.93±1.60	1∶0.76
杂交二代	母	19.08±1.36	13.99±1.89	1∶0.73
杂交三代	母	18.93±1.36	13.92±1.89	1∶0.74
横交固定群	母	18.21±1.32	14.93±1.31	1∶0.82

表21-5　本地母貂和杂交各代母貂针绒毛指标

水貂世代	性别	背部1/2处针毛长/mm	背部1/2处绒毛长/mm	针绒长度比
本地貂	公	21.57±1.71	13.87±1.08	1∶0.64
杂交一代	公	20.76±1.13	15.30±0.82	1∶0.74
杂交二代	公	20.34±1.77	15.84±1.66	1∶0.78
杂交三代	公	20.21±1.87	15.74±1.76	1∶0.78
横交固定群	公	19.62±0.78	15.79±1.09	1∶0.80

统计分析显示,杂交各代母貂体重、体长与本地母貂差异不显著。杂交各代及横交固定群母貂针毛长显著低于本地母貂,绒毛长显著高于本地母貂,杂交各代次母貂针绒毛长差异不显著。

横交固定群母貂针毛长比本地母貂缩短了1.75 mm,绒毛长增加了1.78 mm,针绒长度比由1∶0.66降低到1∶0.82。公貂针毛长比本地貂缩短了1.95 mm,绒毛增加了1.92 mm,针绒长度比由1∶0.64降低到1∶0.80。

短毛黑母貂针毛长为(17.2±1.1) mm,绒毛长为(15.4±0.7) mm,针绒长度比为1∶0.88;公貂针毛长为(20.3±0.4) mm,绒毛长为(17.8±0.2) mm,针绒长度比为1∶0.89。可见横交固定群体重体长指标接近于本地貂,毛长度指标接近于短毛黑,同时平齐度较本地貂有所提高,与短毛黑的平齐度接近。

(3)横交固定群的特征　横交固定群水貂兼具本地貂繁殖性能较高和短毛黑毛绒短、平、齐等优点,适应性和抗病力优于短毛黑,繁殖性能介于短毛黑和本地貂之间。横交固定群水貂体躯大而长,头稍宽大,嘴钝圆,毛色深黑,光泽度强,背腹毛色趋于一致,针毛短、平、齐、密,绒毛丰厚,针绒长度比为1∶(0.80~0.82),毛皮质量较好。

皮张质量见表21-6。

表21-6　杂交改良水貂皮张质量

水貂世代	测定皮数/张	毛绒平齐/张	皮形完整无残/张	色泽光亮纯正/张	背腹毛一致/张	一级皮/张	所占比例/%	其他等级/张	所占比例/%
本地黑水貂	500	376	376	372	401	340	0.68	160	0.32
杂交一代	500	386	386	389	395	375	0.75	125	0.25
杂交二代	500	415	415	392	460	395	0.79	105	0.21
杂交三代	500	467	467	458	465	405	0.81	95	0.19
横交固定群	500	475	475	470	460	440	0.88	60	0.12
短毛黑	200	186	186	181	174	180	0.90	20	0.10

从表21-6可见,随着改良代次的增加皮张的质量越接近短毛黑,一级皮的比例也随之提高。

(4)繁殖性能　结果见表21-7。

表21-7　本地貂和杂交各代繁殖性能统计

水貂世代	窝数/个	产仔数/只	窝平均产仔数/只	空怀数/只	空怀率/%	仔貂成活数/只	胎平均成活数/只
本地貂	65	351	5.40±2.79	6	9.23	1 104	4.62±2.56
杂交一代	55	268	4.87±2.88	6	10.91	235	4.27±2.69
杂交二代	46	206	4.47±2.61	6	13.04	189	4.10±2.17
杂交三代	46	206	4.47±2.61	6	13.04	189	4.10±2.17
横交固定群	60	293	4.88±3.01	7	11.67	250	4.17±2.92
短毛黑	52	208	4.00±2.43	7	13.46	202	3.88±2.81

本地黑貂平均产仔数为5.4只,胎平均成活数为4.62只,美国短毛黑窝平均产仔数为4.00只,胎平均成活数为3.88只,横交固定群窝平均产仔数为4.88只,胎平均成活数为4.17只。横交固定群水貂比本地貂窝平均产仔数少0.52只,比短毛黑多0.88只,胎平均成活数比本地貂少0.45只,比短毛黑多0.29只,横交固定群繁殖性能介于本地貂和短毛黑之间。

5.改良技术集成与应用

为了将改良技术尽快推广应用,发挥作用,课题组于2015年将美国短毛黑水貂改良本地水貂技术集成制定为唐山市地方标准,该标准从选种、杂交方法、杂交代数、组建种貂群、横交固定、扩繁提高等关键技术做了详细规定,规范了杂交改良技术措施,使该技术的实用性和可操作性大幅提高。

(二)日粮营养调配关键技术研究

针对本地水貂养殖用饲料原料多以就地取材的鲜料为主,多数为自配料,因原料品质参差不齐,导致水貂日粮营养指标和安全指标变化较大,尤其是水貂哺乳期的日粮营养调配,直接影响到哺乳效果和仔貂成活率,所以课题组主要开展了水貂产仔哺乳期的日粮营养调配技术研究。

1. 水貂用动物源性蛋白原料基础数据库的建立

为了摸清本地水貂动物源性蛋白原料的各种营养指标和安全评价指标,课题组首先开展了饲料原料的营养指标和安全指标评价,并逐步建立了水貂用动物源性蛋白原料基础数据库,为下一步开展日粮调配技术提供基础数据。

1)样品采集、处理及测定

在河北乐亭县、唐山市丰南区、唐山市开平区、河北昌黎县、河北兴隆县等县(市、区)的水貂养殖场(户)采集动物蛋白质原料样品18种80个。对于采集到的鲜态样品立即进行烘干处理,烘干后粉碎,装瓶用于营养指标分析。采集到的蛋白质原料特征描述见表21-8。

表21-8　蛋白质原料特征描述

原料名称	特征描述
混鲜内脏	畜禽屠宰后的肠、肝、心、肾、肺等内脏的混合物
杂鱼	渤海湾产的各种海鱼
毛鸡	鸡蛋孵化出壳后的公雏或弱雏
去毛鸡	鸡蛋孵化出壳后去掉皮的公雏或弱雏
毛蛋	鸡蛋孵化过程中的死胚
鸡架	肉鸡屠宰、分割去肉后的骨架
鸡杂	肉鸡、淘汰蛋鸡屠宰的下脚料
鸡肠	肉鸡、淘汰蛋鸡屠宰后的消化道
鸡头	肉鸡、淘汰蛋鸡屠宰后的头部
鸡内脏	肉鸡、淘汰蛋鸡屠宰中的心、肝、肺、肠管等
鸡肝	肉鸡、淘汰蛋鸡屠宰的肝
猪肝	生猪屠宰的肝脏
油渣	生猪、家禽屠宰的脂肪炼油后的副产物
鸡肉粉	肉仔鸡屠宰后不可食部分及碎肉的加工产品
肉粉	生猪、肉仔鸡等屠宰后不可食部分及碎肉的加工产品
虾粉	不可食河虾、海虾的加工产物
酵母蛋白质	玉米淀粉生产中副产物经酵母发酵后所得产品
血球粉	畜禽血液加工产品

测试指标包括营养指标和安全指标。

营养指标:粗蛋白质、粗脂肪、干物质、粗灰分、钙、总磷、氨基酸。本试验中饲料原料营养成分指标的检测均选用我国国家标准方法。

安全指标:酸价、挥发性盐基氮、大肠杆菌。测定方法参照国家相关标准进行。

2)检测结果

(1)营养指标评价　对所采集到的饲料原料样品营养指标测定结果见表 21-9 和表 21-10。

表 21-9　动物性蛋白质原料营养指标测定结果　　　　　　　　　　　%

原料名称	干物质	鲜态粗蛋白质	粗蛋白质	粗脂肪	粗灰分	钙	磷
混鲜内脏	18.11±1.35	6.11±0.15	33.75±1.32	6.81±0.38	5.81±0.15	1.65±0.08	0.80±0.03
杂鱼	22.7±1.24	14.79±1.31	63.5±1.57	7.21±1.79	16.46±2.46	4.81±0.68	2.56±0.31
毛鸡	24.9±1.68	16.15±1.01	64.86±1.61	20.80±0.56	7.85±0.31	2.14±0.31	0.90±0.09
去毛鸡	24.1±1.01	17.11±0.87	71.01±0.98	18.75±1.06	8.85±1.03	1.55±0.13	1.05±0.07
毛蛋	35.3±0.09	11.54±0.12	32.7±0.1	29.26±0.13	28.08±0.06	9.88±0.08	0.39±0.03
鸡架	39.1±1.89	14.10±0.34	36.06±1.32	43.70±1.95	10.19±0.87	3.61±0.43	1.79±0.41
鸡杂	34.7±1.85	16.64±0.98	47.95±1.68	41.75±1.99	5.30±0.93	0.86±0.06	0.69±0.01
鸡肠	40.5±2.79	10.81±0.89	31.1±1.29	39.7±1.38	4.56±0.48	0.63±0.03	0.62±0.05
鸡头	28.4±1.89	13.88±2.53	48.9±2.62	28.11±1.67	16.03±1.42	5.97±0.92	2.61±0.15
鸡内脏	23.4±2.05	12.6±1.08	58.4±2.85	24.7±1.68	8.11±0.85	0.44±0.01	0.78±0.03
鸡肝	29.7±1.62	18.01±0.38	60.8±1.38	22.13±1.29	5.98±0.85	0.47±0.03	0.88±0.08
猪肝	28.1±2.15	18.5±1.32	65.77±2.89	18.52±1.72	7.32±0.74	0.78±0.03	1.07±0.02
油渣	86.6±1.03	39.71±1.12	45.85±1.65	42.58±1.62	2.93±0.67	0.16±0.02	0.29±0.01
鸡肉粉	31.6±1.89	18.09±1.03	57.24±1.38	17.05±1.07	17.88±1.12	7.92±1.09	3.40±0.86
肉粉	88.9±0.03	56.45±0.89	56.45±0.89	10.5±0.67	16.98±0.32	6.89±0.24	2.91±0.12
虾粉	88.7±0.31	44.89±1.89	44.89±1.89	5.85±0.89	25.51±2.41	3.95±0.32	1.32±0.11
酵母蛋白质	92.0±0.32	42.10±0.12	42.1±0.37	5.42±0.12	5.1±0.11	0.43±0.02	0.21±0.01
血球粉	90.2±0.69	94.05±0.82	94.05±0.82	0.04	3.6±0.01	0.76±0.01	0.47±0.01

从表 21-9 中数据可知,鲜态原料的干物质含量为 18%～41%。干态粗蛋白质含量为 31%～94.05%,粗脂肪含量为 0.04%～43.7%,粗灰分含量为 3.6%～28.08%,钙含量为 0.16%～9.88%,磷含量为 0.21%～3.4%。各种成分的变化均较大。而且,从以上数据可见,某些样品营养指标值变异较大,说明不同采集时间、不同采集地点采集的同种原料样品指标间具有较大差异,但为了使用方便,此处只显示了平均值。

从表 21-10 中数据可以看出,各原料样品中氨基酸含量间存在很大差异,杂鱼、毛鸡、去毛鸡、鸡肝、猪肝、鸡肉粉、血球粉中赖氨酸含量较高,均在 3%以上;杂鱼、毛鸡、去毛鸡、毛蛋、鸡杂、鸡内脏、鸡肝、猪肝、鸡肉粉、虾粉等样品甲硫氨酸中含量较高,均在 1%以上。

表 21-10　动物性蛋白质原料氨基酸分析结果　　　%

原料名称	天冬氨酸	苏氨酸	丝氨酸	谷氨酸	甘氨酸	丙氨酸	胱氨酸	缬氨酸	甲硫氨酸	异亮氨酸	亮氨酸	酪氨酸	苯丙氨酸	赖氨酸	组氨酸	精氨酸	脯氨酸
混鲜内脏	2.77	1.23	1.55	4.67	1.79	2.06	0.72	1.69	0.68	1.35	3.13	0.80	1.51	1.77	0.85	2.00	2.03
杂鱼	5.00	2.18	1.93	7.93	4.33	4.42	0.79	2.58	1.70	2.44	4.87	1.79	2.15	4.58	1.06	2.76	2.65
毛鸡	4.55	2.29	2.80	7.01	4.25	3.65	1.31	2.95	1.27	2.48	5.04	1.80	2.47	3.50	1.29	3.67	3.50
去毛鸡	4.56	2.25	2.48	7.05	4.00	3.71	1.06	2.82	1.34	2.42	4.93	1.70	2.35	3.62	1.26	3.52	3.16
毛蛋	3.50	1.63	2.19	4.56	1.49	2.22	0.97	2.14	1.21	1.76	3.38	1.34	1.84	2.41	0.89	2.26	1.50
鸡架	2.37	0.97	0.75	3.40	2.74	2.20	0.26	1.34	0.72	1.37	2.75	0.78	1.23	2.30	0.80	2.15	2.02
鸡杂	3.46	1.39	1.49	4.12	2.05	2.74	0.81	2.47	1.17	2.17	4.10	1.51	2.02	2.84	0.92	2.42	1.92
鸡肠	2.28	0.91	0.77	3.07	1.79	1.88	0.29	1.45	0.65	1.24	2.27	0.90	1.04	1.92	0.48	1.65	1.46
鸡头	3.39	1.58	1.55	5.72	6.52	3.73	0.54	1.75	0.84	1.57	3.22	0.91	1.62	2.71	0.81	3.28	4.18
鸡内脏	3.61	1.46	1.44	5.44	4.76	3.15	0.72	2.18	1.07	1.96	4.06	1.48	1.74	2.86	0.83	3.05	2.97
鸡肝	4.23	1.84	1.46	5.19	2.70	3.64	0.69	3.11	1.33	2.74	5.65	2.19	2.52	3.79	1.26	3.47	2.58
猪肝	3.92	1.83	1.13	5.28	2.56	3.89	0.61	3.13	1.27	2.70	5.37	1.68	2.29	3.24	1.09	3.12	2.65
油渣	3.48	1.39	1.44	4.56	2.15	2.34	0.61	2.56	1.27	2.27	4.13	1.56	2.22	2.81	0.94	2.22	1.96
鸡肉粉	4.96	2.39	2.01	7.30	3.81	3.80	0.57	2.73	1.38	2.55	5.04	1.85	2.31	4.40	1.43	3.77	3.08
肉粉	3.10	1.32	1.56	5.33	8.02	3.94	0.46	1.53	0.60	1.19	2.79	0.80	1.37	2.26	0.68	3.62	5.02
虾粉	3.35	1.58	1.36	4.75	1.99	2.48	0.59	1.75	1.15	1.02	1.45	2.29	0.59	2.30	1.73		
酵母蛋白质	2.29	1.32	1.26	5.54	1.94	2.50	0.97	1.77	0.50	1.22	3.04	0.84	1.20	1.53	1.67	1.37	2.29
血球粉	10.04	2.65	3.37	7.05	4.12	8.22	0.57	7.21	0.85	0.46	14.07	1.88	5.63	7.93	6.83	3.68	3.08

（2）安全指标评价　对采集水貂用动物性蛋白质原料进行安全指标评价,结果见表21-11。

表 21-11　水貂用动物蛋白质原料安全指标测定结果

原料名称	样品数	状态描述	酸价	挥发性盐基氮 /(mg/100 g)	大肠杆菌 (MPN)/(个/g)
混鲜内脏	8	畜禽屠宰的内脏	1.32～3.52	167.2～365.3	$>1.1 \times 10^5$
杂鱼	5	海产的各种鱼类	3.64～6.81	187.94～578.43	$1.1 \times 10^3 \sim 1.1 \times 10^9$
毛鸡	6	出壳后的公雏和弱雏	3.53～5.18	98.32～160.4	$>1.1 \times 10^9$
去毛鸡	4	去皮后公雏和弱雏	3.98	136.74	$>1.1 \times 10^9$
毛蛋	5	蛋鸡孵化过程中的死胚	0.87～1.97	8.79～17.89	$>1.1 \times 10^9$
鸡架	5	肉鸡分割后的骨架	1.35～3.50	8.98～29.37	$>1.1 \times 10^9$
鸡杂	1	肉鸡屠宰中的内脏、爪、头等的混合物	24.5	219.24	$>1.1 \times 10^5$
鸡肠	5	鸡屠宰中的消化道	13.38～32.12	207.52～453.03	$3.6 \times 10^6 \sim 1.1 \times 10^9$
鸡头	7		3.24～5.32	156.64～208.12	$1.1 \times 10^5 \sim 1.1 \times 10^7$
鸡内脏	5	包括肝、肠、心等内脏	6.66～9.55	127.54～329.7	$1.1 \times 10^3 \sim 1.1 \times 10^5$
鸡肝	5		18.54～26.75	335.3～350.22	1.1×10^3
猪肝	5		17.79～18.49	413～576.85	$1.1 \times 10^5 \sim 1.1 \times 10^9$
肉粉	2		1.12～3.56	38.35～89.39	1.1×10^5
油渣	4	猪、鸡等的脂肪炼油后的产物	2.71～5.65	8.68～19.87	1.1×10^3

从表21-11可见,对采集的部分水貂用动物性蛋白质原料安全指标测定结果显示,鸡肠、鸡肝、猪肝的酸价较高,说明在贮存过程中出现了酸败现象。鸡肝、猪肝的挥发性盐基氮含量也较高,也说明酸败较明显。杂鱼、猪肝、鸡肠、鸡肝的大肠杆菌含量较高。

2. 水貂产仔哺乳期日粮营养成分分析与安全指标分析

1）样品采集、处理与测定

在河北乐亭县、唐山市丰南区、唐山市开平区、河北昌黎县、河北兴隆县等县(市、区)的水貂养殖场(户)采集配制好的日粮样品 14 个,一部分样品于−20℃条件下冷冻保存,以便进行安全指标分析;另一部分进行烘干处理,烘干后粉碎,装瓶用于营养指标分析。

营养指标:粗蛋白质、粗脂肪、水分、粗灰分、钙、总磷、氨基酸。

安全指标:酸价、挥发性盐基氮、大肠杆菌、沙门氏菌。

2)检测结果

(1)水貂日粮营养指标分析结果　对所采集到的水貂日粮样品进行营养指标测定,结果见表 21-12。

表 21-12　水貂日粮营养指标测定结果　　%

日粮名称	水分	干物质	粗蛋白质	粗脂肪	粗灰分	钙	磷
水貂哺乳期日粮 1	72.46	27.54	51.1	12.41	10.01	2.68	1.29
水貂哺乳期日粮 2	75	25	69.17	13.98	9.49	2.22	1.3
水貂哺乳期日粮 3	78.1	21.9	31.4	7.19	7.19	1.67	0.96
水貂哺乳期日粮 4	79.71	20.29	23.91	5.76	5.76	1.65	0.63
水貂哺乳期日粮 5	60.32	39.68	35.26	9.35	9.35	2.31	0.83

从表 21-12 可见,日粮干物质含量为 20.29%~39.68%,水分含量变化较大,导致其他营养成分含量变化。粗蛋白质含量为 23.91%~69.17%,粗脂肪含量为 5.76%~13.98%,粗灰分含量为 5.76%~10.01%,钙含量为 1.65%~2.68%,磷含量为 0.63%~1.30%。各种成分的变化均较大,说明水貂日粮营养间存在差异。

水貂用日粮氨基酸分析结果见表 21-13。

表 21-13　水貂日粮氨基酸分析结果　　g

氨基酸	水貂哺乳期日粮 1	水貂哺乳期日粮 2	水貂哺乳期日粮 3	水貂哺乳期日粮 4	水貂哺乳期日粮 5
天冬氨酸	4.07	4.11	2.57	3.44	2.79
苏氨酸	1.90	1.92	1.19	1.62	1.31
丝氨酸	1.96	1.94	1.20	1.72	1.38
谷氨酸	6.13	6.12	4.20	6.34	4.58
甘氨酸	2.67	2.68	2.16	2.57	2.06
丙氨酸	3.22	3.17	2.23	2.45	2.13
胱氨酸	0.72	0.71	0.58	0.44	0.66
缬氨酸	2.35	2.39	1.52	1.91	1.64
甲硫氨酸	1.22	1.30	0.77	0.88	0.65
异亮氨酸	2.09	2.12	1.23	1.51	1.39

续表 21-13

氨基酸	水貂哺乳期 日粮 1	水貂哺乳期 日粮 2	水貂哺乳期 日粮 3	水貂哺乳期 日粮 4	水貂哺乳期 日粮 5
亮氨酸	4.36	4.41	2.90	3.15	3.01
酪氨酸	1.36	1.39	0.74	1.07	0.86
苯丙氨酸	2.04	2.09	1.36	1.52	1.41
赖氨酸	3.30	3.30	2.25	2.59	2.11
组氨酸	1.30	1.26	0.85	1.09	0.84
精氨酸	2.73	2.88	1.99	2.27	2.21
脯氨酸	2.35	2.39	1.78	1.91	1.85

由表 21-13 可见,对采集到的水貂哺乳期日粮氨基酸进行了测定与分析,结果显示,不同养殖场水貂日粮氨基酸间存在差异,说明水貂日粮氨基酸营养参差不齐。

(2)水貂日粮安全指标分析结果　水貂日粮安全指标测定,测定结果见表 21-14。

表 21-14　水貂日粮安全指标测定结果

原料名称	酸价	挥发性盐基氮 /(mg/100 g)	大肠杆菌(MPN) /(个/g)	沙门氏菌
水貂哺乳期日粮 1	2.70	28.33	$>1.1\times10^3$	未检出
水貂哺乳期日粮 2	3.13	19.27	$>1.1\times10^5$	未检出
水貂哺乳期日粮 3	1.90	20.38	$>1.1\times10^5$	未检出
水貂哺乳期日粮 4	30.57	35.21	$>1.1\times10^5$	未检出
水貂哺乳期日粮 5	7.33	20.45	$>1.1\times10^5$	未检出

由表 21-14 可见,除水貂哺乳期日粮 4 酸价值为 30.57 外,其他水貂日粮酸价值为 1.9～7.33,说明基本未发生酸败;各日粮挥发性盐基氮含量为 19.27～35.21 mg/100 g;大肠杆菌含量为 1.1×10^3～1.1×10^7 个;沙门氏菌均未检出。

3.水貂产仔哺乳期日粮营养调控关键技术

水貂哺乳期营养的好坏,会影响哺乳期母貂泌乳量和新生仔貂生长。为此,针对我国水貂养殖实际,在原有饲养水平下,以色氨酸、亮氨酸和缬氨酸等氨基酸为基础原料,在充分分析哺乳母貂日粮营养的基础上,研制出了一种可促进哺乳母貂泌乳、提高新生仔貂成活率和促进生长的抗应激饲料,按一定比例添加到哺乳期水貂日粮中,研究其对仔貂生长的影响。

1)材料与方法

(1)试验动物及分组　选择体重、胎次、预产期、体况相近的待产母貂 120 只,随机分为对照组、试验组,每组 60 只。对照组共产活仔 276 只,试验组共产活仔 282 只。

(2)试验时间及地点　试验于 2014 年 4 月 20 日—2014 年 6 月 10 日在唐山市开平区某水貂养殖场进行,预试期 7 d,试验期 50 d。试验貂为笼养,每笼 1 只,由专人负责饲养管理,每天喂 2 次。

2)基础日粮组成及营养成分

对照组母貂喂以基础日粮,试验组母貂在基础日粮基础上添加抗应激饲料(主要由亮氨酸、色氨酸、缬氨酸和酵母培养物组成),按每只每天 3 g 的比例添加。基础日粮组成及营养成分见表 21-15。

表 21-15　基础日粮组成及营养成分

日粮组成(干物质基础)/%		营养成分	
膨化玉米	53.3	代谢能/(MJ/kg)	16.35
鸡肝	9.30	粗蛋白质/%	39.56
鱼粉	26.60	粗脂肪/%	15.69
肉粉	10.70	粗灰分/%	19.39
多维	0.10	钙/%	0.96
合计	100.00	磷/%	0.75

注:多维素主要由维生素 A、维生素 D、维生素 E、维生素 B_1、维生素 B_2 和生物素组成。

3)测试指标及方法

(1)日粮氨基酸含量　采用日立 L-8800 高速氨基酸分析仪进行测定。

(2)平均窝产仔数、断奶成活率、45 日龄平均断奶重。

4)结果与分析

主要氨基酸含量见表 21-16。

表 21-16　对照组、试验组饲喂日粮主要氨基酸分析结果　　　　　　　　　g

组别	赖氨酸	甲硫氨酸	苏氨酸	亮氨酸	缬氨酸	胱氨酸	丝氨酸	精氨酸
对照组	2.59	0.89	1.62	3.15	1.91	0.44	1.72	2.27
试验组	2.59	0.89	1.62	3.21	2.23	0.44	1.72	2.27

由表 21-16 可见,因为抗应激饲料的添加,使得试验组日粮中亮氨酸和缬氨酸含量有所升高,分别达到 3.21% 和 2.23%。

5）对仔貂成活率及断奶重的影响

结果见表 21-17。

表 21-17　抗应激饲料对仔貂成活率及断奶重的影响

测试指标	对照组	试验组	提高比例
平均窝产仔数/个	4.6 ± 0.23	4.7 ± 0.43	2.17
断奶成活率/%	87.7 ± 1.56	$95.2\pm2.63^*$	8.55
45 日龄平均断奶重/g	305.1 ± 2.47	$357.6\pm3.12^*$	17.2

注：与对照组比较，$^*P<0.05$ 表示差异显著，$^{**}P<0.01$ 表示差异极显著。

由表 21-17 可见，试验组母貂平均窝产仔数与对照组相比无差异；试验组仔貂断奶成活率与对照组相比提高 8.55%，差异显著（$P<0.05$），试验组仔貂 45 日龄平均断奶重与对照组相比提高 17.2%，差异显著（$P<0.05$）。

6）促进貂产乳与抗应激饲料及其应用方法的研发

为了使水貂产仔哺乳期日粮营养水平达到最佳效果，促进产乳及抗应激，课题组在本试验的基础上研发了促进貂产乳与抗应激饲料配方及其应用方法。

水貂在发情、配种、妊娠、产仔哺乳期易受外界因素影响而产生应激，从而影响产仔和哺乳，甚至出现咬死仔貂现象。利用 B 族维生素可以降低水貂应激反应，色氨酸在体内可以转化为组织胺，降低应激性的作用，通过补充维生素和色氨酸、缬氨酸等支链氨基酸来增加水貂抗应激能力，从而起到抗应激的作用。

抗应激饲料配方：主要由氨基酸半成品、维生素半成品和酵母培养物组成，氨基酸半成品、维生素半成品和酵母培养物按重量（1～1.5）：（0.8～1.2）：（2.8～3.5）的比例混合均匀即为最终产品，以 0.3%～0.5% 的比例添加到水貂配合料中，该饲料可促进乳腺腺泡发育，增强机体免疫力，酵母培养物可使水貂肠道菌群平衡，促进营养物质的消化吸收，可提供充足的 B 族维生素，进而促进母貂产乳和减少应激。

该饲料配方中含有一定比例的亮氨酸和缬氨酸等支链氨基酸。支链氨基酸是动物体内不能合成而必须从日粮中获得的必需氨基酸。支链氨基酸可调节氨基酸与蛋白质的代谢，对泌乳母貂具有特殊作用，并可在一定条件下增强动物的免疫反应，改善动物的健康。抗应激饲料中含有较为丰富的缬氨酸和亮氨酸，在添加到哺乳期母貂日粮中时，会增加日粮中缬氨酸和亮氨酸的含量，进而发挥其对母貂泌乳性能的促进作用，母貂泌乳性能的提高，进一步促进了哺乳期仔貂生长性能的发挥和死亡率的降低。

该饲料配方中还含有一定比例的色氨酸，研究发现，色氨酸在动物体内可以转化为 5-羟色胺，可以使动物安静，还可以增强机体免疫力，合适的比例还可促进动物采食量的发挥，但缺乏或过量会抑制采食量。本研究中添加了一定比例的色氨酸，未见哺乳母貂采食量下降，反而有所增加，说明比例较为合适。哺乳母貂采食量的增加,对促进母乳也起到了作用。

酵母培养物能够促进胃肠道对饲料营养物质的分解、合成、消化、吸收和利用,从而增加动物采食量,提高动物对营养物质的利用率,促进生长,使动物的生产性能得到较高水平的发挥。抗应激饲料中含有一定比例的酵母培养物,不仅可以为水貂生长、泌乳提供一定比例的蛋白质,而且其含有的物质还可以促进母貂消化功能的提高,进而促进泌乳功能的发挥和仔貂生长。

经示范应用,该饲料配方对哺乳期仔貂成活率和45日龄断奶成活率具有明显的改善作用。抗应激饲料可使哺乳期仔水貂的断奶成活率和45日龄平均断奶重得到提高。

因试验条件限制,未能对抗应激饲料对泌乳母貂泌乳量进行测定。

本课题组研发的"促进貂、狐产乳与抗应激饲料及其使用方法"获得国家发明专利。

综上所述,以水貂用动物源性蛋白质原料基础数据库为基础,合理调配水貂哺乳期日粮,同时辅以亮氨酸、缬氨酸、色氨酸和酵母培养物为主要材料组成的抗应激饲料,可以促进母貂泌乳和仔貂生长发育,减少死亡,提高断奶成活率。

(三)日常管理关键技术

水貂的日常管理关键在于产仔哺乳期的管理,做好产仔哺乳期的日常管理不但可以提高仔貂成活率,还可提高仔貂体重,提高毛皮质量,同时也要做好生产性能测定等日常管理工作。

1. 水貂产仔哺乳期日常管理关键技术

课题组自2012年开展试验示范、总结经验制定了水貂产仔哺乳期饲养管理技术措施,主要内容如下。

(1)饲料原料　调配产仔哺乳期日粮要在水貂动物源性蛋白质饲料原料数据库的基础上,各种原料要符合相关国家标准和规定,不得使用发霉、变质的原料。

(2)日粮的配合　营养需要为在干物质状态下,日粮代谢能1.05～1.26 MJ/kg日粮,可消化蛋白质43%～47%。粗脂肪19%～26%,碳水化合物26%～30%。

日粮的配合时要根据产仔哺乳期水貂的营养需要量,按规定的供给量进行配制,同时应视水貂的状况和饲喂效果适当调整,尽量选用营养价值较高而价格较低的饲料,并注意多种饲料搭配。注意饲料的适口性,尽量限制适口性差的饲料用量。饲料配制过程中要采取措施防止其氧化酸败。

(3)饲料的调制　按日粮配方准备好各种原料,经初步加工的新鲜动物性饲料搅拌均匀后,加入植物性饲料,最后加入饲料添加剂,混合均匀。在调制过程中,不要将温差大的饲料混合在一起;水的添加量要适当。

(4)饲养管理　饲养管理主要是产仔时的饲养管理。产仔前要做好各项准备工作,尤其对产仔箱进行消毒,做好产仔托盘的垫料准备。产房内要保持安静,发现产在笼底的仔貂,及时送回原窝,冻僵的要在温暖处苏醒后再放回。产仔后2～

4 h,母貂排出黑色胎便,产仔结束。

对缺乳、产仔多和母性差的母貂,要及时将部分或全部仔貂代养出去。本着代大留小、代强留弱的原则,先将代养母貂引出窝箱外,再用窝箱内的草擦拭被代养仔貂的身体后放入箱内。

(5)水貂产床的发明 传统的产箱内的产床多为平面结构,产床上多铺设垫草,这些垫草经常被母貂破坏,由于仔貂能够轻易爬动,经常钻入松散的垫草内或产箱角处,母貂在进入产箱哺乳时,极易将垫草内的新生仔貂压死,造成仔貂成活率低、哺乳效果不好的生产实际问题,给水貂养殖业造成损失。

在项目研究过程中,课题组鉴于以上问题,发明了一种水貂新型产床,包括产箱和产床,产床中部为产窝,产床的底部四角有产床支腿,产床上表面设置有挡风板,产窝底部为平面结构,产窝底部均布有渗透孔;产窝四壁为弧状结构,均布有网眼;挡风板设置在产箱入口的产窝外圆周上,挡风板尾端设有产窝入口;挡风板中部设有弧形凹槽,挡风板下部为插板;产箱入口端设有挡风板托架;挡风板托架底面为平面,托架外围设有插槽,插板安装在插槽内。

与传统水貂产箱相比,本发明通透性强,可将仔貂排泄物直接渗透到产床下方,改善生活环境;产床底部四壁为弧形,避免母貂哺乳时压死仔貂,提高仔貂的成活率和哺乳效果。

(6)仔貂的补饲与分窝 在仔貂 15~20 日龄开始吃食时,要对仔貂补饲,补饲饲料由新鲜的肉、蛋、奶组成。40~50 日龄时及时分窝。

(7)仔貂的免疫 仔貂要在 45 日龄前开展犬细小病毒和犬瘟热的免疫。

2. 生产性能测定关键技术研究

生产性能测定是衡量水貂毛皮质量的关键,如何做好水貂的生产性能测定是水貂日常管理的关键,主要内容如下。

(1)体重测定 分别测量初生重、初生窝重、21 日龄窝重、45 日龄体重、90 日龄体重、120 日龄、180 日龄体重,打皮时体重。单位为 g,精确到 0.1 g。早晨空腹称重。

(2)体尺测定 体长为鼻端至尾根处的直线距离,背长测量枕骨至尾根的直线距离,额长测量双下眼角连线中点至枕骨的直线距离,额宽测量两侧眼眶外缘间的直线距离,头长测量鼻尖至额顶的直线距离,尾长测量尾根至尾毛毛尖的直线距离,胸深测量耆甲至胸骨底间的垂直距离,胸围测量肩胛后缘绕体躯一周的周径,用皮尺测量,单位为 cm,精确到 0.1 cm。

(3)繁殖性能测定

①母貂繁殖性能测定。计算发情率、初配率、复配率、受配率、空怀率、产仔率、胎平均产仔数、群平均成活数。保留 2 位小数。

$$发情率 = \frac{所有发情的母貂数}{参加配种的母貂数} \times 100\%$$

$$初配率 = \frac{成功初配的母貂数}{参加配种的母貂数} \times 100\%$$

$$复配率 = \frac{成功复配的母貂数}{参加配种的母貂数} \times 100\%$$

$$受配率 = \frac{达成配种的母貂数}{参加配种的母貂数} \times 100\%$$

$$受胎率 = \frac{受胎母貂数}{参加配种母貂数} \times 100\%$$

$$空怀率 = \frac{失配和空怀的母貂数}{参加配种的母貂数} \times 100\%$$

$$产仔率 = \frac{产仔母貂数}{实配母貂数} \times 100\%$$

$$胎平均产仔数 = \frac{产仔总数}{产仔母貂数}$$

$$群平均成活数 = \frac{45日龄断奶分窝仔貂数}{留种母貂数}$$

②公貂繁殖性能测定。测定精液品质,公貂利用率。精液品质测定工具为普通光学显微镜(100~400倍)、擦镜纸、载玻片。用载玻片的一角压在刚交配完的母貂阴道口处,轻轻蘸取一点精液,在显微镜下观察。判断标准水貂的精液品质检查的判断分优、良、有、无。

优:在一个视野里精子密布,精子呈直线运动,几乎没有死精子。

良:在一个视野中精子密度稍稀,大部分精子呈直线运动,极少部分精子原地运动或有个别死精子。

有:在一个视野中有几个活精子,或者精子密度虽然较大,但有大部分死精子。

无:在一个视野中无精子。

$$公貂利用率 = \frac{达成配种的公貂数}{参加配种的公貂数} \times 100\%$$

(4)针绒毛测定　测定时间为11月中旬毛皮成熟后进行。测定部位为背部1/2处(背中线与两前肢连线的交叉点及背中线与两后肢连线的交叉点连线的中点)、十字部(两前肢连线与背中线的交点)、腹部1/2处(腹中线与两前肢连线的交叉点及腹中线与两后肢连线的交叉点连线的中点)、臀部(臀部三角区中心)。

①针毛长。将水貂保定,分开毛发,露出皮肤,用钢直尺抵住皮肤,测定该处大多数(2/3)针毛自然状态下毛根到毛梢的距离,精确到mm。

②绒毛长。将水貂保定,分开毛发,露出皮肤,用钢直尺抵住皮肤,测定该处大多数(2/3)绒毛自然状态下毛根到毛梢的距离,精确到mm。

③针绒长度比。针毛和绒毛的长度之比,用1∶X表示。

④针毛细度。用剪毛剪在取样部位，紧贴皮肤取样，用细度仪测定针毛最粗部位的细度，精确到 μm。

⑤绒毛细度。用剪毛剪在取样部位，紧贴皮肤取样，用细度仪测定绒毛的细度，精确到 μm。

⑥针毛密度。取上楦、干燥的水貂皮，在取样部位剪取 $1\ cm^2$ 毛皮样品，将毛绒刮干净，做成石蜡切片，在电镜下测定毛束的数量及毛束内针毛的数量，计算出 $1\ cm^2$ 针毛的数量，单位为万根/cm^2。

⑦绒毛密度。取上楦、干燥的水貂皮，在取样部位剪取 $1\ cm^2$ 毛皮样品，将毛绒刮干净，做成石蜡切片，在电镜下测定毛束的数量及毛束内绒毛的数量，计算出 $1\ cm^2$ 绒毛的数量，单位为万根/cm^2。

（5）水貂保定笼的发明　在开展水貂生产性能测定关键技术研究过程中，课题组发现在测定水貂体尺、体重、毛长等指标时，由于水貂挣扎、身体弯曲以致测定困难、数据极不准确，用普通笼保定因水貂四肢在笼中形成支点，身体不能放松，测定的数据也不准确，针对这个问题，课题组根据力学原理，发明了使水貂在笼中四肢悬空的一种保定笼，既方便测定又使数据相对准确，同时也使水貂在笼中避免受到伤害。该保定笼已获国家发明专利。

保定笼笼体的顶面和两侧面分别由多根平行的钢筋焊接而成；笼体的两端焊接有笼体提手，提手上设有笼门；笼体内设有一活动架，活动架与笼体活动配合；笼体一端面设有一个笼门豁口；活动架底面由多根平行的钢筋焊接而成，包括通杆和半杆，半杆与活动架底面两端的杆底之间形成大孔隙。能够使水貂被迫趴在笼体的底面上，使水貂的身体自然伸展。可以准确地测量出水貂的活体体长、近距离观测及触摸水貂的毛皮质量，测量不同部位绒毛和针毛的长度；还可以使其四肢悬空，方便快捷地在水貂脚趾上进行采血、尾巴伸出笼体，避免尾巴在笼体内卷曲，影响毛皮质量。

（四）主要疫病防控技术

1. 水貂病毒性肠炎防控技术

病毒性肠炎是由细小病毒引起的一种急性、烈性和高度接触性传染病，主要以剧烈腹泻为主要特征。此病一旦发生流行会给水貂养殖带来巨大的危害。本项目通过对仔貂的细小病毒母源抗体消长规律开展分析，进行不同日龄水貂疫苗免疫接种试验，确定水貂病毒性肠炎首免日龄，修订病毒性肠炎免疫程序，降低水貂细小病毒病发病率和死亡率。

（1）选定示范场　课题组根据实地调查分别在河北乐亭县、唐山市开平区选择了 4 个水貂养殖场作为试验示范场，开展试验示范，示范场情况见表21-18。

表 21-18 示范场基本情况

序号	种公貂存栏/只	种母貂存栏/只	年出栏数/只
1	78	235	1 030
2	80	286	1 300
3	53	302	1 500
4	74	526	2 100
合计	285	1 349	5 930

(2)水貂病毒性肠炎流行病学调查 2013年课题组为了摸清水貂病毒性肠炎的发病情况,首先在唐山市主要水貂饲养区域内407个水貂养殖场的193 929只水貂中开展了流行病学调查,以临床发现高烧、腹泻、便血、粪便腥臭等病毒性肠炎典型症状即为发生本病,采取实地调查及填写调查表的形式。调查结果见表21-19。

表 21-19 唐山市水貂病毒性肠炎发病情况

县(市、区)	调查场数	存栏数/只	发病数/只	死亡数/只	发病率/%	死亡率/%
乐亭县	178	85 263	9 660	4 280	11.33	5.02
滦南县	34	12 204	1 725	751	14.13	6.15
丰润区	18	7 653	983	382	12.84	4.99
丰南区	43	20 850	2 538	1 128	12.17	5.41
开平区	47	25 638	3 243	1 208	12.65	4.71
滦县	20	10 006	1 283	482	12.82	4.82
其他	67	32 315	3 918	1 623	12.12	5.02
合计	407	193 929	23 350	9 854	12.04	5.08

流行病学调查结果显示,唐山市水貂病毒性肠炎的发病率和死亡率分别为12.04%和5.08%。

(3)水貂病毒性肠炎免疫效果评估(第一次评估) 2013年2—5月,课题组为了摸清现有免疫程序(60日龄免疫)的免疫效果,在河北乐亭县、唐山市开平区、河北滦南县各选3个试验点,选择出生30日龄、45日龄、60日龄仔貂进行采血,利用血凝试验(HA)和血凝抑制试验(HI)测定仔貂母源抗体消长规律。

检测结果见图21-1和表21-20。

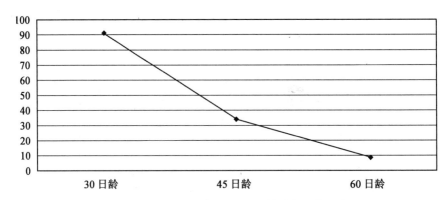

图 21-1　仔貂细小病毒母源 HI 抗体消长规律示意图

表 21-20　仔貂细小病毒母源 HI 抗体测定结果

组别	编号	30 日龄	45 日龄	60 日龄
1	1	128	64	8
	2	64	32	8
	3	64	16	4
	4	128	32	16
	5	64	16	4
	6	32	16	10
	7	128	64	16
	8	64	32	8
	9	64	32	4
	10	128	16	4
	平均值±标准偏差	86.4±37.1	32.0±18.5	8.0±4.6
2	1	128	32	8
	2	64	16	4
	3	128	64	16
	4	32	32	8
	5	64	32	16
	6	128	64	8
	7	64	16	4
	8	64	16	4
	9	64	32	16
	10	128	32	8
	平均值±标准偏差	96.0±33.7	33.6±17.6	9.2±5.0

续表 21-20

组别	编号	30 日龄	45 日龄	60 日龄
3	1	64	32	8
	2	64	32	16
	3	128	64	8
	4	128	32	8
	5	64	16	8
	6	128	64	8
	7	64	16	4
	8	64	32	4
	9	64	32	8
	10	64	32	16
平均值±标准偏差		89.6±33.0	36.8±20.0	8.4±4.4

由测定结果可知 30 日龄、45 日龄和 60 日龄仔貂的血清中母源抗体水平逐渐降低,仔貂在 45 日龄时细小病毒抗体降到保护性抗体以下,60 日降到 10 以下。根据试验结果,课题组修改了水貂病毒性肠炎的免疫程序,将病毒性肠炎首免日龄由原 60 日龄左右首免提前至 45 日龄前首免,减少了近 1 个月的免疫空白期。

(4)水貂病毒性肠炎免疫效果评估(第二次评估)　应用新免疫程序后,2014年 2—5 月,课题组在第一次评估的水貂养殖场开展了第二次免疫效果评估,以检验免疫效果。

检测结果显示 30 日龄、45 日龄和 60 日龄仔貂免疫抗体合格率均在 80% 以上,且均在保护值以上。

鉴于试验结果自 2014 年开始在河北唐山市、河北石家庄市、河北沧州市、河北秦皇岛市等地的水貂养殖场中推行 45 日龄前首免、1 个月后加强免疫一次的免疫程序。

(5)防控效果　为了检验新免疫程序的免疫效果和防控情况,2016 年 10—11月,课题组开展了 2016 年唐山市水貂病毒性肠炎发病情况调查,调查方法同上,调查结果见表 21-21。

由表 21-21 可见,应用新免疫程序后,水貂病毒性肠炎的发病率和死亡率均大幅下降,发病率由项目开展前的 12.04% 下降到 5.04%,死亡率由项目开展前的 5.08% 下降到 1.08%,防控效果显著。

3 年来共在 486 个养殖场 352 万只水貂应用新的免疫程序,使水貂发病率和发病死亡率分别降低了 7 和 4 个百分点。在此基础上我们制定了《水貂病毒性肠炎防控技术规范》,已通过唐山市技术监督局组织的专家审定并颁布实施。

表 21-21　2016 年唐山市水貂病毒性肠炎发病情况

县(市、区)	调查场数	存栏数/只	发病数/只	死亡数/只	发病率/%	死亡率/%
乐亭县	206	103 251	5 076	1 059	4.92	1.03
滦南县	68	33 255	1 936	350	5.82	1.05
丰润区	32	15 200	1 008	189	6.63	1.24
丰南区	57	27 560	1 389	321	5.04	1.16
开平区	50	25 689	1 328	279	5.17	1.09
滦县	32	15 449	675	184	4.37	1.19
其他	77	38 500	1 630	409	4.23	1.06
合计	522	258 904	13 042	2 791	5.04	1.08

2. 水貂阿留申病的净化

水貂阿留申病是影响种貂繁殖性能的一种病毒性疾病,可导致母貂不发情、空怀、流产、死胎及公貂配种能力下降等,是水貂养殖业面临的重点技术难题之一,现已被列位水貂三大疫病之首。该病在世界各国均有发生,据报道规模养殖的感染率为 30%～40%,有的甚至达到 80%～90%,该病现在还没有疫苗进行预防,也缺乏特异性治疗方法。

课题组拟采用首先开展种貂的阿留申病检测、淘汰阳性种貂,逐步建立无该病的种貂群,最后达到控制乃至净化该病的目的。

(1)病原检测　病原检测采用对流免疫电泳方法,按相关操作规程操作。

(2)检测范围　检测对象为全部种公貂和 5 胎以上的种母貂。

(3)阳性病例处置　淘汰所有病原检测阳性的种貂。

(4)实施效果　自 2013 年开始开展检测工作,5 年来共检测种貂 1.66 万只,淘汰了全部阳性种公貂和高胎次种母貂,目前所有开展检测的貂场基本建成无该病污染的种貂群。实施效果见表 21-22。

从表 21-22 中可以看出,2013 年感染群的母貂空怀率为 30.38%,胎平均产活仔数为 3.8 只,自 2014—2016 年开始检测并淘汰阳性貂后的貂群空怀率逐年下降,分别为 12.38%、10.95%、9.44%,产仔成活数分别为 4.5 只、4.7 只、5.1 只。结果表明,通过定期检测种公貂和高胎次母貂,淘汰阳性种貂,经 3 年以上可以有效地控制或净化该病,使母貂的产仔成活数有效提高。

表 21-22　水貂群阿留申病检测情况及实施效果

项目	2013 年	2014 年	2015 年	2016 年
检测水貂数/只	3 760	6 582	5 735	4 360
阿留申病检出数/只	1 850	3 173	2 064	1 011
阳性检出率/只	49.2	48.21	35.99	23.19
淘汰阳性貂/只	1 850	3 173	2 064	1 011
参与配种母貂/只	3 760	3 409	3 671	3 349
空怀母貂数/只	1 142	422	402	316
空怀率/%	30.37	12.38	10.95	9.44
产仔成活数/只	14 288	15 340	17 254	17 080
胎平均产活仔数/只	3.8	4.5	4.7	5.1

四、创新性成果

(1)美国短毛黑水貂改良本地水貂,采用三代横交固定,使改良后的水貂既具有美国短毛黑针毛短、平、齐、密的优点,又保留了本地貂繁殖率高、抗逆性强的特点。

(2)建立了水貂用动物源性蛋白质原料基础数据库,制定了水貂哺乳期日粮调配技术方案,研发的"促进貂、狐产乳与抗应激饲料"能够有效改善水貂哺乳期日粮营养水平。

(3)探索了仔貂细小病毒抗体消长规律,修订了免疫程序,将 60 日龄首免改为 45 日龄首免。

(4)发明的水貂产床能够显著提高仔貂成活率和哺乳效果。

(5)发明的水貂保定笼(四肢悬空)能够很好地对水貂进行保定,且能很好地保护水貂便于进行生长性能测定。

五、实施效果

本项目 2014 年 1 月—2016 年 12 月在河北乐亭县、河北滦南县、唐山市开平区等县区以及石家庄市、沧州市、秦皇岛市等地的水貂养殖场应用,累计改良本地黑水貂 85 万只,生产改良商品貂 368 万只;水貂哺乳期日粮营养调配技术累计应用哺乳母貂 96.34 万只;水貂病毒性肠炎防控技术累计在 486 个养殖场的 352 万只水貂应用;水貂阿留申病诊断及净化技术累计检测水貂 1.66 万只。3 年累计新增经济效益 10 901.72 万元。

美国短毛黑水貂改良本地黑水貂,改良后的水貂毛色漆黑光亮,针毛短、平、齐,皮张质量明显提高,每只母貂平均育成仔貂 4.2 只。制定的水貂哺乳期日粮营养调控技术,使哺乳期母貂泌乳能力明显提高且保持了良好体况,仔貂成活率提高 10.6%,一级皮比例达到 88%,提高 18 个百分点。摸清了不同日龄仔貂细小病毒病母源抗体消长规律,将仔貂首免日龄由原来的 60 日龄改为 45 日龄,优化了免疫程序。利用对流免疫电泳检测方法对养殖场水貂阿留申病进行检测,淘汰阿留申病阳性貂,降低了水貂阿留申病阳性率,每只种貂平均多产仔 1.3 只。

六、与国内外同类研究比较

课题组对本项目取得的研究成果与国内外相关同类研究进行比较,结果见表 21-23。

表 21-23　与同类研究比较

比较内容	本研究特点	同类研究情况
美国短毛黑水貂改良本地黑水貂	公貂针毛长(19.62±0.78)mm,绒毛长(15.79±1.09)mm,针绒比 1∶0.80;母貂针毛长(18.21±1.32)mm,绒毛长(14.93±1.31)mm,针绒比 1∶0.82	公貂针毛长(21.77±0.24)mm,绒毛长(14.80±0.17)mm,针绒比 1∶0.61;母貂针毛长(18.50±0.24)mm,绒毛长(13.77±0.15)mm,针绒比 1∶0.64
水貂哺乳期日粮营养调配	制定了水貂哺乳期日粮营养调配技术方案一套,研发了能促进母貂泌乳和促进仔貂生长发育的抗应激饲料,仔貂断乳成活率达到 80.4%	未见应用促进母貂泌乳和促进仔貂生长发育的抗应激饲料和其他类似产品,仔貂断乳成活率为 70%
水貂病毒性肠炎防控	探索了不同日龄仔貂细小病毒母源抗体消长规律,修订了病毒性肠炎免疫程序,将仔貂首免日龄由原来的 60 日龄改为 45 日龄	有报道免疫时间可在出生后 55～60 d(即分窝 2～3 周后);也有报道疫苗免疫接种在 4～5 周龄或断乳后接种
水貂保定笼	水貂四肢能悬空、身体完全放松、避免人员及貂体伤害	不能使水貂四肢悬空、身体紧张,易发生自体损伤和伤害人员
水貂产床	不会出现压死仔貂现象;箱内干净、干燥、通透性好等	极易出现压死仔貂现象;箱内潮湿、杂乱、通透性不佳

七、技术创新点

(1)制定了应用美国短毛黑水貂改良本地黑水貂,级进杂交三代时开始横交固定的杂交改良技术。

(2)建立了水貂用动物源性蛋白质饲料原料基础数据库,研制了促进母貂产乳与抗应激饲料配方,并应用于水貂哺乳期日粮调配。

（3）研究了仔貂细小病毒抗体消长规律，优化了免疫程序，将 60 日龄首免改为 45 日龄前首免。

八、存在的问题和今后研究方向

水貂杂交改良方面，有些水貂养殖场将改良一代当种用，结果造成改良效果不好，今后要加大宣传与培训力度，使水貂养殖场提高品种选育、疫病防控等方面的意识，使水貂养殖业走向科学养殖，实现水貂养殖标准化。

第二十二章　银狐人工授精技术

　　河北唐山市饲养毛皮动物具有悠久的历史,毛皮动物品种齐全,生产的毛皮被客商誉为"唐山路毛皮"。唐山地区是环渤海地区毛皮动物养殖重要区域,目前,已形成了以河北乐亭县等沿海县为重点的毛皮动物养殖聚集示范带,被命名为"中国珍稀毛皮之都",毛皮动物养殖中银狐年饲养量达 200 多万只,特别近几年来,毛皮动物皮张价格猛涨,激发了养殖户的养殖热潮,养殖量剧增。

　　20 世纪 90 年代初,"银狐人工授精"在养狐技术先进的北欧国家推广应用,而我国则因养殖规模小且零散等原因,人工授精技术较晚。近几年来,狐狸皮张需求量增加,皮张价格翻倍的增长,养殖积极性增高,随着狐狸养殖业的发展,养殖技术水平逐渐提高。种狐繁殖性能的提高已成为制约生产的关键因素之一。

　　银狐自然交配时公母比例平均为 1:3.51,而人工授精条件下公母比例可达 1:14.96。本项目通过普及银狐人工授精技术、建设规范的人工授精站、改进采精和输精方法等措施,每只母狐新增直接经济效益 407.96 元,取得了显著的经济效益和社会效益。

一、研究背景

　　狐狸是季节性单次发情动物,一年仅繁殖 1 次,多胎,一般从每年 1 月中下旬至 4 月中旬为发情配种期,其他季节狐狸的卵巢和睾丸机能都处于萎缩状态,狐狸的发情特点决定了人工授精技术的重要性,目前母银狐自然交配公母比例 1:(3~4),大量饲养种公狐增加了养殖成本。唐山市年饲养银狐数量达 200 多万只。提高母狐受孕率,降低饲养成本,是增加收益的重要途径。为尽快改善目前的人工授精状况,唐山市动物疫病预防控制中心凭借在人才、信息、专业技术方面的优势和国家农业科研专项(不同生态区优质珍贵毛皮动物生产技术研究)的支撑,与中国农业科学院特产研究所、东北林业大学、天津农学院等研究单位和高等院校的技术交流和协作关系,全面推广银狐人工授精技术,大幅降低公狐饲养量,提高产仔数。

二、多点控制试验示范过程及结果

　　2009 年 2 月 15 日至 3 月 20 日,课题组在唐山市开平区、河北滦县、河北乐亭县、唐山市丰南区 4 个人工授精站开展多点控制试验。参加试验的种公狐共 206 只,母狐共 1 853 只。

(一)示范过程和结果

试验分为试验组、对照组,试验组为人工授精组,徒手采精、子宫内输精;对照组采用自然交配。

要求人工授精室设有采精室、精液处理室、输精室,室内保持良好的卫生状况,清洁,空气新鲜,室温保持在 23～28℃,人工授精室内配备相应的器材和用品,如保定架、显微镜、消毒用品、精液稀释用品用具等。技术人员严格按照拟定的狐狸人工授精技术规程所要求的种公狐和母狐的选择、发情鉴定和徒手采精、子宫内输精进行操作,加强银狐的饲养管理,结果见表 22-1。

表 22-1 两组配种、产仔情况

场户名称	种公狐数量/只	分类	参配母狐数/只	产仔母狐数/只	受孕率/%	产仔成活数/只	每窝平均产仔成活数/只	每只公狐配母狐数量/只
人工授精站 1	50	试验组	698	656	94.05	3 306	5.04	13.95
	50	对照组	155	147	94.84	706	4.80	3.10
人工授精站 2	10	试验组	158	149	94.30	790	5.30	15.80
	10	对照组	40	37	92.50	163	4.40	4.00
人工授精站 3	13	试验组	191	180	94.19	882	4.90	14.70
	13	对照组	44	42	94.47	139	3.30	3.42
人工授精站 4	30	试验组	462	443	95.89	2193	4.95	15.40
	30	对照组	105	98	93.33	442	4.51	3.5
合计	103	试验组	1 509	1 428	94.66	7171	5.05	14.96
	103	对照组	344	324	94.06	1 449	4.25	3.51

注:输精和交配时间为 2 月 15 日至 3 月 20 日。

表 22-1 中的 2 059 只试验狐狸数据统计显示,在自然交配组公母比例 1∶3.51,母狐平均受孕率 94.06%,每窝产活仔数 4.25 只;人工授精组公母比例 1∶14.96,母狐受孕率 94.66%,每窝产活仔数 5.05 只。

(二)结果分析

(1)人工输精技术增加了母狐受配数量。用人工授精技术 1 只公狐配母狐 14.96 只,自然交配为 3.51 只。一只公狐的年饲养成本约 330 元,人工授精母狐所承担公狐成本费用为 330 元/14.96 只＝22.06 元/只,自然交配母狐所承担公狐成本费用为 330 元/3.51 只＝94.02 元/只。每只母狐用人工授精技术比自然交配节约成本费 71.96 元。

(2)每窝产活仔数人工授精比自然交配增加 5.05－4.25＝0.8 只,每张皮平均价格 750 元,每只出生至打皮共需要人工费、饲料成本费等均 330 元/只,即:人工授精比自然交配每窝增加收入＝0.8 只×(750 元－330 元)＝336 元。

多点控制试验表明人工授精技术比自然交配每只母狐平均增加收入 71.96 元＋336 元＝407.96 元。

三、主要技术要点

(一)人工输精站建设

1.环境

授精室内卫生状况良好,空气新鲜,室内温度保持在 18～25℃。室外卫生整洁、干净。

2.布局

授精站必须具备采精室、精液处理室、输精室 3 个室,每室面积 4 m² 以上。

3.设备

人工授精室内配备相应的器材、消毒药品等。

采精室:采精架、颈钳套子、集精杯等。

精液处理室:显微镜、滴管、恒温箱、消毒柜、烘干箱、恒温水浴锅、托盘等。

输精室:阴道扩张管、输精针等。

其他准备:洗涤和环境卫生消毒药品、经消毒的工作服、记录表等。

(二)父本的选择

种银狐要求是在 5 月上旬以前出生的,纯种或品质优良,食欲好,粪便正常,毛色顺亮,眼大有神,精神活泼,睾丸较大匀称并富有弹性,无遗传疾病。对于初次参加配种的青年公狐,要加强驯化,驯化的方法是把接近发情的温顺母狐放在公狐笼边,或在笼外手提母狐将其阴部向公狐笼,让公狐嗅,使其对母狐感兴趣,消除胆怯。采精前用经 0.1%～0.2% 新洁尔灭溶液浸泡的毛巾擦拭被采精狐的腹部和会阴部,再用清洁温水擦拭一遍。

(三)人工输精技术

1.准确发情鉴定,确保适时输精

采用外阴变化、行为观察(试情法)、阴道内细胞学检测和测情器相结合的综合鉴定方法,以求达到鉴定准确,输精适时。

(1)外阴变化 母狐发情表现分发情前期、发情期、发情盛期、发情后期四个阶段。①发情前期:阴毛分开,显露阴门,阴门肿胀,阴蒂增大,阴道涂片多数为白细胞,少量有核细胞,持续时间为 4～6 d;②发情期:阴门肿胀明显,几乎呈圆形,有弹性,阴蒂更大,粉红色,阴道涂片中的无核细胞与有核细胞数量相近,持续时间为 2～3 d;③发情盛期(排卵期):阴门肿胀呈圆形,阴蒂外翻,弹性变小,颜色变浅,有乳白色黏液分泌;④发情后期:阴门逐渐恢复正常,当公狐靠近时,摇头尖叫,拒绝接近。在发情盛期段判定为配种最佳期,其他时期均不适宜输精。

(2)行为观察(试情法) 在发情期把发情母狐放到试情公狐笼内,母狐接受公狐闻、嗅等活动,公狐爬跨时母狐站立不动,将尾歪向一侧,这是发情的象征,可以输精。

(3)阴道内细胞学检测法 用灭菌棉签蘸取母狐阴道深部分泌物制作涂片,在 400 倍显微镜下进行观察,看其视野中白细胞和有核细胞数量较少,角化无核细胞最多(约占 90%),此期为排卵期。

(4)测情器测试 应用原理是:发情时,阴道内电阻值发生变化,阻值最高时,发情高峰,最高值后,阻值下降,此时正是卵巢排卵开始,此时也是在母狐接受公狐初次爬跨的 24～36 h,为输精最适期。

2. 改进采精方法,提高采精量

实行简便易行的采精操作,对公狐的采精应用了人工徒手采精法。具体操作方法是:将公狐置于采精台上,操作人员先用37℃的0.1%新洁尔灭溶液对公狐阴部消毒,然后用39～42℃温水沾湿毛巾并拧干,蒸腾睾丸和阴囊,预先调节兴奋而后采精员轻轻地握住阴囊,对阴茎有节奏地按摩,使阴茎伸出阴囊。之后将阴茎拉入后侧,食指和拇指握住阴茎龟头软端,用拇指轻轻按摩刺激龟头,使阴茎勃起。一手轻轻地有节奏地刺激龟头,另一手集精杯对准龟头,准备收集精液,同时有节奏地继续刺激龟头尖部,促使公狐射精,收集精液。公狐射精后,阴茎很快萎萎,将其送回包皮内。收集好进行镜检,观察精子活力和密度。对公狐每日采精1次,连续采精 2 d 后,休 1 d。

3. 准确部位输精,提高受孕率

输精有 2 种方式:站立式输精法和倒立输精法。输精时需要 2 人来完成。

(1)站立式输精法 助手将母狐保定在输精台(架)上,把尾巴稍提起。输精员一手拇指、食指、中指固定子宫颈位置,一手握持输精器末端把扩张管缓缓插入阴道内,直抵子宫颈处,再把输精针放入扩张管内,并使其弯头向上,一手托住母狐的腹部,沿着扩张管下端寻找子宫颈,并用拇指和食指捏住,把输精针轻轻插入子宫颈1～2 cm 处(如已插入子宫颈内,一般感到没有阻力,并有向内吸的感觉),另一助手将事先吸好的 1.0 mL 精液注射器迅速安在输精针上,缓缓将精液推入子宫颈内,取下注射器,输精员用手指轻弹几下输精针,把残留在输精针内的精液弹入子宫内,然后同扩张管一起取出。保定的助手把母狐取下,提起尾巴使其头向下,轻拍2~3下母狐臀部,防止精液倒流。

(2)倒立法 助手将母狐外阴部消毒后,两手抓住母狐两后肢,输精员插入扩张管和输精针,将精液输到子宫颈内1~2 cm处,输精针和扩张管拔出后,继续保持倒立姿势3~5 min,精液自然流到子宫和子宫角内。

如果输精手法得当,母狐生殖道无畸形,则输精过程中母狐表现安静。

(四)加强种公狐饲养管理,保证精液品质优良

1—4月正是繁殖季节,加强种公狐饲养管理,饲喂营养丰富,使之保持中上等体况。在配种繁殖期,因公狐性活动旺盛,运动量和体力消耗大,饮水要充足、更新要及时,每日至少4次,防止过早丧失性欲;繁殖季节,种公狐要放在棚舍阳侧接受光照,同时,从12月起,在种狐舍安装照明设备,对种狐每天补充2 h人工光照,以利于性器官的发育。

(五)采取措施,防止疾病传播

一是采取日常性消毒措施,交替应用消毒剂,每周对狐舍及环境消毒一次,并禁止非饲养人员随意进出狐场。二是适时防疫,预防疾病传播,如犬瘟热、病毒性肠炎、狐脑炎等疾病的疫苗注射,防止疾病的发生和传播。三是防治寄生虫病发生。体内驱虫,药品拌食内服,先后服用3次,第一次服后,隔2 d服第二次,再隔3 d服第三次。体外驱虫,第一次服后隔7~10 d再服第二次。

四、创新点

(1)建立了标准人工授精站。
(2)制定了《狐狸人工授精技术规程》,此标准的制定获得国内领先水平。

第二十三章 新型水貂笼箱应用技术

笼箱是水貂养殖最基本的设施,主要包括产箱和运动场,产箱的结构、大小对水貂的产仔保活和毛皮质量有很大影响,运动场的规格及面积对水貂的生长发育和毛皮质量影响也很大,运动场太大浪费场地,太小不利于水貂的生长发育。

我国的新型水貂笼箱是在引进丹麦水貂品种及先进的饲养管理设备及理念之后,根据我国的实际情况加以改造而成的,这种新型的笼箱最突出的优点是可以笼顶贴料,可以增加貂舔舐,增加水貂的生活舒适度,增重体重,拉长皮张的生长;便于机械化操作,减少饲料浪费,如果配合机械化喂食,1名工人可养殖种貂2 000只,人工饲喂1名工人可养殖种貂500~1 000只(旧式笼具1名工人最多可以喂养300只水貂),节省了人工投入,也大大提高了经济效益。

一、研究背景

(一)开展该项目的必要性

随着水貂饲喂方式的改变和饲养水平的提高,水貂的体长和体重不断增加,单笼饲喂的旧笼箱在规格和结构方面已越来越不适合水貂的生长发育和市场需求。新型的水貂笼箱在规格方面做了一些调整:增加了运动场的高度、长度,改造了产箱的总体结构,实现了笼底双层和笼顶焊接网构成,有助于笼底垫料更换及时,降低疾病的发生,有助于笼顶仔细观察仔貂生长发育和母貂母性,为提高仔貂的成活率提供了措施;增加笼顶贴料,锻炼了仔貂的运动能力,也增加了单笼饲养密度,节约了人工投入,降低了劳动强度和饲养空间,提高了水貂的毛皮质量和经济效益。

(二)开展该项目所具备的条件

唐山市动物疫病预防控制中心与石家庄市农林科学研究院拥有多名从事毛皮动物研究的专业技术人员,目前两家单位正在从事的国家科研项目"不同生态区优质珍贵毛皮动物生产技术研究",与基层养殖企业及养殖户有着紧密的联系,可以通过技术培训和大户示范带动养殖户从事一些先进技术的应用,加之自 2009 年毛皮动物皮张价格持续上涨,养殖量增加,随着养殖量增大和经济效益的提高,养殖户对水貂的品种、饲养、笼箱的改进等方面的技术有了新的要求,新型笼箱的使用正迎合了养殖户理念的转变,养殖户容易接受,目前一些大型的水貂养殖场新型笼箱的引用及机械化喂食车的投入,使小型养殖户看到了科技所带来的收益,通过大型养殖户的示范带动作用,促进了新型水貂笼箱的推广应用。

(三)主抓的技术环节

一是建立示范基地,以点带面进行示范推广。二是技术培训,加快笼箱全面推广。通过技术培训,使养殖户能熟练地掌握新型笼箱的使用方法。三是应用调查跟踪,及时解决新型笼箱在使用过程中遇到的各种技术问题,调整笼箱更换后的饲料配方、分笼分窝方案、铺设垫草等实际技术问题,为广大养殖户做好技术服务,解除后顾之忧。

二、多点控制试验示范过程及结果

课题组对唐山、石家庄、沧州、廊坊等地养殖水貂密集地区的大养殖场进行了养殖情况调查,并实施了示范试验,其结果如表 23-1 所示。

表 23-1　水貂场新型水貂笼示范统计结果

场名	年饲养量/只	使用笼箱个数(套)按每套笼具饲养4只貂计算	试验前					试验后				
			打皮时平均每张皮长度/cm	平均每张皮价格/元	仔貂死亡率/%	需要饲养人员(每人管理300只计算)/名	每年人工费(每月1200元)/元	打皮时平均每张皮长度/cm	平均每张皮价格/元	仔貂死亡率/%	需要饲养人员(每人管理500只计算)/名	每年人工费(每月1200元)/元
1 场	750	187.5	65	220	16	3	36 000	75	265	13.0	1.5	21 600
2 场	2 500	625	62	210	15	8	120 000	72	255	12.0	5.0	72 000
3 场	602	150.5	56	185	14	2	28 896	64	210	10.0	1.2	17 337.6
4 场	4 250	1 062.5	63	210	16	14	204 000	73	260	12.0	8.5	122 400
5 场	430	107.5	56	185	15	1	20 640	65	220	11.0	0.9	12 384
合计	8 532	2 133	60.4	202	15.24	28	409 536	69.8	242	11.6	17.1	245 721.6

通过以上养殖场调查、示范分析,结果表明:饲养 8 532 只水貂情况下,按每套水貂笼箱饲养 4 只水貂计算,①使用旧式水貂笼箱饲养的水貂皮长 60.4 cm,新式水貂笼箱饲养的水貂皮张 69.8 cm,使用新式水貂笼箱比旧式水貂笼箱每只水貂皮张增加了 9.4 cm,皮张价格也由平均 202 元/张增加至 242 元/张,增加收入 40 元/张。从而每套水貂笼箱增加收入＝40 元/张×4 只＝160 元;②旧式水貂笼箱饲养需要使用人工 28 人,人工费每年需要 409 536 元。新型水貂笼箱使用后,饲养动物同等情况下,使用人工 17.1 人,人工费每年使用 245 721.6 元,节省了 163 814.4 元,平均每套水貂笼箱节省人工费＝163 814.4 元/2 133 套＝76.8 元;③使用旧式水貂笼箱仔貂死亡率 15.24％,使用新型水貂笼箱后,仔貂死亡率 11.6％,则死亡率降低了 3.64 个百分点;④旧式水貂笼箱的成本费 50 元/套,新型水貂笼箱的成本费 80 元/套,新型水貂笼箱比旧式水貂笼箱降低成本 30 元/套。

多点示范试验表明使用新型水貂笼箱节省费用约 160 元＋76.8 元＋

3.64％×242 元/张×4 只－30 元＝242 元/套。

新、旧型水貂笼箱结构及使用情况优缺点见表 23-2。

表 23-2　新、旧型水貂笼箱结构及使用情况优缺点对比

	运动场		运动场与笼箱的结合处	产箱			饲喂水貂方式
	规格	结构		规格	质材	结构	
旧笼箱	45 cm×40 cm×30 cm	四周用同质量普通铁丝网围成	产箱与运动场之间有一直径 12 cm 的出入口,无铁皮包裹	35 cm×26 cm×29 cm	全 部 为 木质	除顶可以开关的木门外,其余为封闭的木头做成	食盆式
新笼箱	71 cm×31 cm×46 cm	顶为铁丝网,靠前段喂料区由专制贴料网组成,底层在哺乳期放可以活动的同样大小的铁丝网。其他笼面为普通铁丝网围成	产箱与运动场之间有一直径 12 cm 的出入口,且包裹一圈铁皮,并增加了挡风板	上、下铁丝网规格为 31 cm×22 cm×28 cm	箱侧面由密度板制成,上、下层为铁丝网	上、下层均为可以开关笼网,下层为中间间隔 5 cm 宽的双层铁丝网组成,四周为密度板做成	抹料(贴料)

续表 23-2

	运动场		运动场与笼箱的结合处	产箱			饲喂水貂方式
	规格	结构		规格	质材	结构	
优缺点		新型笼箱运动场较旧式窄、长、高,长有助于水貂在笼内奔跑,使水貂有更大的活动空间;高,在采用笼顶抹料(贴料),使水貂采食时,用力攀爬,有利于水貂对身体的拉长,增加水貂的体长和皮张长度,由于贴料也减少清洗食盆的劳动投入,降低了工人的劳动强度。运动场的面积增加,在育成期和冬毛生长期可单笼饲喂3～4只水貂,水貂有玩耍伙伴,争抢采食,休息时相互取暖,减少能量的消耗,有利于水貂的生长发育,也降低了人工饲养成本;如果不同性别的水貂同笼饲养还可促进性腺的发育,减少配种对水貂的应激,使配种工作顺利进行	包裹铁皮是防止水貂啃咬产箱边缘(木质),有助于貂笼的保护和使用年限;挡风板可以防止贼风,有助于保暖		1.质材优缺点:旧式的产箱为实木材质,生产时很难规格一致;新型产箱采用密度板加电焊网结合而成,规格一致,标准、美观,便于工厂化加工,适应现在养殖业规模化、标准化饲养。 2.结构的优势:①产箱顶层为铁丝网。可以在仔貂刚学会采食时进行贴料,因为体型尚小,不宜进出产箱时就从小开始锻炼仔貂活动、攀爬;产箱上层为能开关的铁丝网构成,容易观察查看仔貂生长发育和母貂的母性等。也减少因开箱不变造成惊扰母貂咬死仔貂现象;②产箱底层为双层铁丝网。在配种季节,在双层的铁丝网间铺设垫料,底层的最下层铁丝网为活动网,可以很方便更换垫草,不会因更换垫草时给母貂带来气味,在仔貂哺食时母貂食恩现象发生,也防止母貂叼食垫草导致底部无垫草时,及时填补,以免造成仔貂着凉冻死;及时更换垫草,降低疾病的发生			使用新型笼箱后,也改变了水貂的饲喂方式,由流食改进为箱顶贴料,由原始的低头食用改为爬高舔舐。①大大地增加了貂皮的长度,②也增进了绒毛等生长,③初食到打皮整个饲喂过程不用食盆,减少刷洗食盆的劳动投入

三、项目实施技术方案

对山东、大连等水貂养殖比较集中的区域考察新型水貂笼箱使用情况→在有龙头作用的大型养殖户安装新型水貂笼箱,并定期进行回访和沟通→组织养殖户,开展技术培训,讲解先进水貂的养殖技术、养殖设备和养殖理念→通过大型养殖户的示范带头作用,带动小型养殖户的设备改进→在唐山市及周边养殖密集区域进行新型水貂笼箱的推广→使用过程中及时查找问题,及时改进。在推广的过程中充分利用课题组在毛皮动物行业的影响,把技术服务与推广相结合,向养殖户宣传现代化的饲养管理模式及所产生的经济效益,并在推广的过程中帮助养殖户解决在新型水貂笼箱使用过程中的技术问题,并多次聘请专家进行指导,指导养殖户饲喂方式的转变,帮助养殖户调整饲料配方,如何铺设垫草,指导仔兽的分笼分窝,以及在产仔配种期帮助养殖户设计育种卡片和如何整理产仔配种记录等。

四、项目不同阶段采取的主要技术措施

采取技术服务与推广相结合的措施。

(一)水貂新型笼箱使用情况调查

大连、山东等水貂养殖户密集的地区通过对丹麦、美国水貂的引进,并同时引进相关的设备和先进技术,一些大型养殖场在建厂之初就开始安装新型水貂笼箱,以适应机械化喂食车的应用,大大提高了养殖效益,降低了人工投入。通过对山东、大连新型水貂笼箱使用情况的调查、分析,进一步了解新型水貂笼箱的特点与优势,唐山、石家庄等地区养殖大户较少,一般以庭院式养殖较多,因此新型水貂笼箱的使用不是很广泛,只有一些大型的水貂养殖场在使用,小型养殖户没有使用新型水貂笼箱。通过准确的数据调查,更科学、准确地分析唐山市及周边地区的推广前景。

(二)开展培训、参观活动,增强养殖户对新型水貂笼箱的认识

课题组通过组织培训会,并通过大户的示范作用,宣讲新型水貂笼箱的优势,并通过新技术与新产品的培训,改变养殖户的养殖理念,课题组在技术培训的过程中讲述使用新型水貂笼箱后饲料如何做相应的更改、如何铺设垫草、如何在产仔配种期使用产仔育种卡,解除了养殖户的后顾之忧。

(三)新型水貂笼箱的安装

在新型水貂笼箱的安装上,课题组及时联系国内这方面的技术人员,组织开展技术培训班,培训养殖户安装技巧和使用方法,根据养殖场实地情况,增派技术人员实施免费设计新型水貂笼箱的摆放,并根据现场情况,因养殖场地的需要,定做合理的新型水貂笼箱,一般一组新型水貂笼箱分 6 套小笼箱组成,及时更改小笼箱套数的组成。以减少占地空间,改进便捷的饲养管理。安装方法:①建立底托,底托高度在离地面 50 cm 左右,宽度在 30~40 cm,以支撑笼子的产箱用,可以用三角铁焊接或砖砌成,要求坚固、高度一致;②笼箱运动场和产箱连接,在距离两个笼箱的两侧边缘 2 cm 处,用专用卡口钳将两个卡扣扣紧,卡口朝上;③运动场固定在棚顶或棚柱上,以坚固的钢丝网将运动场前段与棚顶固定;④每套笼具

之间的连接利用运动场侧面用专用卡口卡紧,一般 6 套笼箱为一整体,产箱前、后板与笼箱套数对应。新型水貂笼箱在使用过程中因唐山气候的不同改进了笼箱构成。一是在出入口增置挡风板。在产仔哺乳季节,在出入口处安装挡风板,一方面可以挡住寒风,有利于保暖;另一方面可以防止小貂从产箱爬到运动场,当母貂要去运动场活动而仔貂正在哺乳时,通过挡风板一刮,又回到产箱,以防小貂掉到运动场冻死,有利于小貂的保活。二是增设运动场垫网。在产仔哺乳季节,可在运动场上再铺设一层喷塑的铁丝网,等仔貂稍大时再把喷塑网撤出,以防止仔貂从运动场的网孔漏下。

(四)贴料的制作和使用

贴料的制作方法与传统拌料方法基本相同,但在饲料调配过程中,先把动物性饲料粉碎搅拌均匀,然后加入玉米粉并缓慢添加水继续搅拌均匀,水量控制不超过 5%(贴料配置的主要指标),使调配好的饲料达到团状、成形、不塌落,在貂笼网格上不下落为最佳。饲喂时,根据水貂的营养需要进行添加饲料量,添加只需把贴料往貂笼上片一抹即可。让水貂仰头伸长身体扒够采食,在下次喂食前,要对剩料进行彻底清理网上残留物。

采用贴料饲喂,可以更适合水貂的野生饮食习惯,促进生长发育,同时便于机械化添喂,大大减轻饲养员的工作量,提高工作效率。

(五)实施跟踪手段,随时调整技术方案

新型水貂笼箱在使用过程难免存在一些问题,我们进行了新型水貂笼箱使用跟踪手段,及时掌握使用情况,及时查找存在的问题和解决方案,包括产箱出口加设挡板以防贼风的入侵,在贴料区加设饲料盖板以防鸟类偷吃饲料、以减少饲料的浪费等技术。

五、技术关键与创新点

(一)技术关键

(1)准确地掌握新型水貂笼箱使用方法。产箱垫料的铺设和更换、产仔后通过产箱观察等技术。

(2)抹(贴)料的制作。根据养殖户的饲料配方,对饲料中各种营养物质及水分的含量进行调整,使其既符合对仔貂和其他时期水貂的营养,又符合贴料的要求。

(二)创新点

(1)产箱结构的改变,提高了毛皮质量,降低了母貂和仔貂疾病的发生,也降低了仔貂冻死率。

(2)贴料的使用,大大降低了饲养人员劳动力。

第二十四章　美国短毛黑水貂改良本地黑水貂技术

河北唐山市水貂品种主要为地方黑水貂、金州貂后裔等,随着水貂养殖业的快速发展,规模化、集约化饲养程度越来越高。但与水貂养殖发达国家相比尚存在不足,主要表现为饲养水平不高、生产性能低下、毛皮质量参差不齐、饲料配制缺乏科学性、疫病的发病率和死亡率高等,从而造成毛皮质量低,经济效益不高,市场竞争能力不强。因此,解决品种、饲料、疫病防控等方面关键技术问题是水貂养殖业的当务之急。

为此,2009年唐山市动物疫病预防控制中心积极与中国农业科学院特产研究所合作,承担了国家科技部、农业部重点科研项目"不同生态区优质珍贵毛皮生产关键技术研究",在此基础上,进行了"唐山市水貂新品种选育"技术研究,即以美国短毛黑水貂为父本,本地黑水貂为母本进行级进杂交,建立水貂育种核心群。在推广方式上,我们采用了边研究、边示范、边推广,使改良后代不仅具备美国短毛黑水貂毛短、针绒毛长度比适中、毛色黑亮等优点,同时也保留了本地黑水貂抗逆性强、繁殖性能高等特点,使毛皮优质率大幅度提高,每张皮提高经济效益100元。

一、研究背景

随着人们生活水平的提高,人们对毛皮需求的理念也在发生变化,逐渐从数量型向质量型转变,优质优价已成为国内外市场的必然选择,2007年我国水貂皮的生产量占全球的50%,是名副其实的水貂养殖大国,但质量不好,等级低,在国际毛皮市场上,北欧和北美产貂皮销量占全球貂皮销量的56%,所以我国虽是养殖大国但不是强国。2009年12月在丹麦哥本哈根皮草交易中心的拍卖会上,总成交量140万张,交易额3.01亿美元,平均每张215美元,折合人民币1 468.24元(2009年10月1日央行折算价100美元兑682.9元人民币),而在那次会上共300个买家,中国占了240家,将国际售价提高36%。当时国内貂皮平均售价为250~300元/张,国际售价是国内的5倍左右。所以改良水貂品种、提高毛皮质量、增加经济效益已成为水貂养殖面临的重要问题。

(一)以国家重点科技项目为基础

唐山市动物疫病预防控制中心承担的国家科技部、农业部重点科研项目"不同生态区优质珍贵毛皮生产关键技术研究",部分研究内容已取得多项成果,品种改良方面连续开展了三代级进杂交并开始进行横交固定,建立了育种核心群,为该推广奠定了技术基础。3 年间,唐山市先后引进美国短毛黑水貂 16.5 万只,为推广美国短毛黑水貂改良本地黑水貂奠定了种源基础。

(二)具备开展项目所需的人力、物力条件

一是具备较雄厚的技术力量,课题组组织了唐山市动物疫病预防控制中心及重点水貂养殖县区的 20 多名中、高级专业技术人员参加本项目推广工作;二是唐山市动物疫病预防控制中心及项目各参加单位具备与本技术推广相适应的专业仪器设备;三是唐山市水貂养殖快速发展,且规模化、专业化、集约化水平逐年提高,成为我们推广本项技术的前提。

二、多点控制试验示范过程与结果

(一)试验时间与地点

2009 年 3 月至 2010 年 12 月,选择河北乐亭县马头营镇马头营村养貂场、河北滦县雷庄镇新店子村养貂场、河北乐亭县闫各庄镇西刘庄貂场、石家庄市农业科学研究院水貂试验场共 4 个试验点。实验室检测在河北科技师范学院遗传育种室和唐山市动物疫病预防控制中心实验室进行。

(二)试验示范内容与方法

1. 改良效果试验

(1)分组

①试验组:美国短毛黑公貂×本地黑母貂。

②对照组 1:美国短毛黑公貂×美国短毛黑母貂。

③对照组 2:本地黑公貂×本地黑母貂。

要求各组饲养环境、饲料营养水平、饲养管理措施等一致,尽量减少试验人为误差。

(2)内容与方法

①分别测量各组后代的窝重、毛长、针绒比,比较各组后代的生产性能指标。

②测量各组后代皮张各 100 张,比较毛绒平齐度、色泽光亮度、被腹毛一致性、一级皮比例等指标。

2.繁殖性能比较试验

(1)分组 各组均为60只母貂。

①试验组:美国短毛黑公貂×改良母貂。

②对照组1:美国短毛黑公貂×美国短毛黑母貂。

③对照组2:本地黑公貂×本地黑母貂。

要求各组饲养环境、饲料营养水平、饲养管理措施等一致,尽量减少试验的人为误差。

(2)内容与方法 每组均测量产仔、成活等情况,比较各组繁殖性能的差异。

(三)试验结果

皮毛性能、皮张质量和繁殖性能结果详见表24-1,表24-2,表24-3。

表24-1 皮毛性能指标对比

组别	性别	数量/只	分窝重/g	针毛长/cm	绒毛长/cm	针绒比	打皮时体长/cm
美国短毛黑	公	50	525.36	2.03	1.78	1:0.88	44.59
	母	50	422.18	1.79	1.54	1:0.86	37.38
改良后代	公	100	524.20	2.19	1.81	1:0.83	44.97
	母	100	427.65	1.98	1.59	1:0.80	38.07
本地黑水貂	公	100	513.55	2.52	1.82	1:0.72	44.75
	母	100	414.80	2.40	1.66	1:0.69	37.50

表24-2 皮张质量对比

组别	测定皮数/张	毛绒平齐/张	皮形完整无伤残/张	色泽光亮纯正/张	背腹毛一致/张	一级皮/张	所占比例/%	其他等级/张	所占比例/%	平均售价/元
美国短毛黑	100	97	97	98	95	90	90	10	10	440
改良水貂	100	95	95	94	92	88	88	12	12	420
本地黑水貂	100	70	92	74	69	67	67	33	33	320

表24-3 繁殖性能对比

组别	测定窝数/窝	共产仔/只	平均窝产仔/只	空怀率/%	仔貂成活/只	仔貂成活率/%	幼貂育成/只	育成率/%	胎均育成/只
美国短毛黑	60	272	4.53	15	232	85.30	221	95.26	3.68
改良水貂	60	361	6.22	10	320	88.64	311	97.19	5.18
本地黑水貂	60	388	6.47	8	350	90.21	346	98.86	5.77

（四）结果分析

（1）从表 24-1，改良貂与本地水貂比较，分窝重基本接近，针、绒毛长和针绒毛比接近美国短毛黑水貂，比本地黑貂有明显改进，其中针毛分别缩短 0.33（公）cm和 0.42（母）cm，并表现出了美国短毛黑水貂针毛短、平、齐、密，绒毛丰厚，有弹性、分布均匀、密而柔软，背腹毛色一致，针绒毛长度比适中、毛色黑亮等优势。

（2）从表 24-2 可见，改良貂一级皮率远远高于本地貂，而与美国短毛黑水貂差异不明显，这说明改良貂具备了美国短毛黑水貂的优势。

（3）从表 24-3 可见，产仔率和成活率改良貂与本地貂接近而高于美国短毛黑，育成率三组之间差异不显著。说明改良貂保留了本地黑水貂繁殖力高、空怀率低、成活率高等特点。

（4）在同等饲养管理水平下，改良水貂皮的皮质接近美国短毛黑水貂皮而远强于本地水貂皮，每张皮增加收入 100 元，经济效益大幅提高。

三、主要技术要点

（一）亲本的选择

1. 父本

美国短毛黑种水貂要求针毛平齐光亮，绒毛丰厚柔软，背腹毛色一致，全身无杂毛，背腹部毛绒长度差别不明显，背腹部针毛长度分别为（20.2±0.9）mm 和（18.9±0.2）mm，背腹部绒毛长度分别为（15.3±1.0）mm 和（14.5±0.9）mm，针绒毛长度比 1∶0.88 左右；体重（2.46±0.22）kg，体长（47.6±1.8）cm；颌下和腹部白斑不超过 1 cm²。

2. 母本

抗病力强，繁殖率高，符合本地水貂品种特征。

（二）种貂发情鉴定

水貂是季节性繁殖动物，各生物学时期的季节性变化非常典型和固定，且随着日照周期的变化而有规律的体现。春分以后，随着光照时数的增加，公貂睾丸逐渐萎缩进入退化期。秋分以后，随着光照时数的逐渐缩短，睾丸又开始发育，冬毛成熟后，睾丸迅速发育。到 2 月，睾丸重量可达 2.0～2.5 g，开始形成精子，分泌雄性激素，出现性欲。母貂秋分后卵泡开始发育，发育到直径 1 mm 时出现发情和求偶现象。

1. 种公貂鉴定

用手触摸公貂睾丸，发现隐睾、单睾、体积过小而发育不良的公貂要及时淘汰,公貂发情时,表现兴奋不安,常徘徊于笼内,食欲不振,经常发出求偶的"咕咕"声,性情较平时温顺,睾丸明显增大、睾丸囊舒松下垂,触摸时有弹性。

2.母貂发情鉴定

(1)眼观法　一只手抓颈,使其后腹部向上,头向下,另一只手抓住臀部和尾巴,尾自然下垂,两后腿自然分开,然后仔细观察。若母貂阴门位置离肛门太近或太远,阴门口狭小或扭曲畸形者均要淘汰作皮貂。母貂休情期外阴部紧闭,挡尿毛呈束状覆盖外阴部,发情时,首先是发情母貂食欲不振,活动频繁,不安,经常躺卧在笼底蹭痒,排绿色尿液,一遇见公貂则表现兴奋和温顺,并发出"咕咕"的叫声。其次外阴肿胀充血而变化大,初期阴毛逐渐分开,阴唇微肿胀充血,呈粉红色,黏膜干而发亮。此期拒配或交配也不排卵;中期阴唇肿胀,明显外翻成四瓣,椭圆形。黏膜湿润有黏液,呈粉白色。此期易交配并能排卵;后期外阴部逐渐萎缩、干枯,黏膜干涩,有皱褶、无黏液;挡尿毛逐渐收拢。

(2)显微镜阴道内容物检查　水貂阴道黏膜细胞在发情期有一定的变化规律,用滴管先吸少量清洁水,插入母貂阴道吸取内容物少许,涂于载玻片上,用普通显微镜放大400倍观察。根据阴道内容物细胞的形态变化,可分为4个时期(图24-1)。

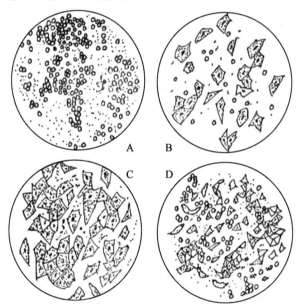

图 24-1　母貂阴道分泌物细胞形态变化图

①休情期(图 24-1A):视野中可见大量小而透明的白细胞,无脱落的上皮细胞和角化细胞。

②发情前期(图 24-1B):视野中的白细胞减少且出现较多的多角形角质化细胞。

③发情旺期(图 24-1C):视野中无白细胞,具有大量的多角形有核角质化细胞。

④发情后期(图 24-1D):视野中可见角质化细胞崩解成碎片,并有白细胞出现。

(三)配种

1.试情

将发情旺期母貂放入公貂笼中,发情母貂被公貂追逐时无敌对行为,到适配期母貂被公貂爬跨时,尾巴翘向一边,温顺地接受交配;若出现害怕躲避公貂,向公貂进攻,抗拒公貂追逐和爬跨,并发出尖叫声。此时母貂为发情不够,要立即抓出以免咬伤,待发情好时再试配。

2.放对交配

在准确断定母貂发情后,将公、母貂放在一起进行放对交配。因在寒冷的晴天,水貂性欲旺盛,易达成交配。所以水貂放对时间要安排在一天比较凉爽的时候,在交配期间要求环境安静。

3.交配次数

视雄貂的交配力和它的体质强弱而定,一个配种期(水貂是季节性多次发情,母貂在配种季节有 2~4 个发情周期,每个发情周期 7~10 d,发情持续期 1~3 d,间情期 4~6 d)一般掌握在 10~15 次,较强壮的雄貂一个配种期不得高于 20 次,初配期每天每只雄貂只让交配 1 次,连续交配 2 d,停止使用 1 d;复配期,每天每只母貂配 2 次,而且两次配种时间要间隔 4~6 h,连续 2 d 交配 3~4 次者,停用 1 d。

(四)饲养管理措施

根据水貂各生物学时期的季节性变化可分为不同的管理时期。见表 24-4。

表 24-4   水貂生物学时期的划分

阶段	生物学时期	时间	主要作用
1	准备配种期	9月下旬至翌年2月	性器官开始发育
2	配种期	2月下旬至3月中旬	性器官继续发育至成熟,配种高峰
3	妊娠期	3月下旬至5月中旬	公貂睾丸萎缩,母貂卵巢形成黄体,胚胎着床,3月下旬开始脱冬毛换夏毛
4	产仔哺乳期	4月下旬至6月下旬	哺乳 40~45 d,保持环境安静卫生继续脱冬毛换夏毛
5	种貂恢复期	4—8 月(公),7—8 月(母)	继续脱冬毛换夏毛,加强管理,保障种貂营养全面
6	育成期	6—9 月	及时接种疫苗,科学饲喂,饲料全价9月初开始脱夏毛长冬毛
7	冬毛生长期	10—12 月	继续脱夏毛换冬毛至成熟

1.饲养管理三个环节

(1)准备配种期种貂体况调整　种貂不能过瘦,也不能过肥,一般情况下,配种前公貂体重应保持在1 800～2 200 g,平均2 000 g左右;母貂800～1 000 g,平均850 g,若公貂超2 200 g,母貂超1 100 g为过肥;公貂不足1 700 g,母貂不足700 g为过瘦。

鉴别方法:采用引逗水貂立起观察法,中等体况的,腹部平展或略显有沟,躯体前后匀称,运动灵活自然,食欲正常,过瘦种貂后腹部明显凹陷,躯体较细,脊背隆起,肋骨明显。过肥种貂后腹部突圆甚至脂肪堆积下垂,行动笨拙,反应迟钝,食欲不旺。对过肥、过瘦种貂要采取措施调整到中等体况。

(2)仔貂20日龄时及时更换垫草　仔貂20日龄后开始采食饲料,母貂不再舔食仔貂粪便,仔貂将粪便排到小室内,加之母貂把饲料叼到小室饲喂小貂,所以小室内很容易污秽不洁,从而仔貂易发生各种疾病,所以仔貂20日龄后要注意小室卫生,及时更换污秽的垫草,同时食具要经常洗刷消毒。

(3)及时断乳分窝　仔貂到45日龄左右时若同窝仔貂体形相近,体重达到250 g左右时可一次性全部与母貂分离,遇同窝有的发育不好时,可将健壮的符合体重标准的先分离出来,弱小的暂时由母貂带养,但最迟应在60日龄分出。

2.饲养管理三个关键

(1)根据水貂不同生物学时期的营养需要调整日粮配方　水貂是食肉性的珍贵毛皮动物,饲养方式为人工笼养,水貂进行新陈代谢、生长发育、运动和繁殖等必需的蛋白质、脂肪、碳水化合物、无机盐、维生素和水分等营养物质都要从人工供给的饲料中摄取,不可能从其他渠道得到,为满足水貂不同生物学时期的营养需要,必须根据水貂不同生物学时期的营养需要随时调整水貂日粮配方。

(2)要保持周围环境及饮食卫生　对棚舍及环境要定期消毒,并交替使用消毒剂。对食槽、水盒要每天刷洗干净并进行日常性消毒,尤其是炎热的夏季,各种病原微生物活动也较猖獗,饲料、食具、环境的卫生尤为重要,并保证清洁饮水。

(3)适时接种疫苗　幼貂从乳汁获得的母源抗体在体内只能维持10～15 d,所以幼貂自断乳分窝之日起,一定要在断乳分窝后的15 d之内及时接种犬瘟热、细小病毒肠炎和脑炎等疫苗。

3.饲养管理要注意五个问题

(1)配种准备期注意小室垫草充足卫生　此时即将进入冬季,要在小室中铺设干燥柔软干净卫生的垫草,并随时检查小室,发现垫草污秽潮湿要及时更换,以便安全越冬。

(2)保持环境安静,严防跑貂　产仔母貂喜静厌惊,在母貂产仔时宜保持貂场安静,严禁在养殖场和周边喧哗敲打和不安静行为,不许随意揭开箱盖查看,或用手电筒直接照射产箱以免惊吓母貂。

母貂断乳后因思仔心切,极易逃跑,逃走的母貂会将窝中仔貂叼走,造成其他母貂惊恐,严重时可造成母貂弃仔或食仔,所以要加强笼舍检查和维修。

(3)皮貂要防止刮伤皮肤或毛绒　要经常检查笼具,防止锐利刺物刮伤皮肤或毛绒,喂食时不要使饲料玷污皮貂毛绒,以防毛绒缠结,及时清理粪便和剩食,以防污染毛绒。

(4)注意防暑　夏季酷暑季节,阳光直射易使水貂中暑,幼貂中暑死亡率极高。所以随时驱赶熟睡的幼貂运动,午前午后向棚舍内和地面上洒水,通过水分蒸发达到防暑降温的目的;保证水盒不断水,在饲喂时间上把早、晚喂食时间拉长,赶在凉爽的清晨和傍晚饲喂,喂完后及时将食槽清理干净,以防因残食腐败变质,幼貂误食后引发疾病。

(5)注意水貂防雨,以防引发感冒等疾病　夏季除酷暑外,也是雨季连天季节,要随时检查貂棚是否漏雨,为防止风雨天雨水直接淋到幼貂,可在貂棚两侧设置雨搭。

4. 饲养管理三个要点

(1)要做到种貂和皮貂分开饲养　做种用的水貂要放在南侧接受充足的光照,皮貂要养在阴暗的环境里,或集中在北侧或阳光少的位置,减少光照强度,因较阴暗的环境有利于提高毛皮光泽度。

(2)要做到饲料品质新鲜　水貂不能喂腐烂变质、酸败发霉的饲料,否则,水貂食后会造成下痢、流产、死胎、烂胎、大批空怀和大量死亡等后果,在母貂妊娠期不能喂用激素含量过高的动物性产品,因其中含有的催产素和其他性激素,能干扰水貂正常繁殖而导致大批流产。

(3)要做到种貂及时选留　种公貂配种结束及母貂断乳后要严格按种用标准对种貂进行选留,不宜再做种用的公、母貂,一律淘汰做皮貂用。

留下的种公貂采用繁殖期母貂日粮营养标准,给量较母貂增加 1/3~1/2;留下的种母貂采用幼貂育成期的日粮营养标准,不限量采食。

5. 加强防疫,科学管理

(1)严格按技术要求和程序进行免疫,及时注射犬瘟热、病毒性肠炎等疫苗。

(2)禁止非饲养人员及其他养貂户人员随意进出貂场,以防造成交叉感染,若因特殊情况进入貂场要有消毒措施。

(3)防治寄生虫病发生　可进行体内和体外驱虫,用药品(四川维尔康动物药业有限公司产的百虫王胶囊)拌食内服,成年貂每半年 1 次,每次 1 粒/只;幼年貂在 8 月服用(分窝 2 个月左右);有的个别貂食欲旺盛,但体型显瘦,应怀疑有寄生虫,可相隔 1 个月补喂 1 粒。

(4)一旦发生疫情要及时进行隔离,消毒,对病死貂进行无害化处理,防止疾病扩散与传播。

第二十五章　貂、狐新型饲料添加剂应用技术

　　针对当前貂、狐养殖中存在的日粮营养水平不均衡、生产性能及皮张优质率较低等问题，唐山市畜牧兽医研究所向唐山市农业办公室申请立项"貂、狐新型饲料添加剂应用推广"。本项目基于国家行业项目"不同生态区优质珍贵毛皮生产关键技术研究"内容之一"貂、狐日粮营养调控技术研究"技术研究成果，通过在基础日粮的基础上添加貂、狐新型饲料添加剂，即在貂、狐生长期添加促生长复合预混料、繁殖期添加促繁殖性能添加剂、冬毛生长期添加促毛皮质量复合添加剂等技术，经多点控制示范试验在唐山及周边地区貂、狐养殖场推广应用，使貂、狐平均日增重、平均窝产仔数、皮张优质率、经济效益均有较大提高。

一、研究背景

　　唐山市貂、狐的养殖量很大，已成为河北省貂、狐重要养殖地区之一。随着养殖业的快速发展，规模化、集约化饲养程度越来越高，对貂、狐养殖场（户）自身的技术水平和貂、狐养殖业的科技含量要求也越来越高，但在貂、狐实际养殖中缺少统一的饲养标准，养殖水平参差不齐，缺乏对常用动物性蛋白质原料安全指标的了解，导致貂、狐养殖效益较低，表现为生长迟缓、繁殖力差、毛皮质量不高、市场竞争力不强等。因此，如何通过日粮营养调配技术大范围示范推广来提高貂、狐的生产性能及毛皮质量已成为貂、狐养殖业的当务之急，同时推广"貂、狐新型饲料添加剂应用技术"除了提高貂、狐的饲养水平和经济效益外，对发展唐山市对外经济和促进经济转型等均有重要意义。

　　2010年在国家行业项目实施的同时，唐山市动物疫病预防控制中心与唐山师范学院共同对"貂、狐日粮营养调配技术"开展了立项研究，通过貂、狐不同生物学时期日粮调配对比试验、试验示范等研究手段，已经形成了配套的日粮调配技术，尤其是研制的促生长、促繁殖及促毛皮质量复合添加剂产品的应用效果显著。有必要将先进的调配技术向全社会推广应用，推进貂、狐养殖业的健康发展，提高养殖户的经济收入。

二、主抓技术环节

1.选择示范场及示范貂、狐

示范水貂品种为美国短毛黑水貂,示范银狐和蓝狐为本地改良狐,参加示范貂、狐出生日期基本相近;选择的示范场具有区域代表性,便于达到辐射推广的目的。

2.应用貂、狐新型饲料添加剂进行多点示范

优化各个饲养阶段日粮营养成分配比。按比例加入相关促进生产性能的复合添加剂和预混料,使日粮中各种营养成分及氨基酸达到优化,最大限度地提高各种生产性能并在不同区域养殖场进行示范。

3.测定相关指标

严格按照相关技术标准对日粮相关营养成分进行测定;对各个饲养阶段的性能指标进行测定,生长期主要测定体重、体长及平均日增重;繁殖期主要测定窝产仔数、成活率等,冬毛生长期主要是根据毛皮质量计算皮张优质率。

4.生产示范及推广

在多点控制示范试验的基础上,进行全面推广的同时加强技术培训,提高养殖户生产技术水平。

三、多点控制试验示范过程及结果

(一)试验示范时间和地点

1.试验示范与推广时间

2013年1月至2015年12月。

2.试验示范场

共选择了6个养殖场作为多点控制示范场,见表25-1。

表 25-1　示范场情况一览表

编号	示范点名称	示范动物品种	规模/只
Ⅰ	河北乐亭县汤家河彩貂养殖有限公司	美国短毛黑水貂	1 400
Ⅱ	河北乐亭县城关谢建忠特种畜禽良种繁育场	美国短毛黑水貂	600
		银黑狐	400
		蓝狐	400
Ⅲ	河北乐亭县马头营经济动物养殖合作社	银黑狐	300
		蓝狐	300
Ⅳ	唐山市开平区凡良水貂养殖场	美国短毛黑水貂	600
Ⅴ	唐山市开平区丰华银狐良种育种厂	银黑狐	1 200
Ⅵ	唐山市开平区凤娥蓝狐养殖场	蓝狐	600

(二)试验示范内容与方法

1.貂、狐生长期示范

1)示范分组

示范貂、狐随机分为对照组、示范组。

2)示范方法

对照组喂基础日粮(日粮组成及营养成分见表25-2),示范组在基础日粮基础上添加以甲硫氨酸、维生素 E、维生素 A、维生素 D 等营养素为主的促生长复合预混料,添加量为 2.5 g/kg。(注:添加量遵照貂、狐新型饲料添加剂的使用说明)

表 25-2　基础日粮组成及营养成分

日粮组成(干物质基础)/%		营养成分	
双良全价料	27.3	代谢能/(MJ/kg)	15.15
鸡肝	13.6	粗蛋白质/%	38.22
鱼粉	9.1	粗脂肪/%	14.66
毛蛋	31.8	粗灰分/%	18.19
鸡肉粉	18.2	钙/%	0.98
合计	100	磷/%	0.76

3)指标测定

(1)体重　测定示范貂和狐的始重、末重,计算平均日增重。称重以笼为单位,单只貂狐重量＝每笼貂狐重量/每笼貂狐只数,始重和终重在每天的同一时间段空腹进行。

(2)体长　由鼻尖至尾根长度。

4)数据处理与分析

采用 Excel 2003 进行数据处理与分析。

5)示范结果与分析

(1)复合预混料对水貂生长期体重的影响见表25-3。

表 25-3　水貂生长期体重比较结果

示范点	组别	性别	测定头数/头	分窝重/g	终重/g	平均日增重/g	比对照组提高/%
示范场Ⅰ	对照组	公	200	611.4±8.8	1 739.8±9.6	16.1	
		母	200	442.2±6.2	850.1±8.9	5.8	
	示范组	公	500	624.2±9.3	1 986.3±10.2	19.2	19.3
		母	500	457.7±6.5	910.2±9.8	6.5	12.1
示范场Ⅱ	对照组	公	100	606.4±9.8	1 719.8±9.4	15.9	
		母	100	448.2±7.2	852.2±8.3	5.8	
	示范组	公	200	621.2±6.3	1 982.3±11.2	19.4	22.0
		母	200	459.7±8.5	908.6±9.2	6.4	10.3
示范场Ⅳ	对照组	公	100	628.4±8.1	1 798.2±8.6	16.7	
		母	100	456.2±7.7	865.9±8.4	5.9	
	示范组	公	200	619.2±9.1	1 939.2±9.1	18.9	13.2
		母	200	455.7±6.6	913.8±9.7	6.5	10.2
平均	对照组	公				16.2	
		母				5.8	
	示范组	公				19.2*	18.5
		母				6.5*	12.1

注：*表示差异显著。

(2)复合预混料对水貂生长期体长的影响见表 25-4。

表 25-4　水貂生长期体长比较结果

示范点	组别	性别	测定头数/头	分窝体长/cm	9月15日体长/cm	增长/cm	比对照组提高/%
示范场Ⅰ	对照组	公	200	28.32±0.6	41.67±1.6	13.35	
		母	200	27.80±0.5	36.52±2.1	8.72	
	示范组	公	500	28.62±0.3	42.91±2.5	14.29	7.04
		母	500	27.76±0.7	37.03±1.9	9.27	6.31
示范场Ⅱ	对照组	公	100	28.52±1.0	41.58±1.7	13.46	
		母	100	27.70±0.9	36.64±2.6	8.94	
	示范组	公	200	28.42±0.8	42.92±3.1	14.50	7.73
		母	200	27.08±0.4	36.48±3.0	9.40	5.15

续表 25-4

示范点	组别	性别	测定头数/头	分窝体长/cm	9月15日体长/cm	增长/cm	比对照组提高/%
示范场Ⅳ	对照组	公	100	28.02±0.6	41.36±1.6	13.34	
		母	100	26.96±0.7	37.20±2.0	10.24	
	示范组	公	200	28.22±0.4	42.61±2.8	14.39	7.81
		母	200	27.30±0.6	38.21±1.4	10.91	6.54
平均	对照组	公				13.38	
		母				9.30	
	示范组	公				14.39*	7.55
		母				9.86*	6.02

注：* 表示差异显著.

（3）复合预混料对银狐生长期体重的影响见表 25-5。

表 25-5　银狐生长期体重比较结果

示范点	组别	性别	测定头数/头	分窝重/g	终重/g	平均日增重/g	比对照组提高/%
示范场Ⅰ	对照组	公	50	1 571±12	6 502±17	54.79	
		母	100	1 445±14	6 085±11	50.56	
	示范组	公	100	1 503±10	6 995±18	61.02	11.37
		母	150	1 456±9	6 427±10	55.23	9.24
示范场Ⅲ	对照组	公	50	1 521±12	6 524±17	55.59	
		母	50	1 431±14	5 896±11	49.61	
	示范组	公	50	1 518±10	7 186±18	62.98	13.29
		母	150	1 468±9	6 327±10	53.99	8.83
示范场Ⅴ	对照组	公	100	1 562±12	6 572±17	55.67	
		母	200	1 447±14	6 037±11	50.00	
	示范组	公	300	1 515±10	7 085±18	61.89	11.17
		母	600	1 418±9	6 287±10	54.10	8.20
平均	对照组	公				55.35	
		母				50.06	
	示范组	公				61.96*	11.94
		母				54.44*	8.75

注：* 表示差异显著。

(4)复合预混料对银狐生长期体长的影响见表 25-6。

表 25-6　银狐生长期体长比较结果

示范点	组别	性别	测定头数/头	分窝体长/cm	9 月 15 日体长/cm	增长/cm	比对照组提高/%
示范场 Ⅱ	对照组	公	50	40.65±1.73	60.55±2.08	19.90	
		母	100	38.76±1.71	57.13±2.72	18.37	
	示范组	公	100	40.95±1.62	62.38±2.58	21.43	7.64
		母	150	39.26±1.75	58.84±2.36	19.58	6.59
示范场 Ⅲ	对照组	公	50	40.75±1.82	60.58±2.38	18.76	
		母	50	37.96±1.64	56.14±2.76	18.18	
	示范组	公	50	40.85±1.46	61.78±2.61	20.93	11.57
		母	150	38.76±1.87	58.74±2.48	19.98	9.90
示范场 Ⅴ	对照组	公	100	40.32±1.21	60.68±2.28	20.36	
		母	200	37.46±1.34	56.23±2.67	18.77	
	示范组	公	300	40.75±1.93	63.31±2.51	22.56	10.81
		母	600	37.86±1.42	58.01±2.39	20.15	7.35
平均	对照组	公				19.67	
		母				18.44	
	示范组	公				21.64*	10.02
		母				19.90*	7.92

注：*表示差异显著。

(5)复合预混料对蓝狐生长期体重的影响见表 25-7。

表 25-7　蓝狐生长期体重比较结果

示范点	组别	性别	测定头数/头	分窝重/g	终重/g	平均日增重/g	比对照组提高/%
示范场 Ⅱ	对照组	公	50	1 675±14.2	7 264±18.2	79.84	
		母	100	1 542±9.5	6 485±11.4	70.61	
	示范组	公	100	1 653±10.8	8 015±17.1	90.89	13.84
		母	150	1 576±11.2	7 223±12.6	80.67	10.06

续表 25-7

示范点	组别	性别	测定头数/头	分窝重/g	终重/g	平均日增重/g	比对照组提高/%
示范场Ⅲ	对照组	公	50	1 621±13.4	6 424±17.7	68.61	
		母	50	1 489±14.8	6 096±13.5	65.81	
	示范组	公	50	1 612±14.4	7 886±17.6	89.63	16.12
		母	150	1 468±9.4	6 628±11.8	73.71	12.00
示范场Ⅵ	对照组	公	100	1 632±14.7	7 172±19.1	79.14	
		母	200	1 547±12.5	6 537±12.0	71.29	
	示范组	公	100	1 615±11.6	7 995±17.5	91.14	15.16
		母	200	1 518±9.7	7 137±12.3	80.27	12.60
平均	对照组	公				75.86	
		母				74.29	
	示范组	公				90.55*	19.36
		母				78.22*	5.29

注：*表示差异显著。

（6）复合预混料对蓝狐生长期体长的影响见表 25-8。

表 25-8　蓝狐生长期体长比较结果

示范点	组别	性别	测定头数/头	分窝体长/cm	9月15日体长/cm	增长/cm	比对照组提高/%
示范场Ⅱ	对照组	公	50	41.65±1.73	58.55±2.08	16.9	
		母	100	41.76±1.71	50.93±2.72	9.17	
	示范组	公	100	41.95±1.62	60.38±2.58	18.42	8.99
		母	150	41.56±1.75	51.24±2.36	9.68	5.56
示范场Ⅲ	对照组	公	50	41.75±1.82	58.61±2.38	16.86	
		母	50	40.96±1.64	50.04±2.76	9.08	
	示范组	公	50	41.85±1.46	60.21±2.61	18.36	8.90
		母	150	41.76±1.87	51.34±2.48	9.58	5.51
示范场Ⅵ	对照组	公	100	42.32±1.21	59.68±2.28	17.36	
		母	200	41.46±1.34	51.13±2.67	9.67	
	示范组	公	100	42.75±1.93	61.31±2.51	18.56	6.91
		母	200	41.28±1.42	51.54±2.39	10.26	6.10

续表25-8

示范点	组别	性别	测定头数/头	分窝体长/cm	9月15日体长/cm	增长/cm	比对照组提高/%
平均	对照组	公				17.04	
		母				9.31	
	示范组	公				18.45*	8.27
		母				9.84*	5.69

注:* 表示差异显著。

由以上结果可见,促生长复合预混料对生长期貂、狐具有明显的促生长作用,在貂、狐基础日粮中添加促生长复合预混料可使生长期公貂体重增加18.5%,体长增加7.55%,母貂体重增加12.1%,体长增加6.02%,公银狐体重增加11.94%,体长增加10.02%,母银狐体重增加8.75%,体长增加7.92%,公蓝狐体重增加19.36%,体长增加8.27%,母蓝狐体重增加5.29%,体长增加5.69%。且均具有显著的统计学差异。

2.貂、狐冬毛生长期示范

1)示范分组

同上。

2)示范方法

在貂、狐生长期结束后随即进入貂、狐冬毛生长期示范,对照组喂基础日粮(日粮组成及营养成分见表25-9),示范组在基础日粮基础上添加以甲硫氨酸、胱氨酸、二氢吡啶、玉米蛋白粉、微量元素半成品和维生素半成品等制成促毛皮质量复合添加剂,添加量为10 g/kg。

表25-9 基础日粮组成及营养价值

日粮组成(干物质基础)/%		营养成分	
双良全价料	35	代谢能/(MJ/kg)	16.2
鸡肝	14	粗蛋白质/%	28.54
鱼粉	9	粗脂肪/%	9.32
毛蛋	25	粗灰分/%	8.97
鸡肉粉	17	钙/%	1.50
合计	100	磷/%	0.90

3)指标测定及方法

优质皮测定(一级皮以上):根据皮形完整度、色泽光亮度、背腹毛缺损状况、背腹毛绒一致性的程度,计算皮张优质率。

4)数据处理与分析

采用 Excel 2003 进行数据处理与分析。

5)示范结果与分析

复合预混料对貂、狐冬毛生长期的影响见表 25-10 至表 25-15。

表 25-10　水貂皮张质量比较结果

组别	测定皮张数	皮张完整数	色泽光亮平齐	背腹毛无缺损	背腹毛基本一致	优质皮数量	其他皮数量
示范组	1 700	1 695	1 428	1 681	1 695	1 336	364
对照组	750	748	615	742	749	451	299

表 25-11　水貂皮张经济效益比较结果

组别	测定皮张数/张	优质皮张数/张	皮张优质率/%	优质皮提高/%	优质皮平均售价/元	其他皮平均售价/元	比其他皮多售/元
示范组	1 700	1 336	78.6	30.71	280	220	60
对照组	750	451	60.1				

注:2013 年优质水貂皮每张平均售价 420 元,其他等级水貂皮平均售价 360 元;2014 年优质水貂皮每张平均售价 260 元,其他等级水貂皮平均售价 200 元;2015 年优质水貂皮每张平均售价 160 元,其他等级水貂皮平均售价 100 元。取 3 年平均数,优质等级水貂皮每张平均售价 280 元,其他等级水貂皮平均售价 220 元。

表 25-12　银狐皮张质量比较结果　　　　　　　　　　　　　　张

组别	测定皮张数	皮张完整数	色泽光亮整齐	背腹毛无缺损	背腹毛基本一致	优质皮数量	其他皮数量
示范组	1 200	1 197	1 010	1 186	1 197	962	238
对照组	500	496	421	492	489	326	174

表 25-13　银狐皮张经济效益比较结果

组别	测定皮张数/张	优质皮张数/张	皮张优质率/%	优质皮提高/%	优质皮平均售价/元	其他皮平均售价/元	比其他皮多售/元
示范组	1 200	962	80.2	23.01	576	367	209
对照组	500	326	65.2				

注:2013 年优质银狐皮每张平均售价 800 元,其他等级银狐皮平均售价 550 元;2014 年优质银狐皮每张平均售价 550 元,其他等级银狐皮平均售价 350 元;2015 年优质银狐皮每张平均售价 350 元,其他等级银狐皮平均售价 200 元;取 3 年平均数,优质银狐皮每张平均售价 567 元,其他等级银狐皮平均售价 367 元。

表 25-14 蓝狐皮张质量比较结果 张

组别	测定皮张数	皮张完整数	色泽光亮整齐	背腹毛无缺损	背腹毛基本一致	优质皮数量	其他皮数量
示范组	700	698	588	694	698	559	141
对照组	500	499	380	486	481	312	188

表 25-15 蓝狐皮张经济效益比较结果

组别	测定皮张数/张	优质皮张数/张	皮张优质率/%	优质皮提高/%	优质皮平均售价/元	其他皮平均售价/元	比其他皮多售/元
示范组	700	559	79.9	28.04	810	560	250
对照组	500	312	62.4				

注:2013年优质蓝狐皮每张平均售价1 200元,其他等级蓝狐皮平均售价900元;2014年优质蓝狐皮每张平均售价800元,其他等级蓝狐皮平均售价500元;2015年优质蓝狐皮每张平均售价430元,其他等级蓝狐皮平均售价280元;取3年平均数,优质皮每张平均售价810元,其他等级蓝狐皮平均售价560元。

由表 25-11 至表 25-15 中结果可见,促毛皮质量复合添加剂对貂、狐皮张质量具有明显的改善作用,在貂、狐冬毛生长期基础日粮中添加促毛皮质量复合添加剂可明显提高貂、狐毛皮质量,使水貂优质皮提高 30.71%,银狐优质皮提高 23.01%,蓝狐优质皮提高 28.04%,显著增加了经济效益。

3. 貂、狐繁殖期饲喂示范

1)示范分组

同上。

2)示范方法

在貂、狐进入繁殖准备期即刻进入貂、狐繁殖期示范,对照组喂基础日粮(日粮组成及营养成分见表 25-16),示范组在基础日粮基础上添加以二氢吡啶、维生素 E、维生素 A、B 族维生素和氨基酸螯合锌、氨基酸螯合硒等微量元素为主的促繁殖性能添加剂,添加量为 20 g/kg。

表 25-16 基础日粮组成及营养价值

日粮组成(干物质基础)/%		营养成分	
膨化玉米	53.3	代谢能/(MJ/kg)	16.35
鸡肝	9.3	粗蛋白质/%	39.56
鱼粉	26.6	粗脂肪/%	15.69
肉粉	10.7	粗灰分/%	19.39
多维素	0.1	钙/%	0.96
合计	100.0	磷/%	0.75

注:多维素主要由维生素 A、维生素 D、维生素 E、维生素 B_1、维生素 B_2 组成。

3）指标测定

精子活力、配种受胎率、平均窝产仔数、断奶成活率、断奶平均体重。

4）数据处理与分析

采用 Excel 2003 进行数据处理与分析。

5）试验结果与分析

复合预混料对貂、狐繁殖期影响见表 25-17 至表 25-25。

表 25-17　添加剂对水貂繁殖性能的影响

测试指标	对照组	示范组
精子活力/%	90.1±5.23	92.3±3.43*
配种受胎率/%	91.6±1.56	95.2±2.63*
平均窝产仔数/个	4.5±0.34	5.1±0.31*
断奶成活率/%	80.1±0.46	92.0±1.21*
45 日龄平均断奶重/g	486±3.56	495±5.87*

注：* 表示差异显著。

表 25-18　添加剂对银狐繁殖性能的影响

测试指标	对照组	示范组
精子活力/%	90.8±6.24	94.6±3.52*
配种受胎率/%	93.2±1.56	95.7±2.73*
平均窝产仔数/个	4.9±0.34	5.7±0.31*
断奶成活率/%	72.1±0.46	78.4±1.21*
45 日龄平均断奶重/g	1 209±3.27	1 221±4.27*

注：* 表示差异显著。

表 25-19　添加剂对蓝狐繁殖性能的影响

测试指标	对照组	示范组
精子活力/%	90.1±5.23	92.3±3.43*
配种受胎率/%	91.6±1.56	95.2±2.63*
平均窝产仔数/个	4.6±0.34	5.2±0.31*
断奶成活率/%	96.2±0.46	98.6±1.21*
45 日龄平均断奶重/g	1 315±2.16	1 332±3.74*

注：* 表示差异显著。

表 25-20　水貂繁殖性能比较结果

组别	测定窝数	配种受胎率/%	平均窝产活仔数	产仔成活率/%	断奶成活数/窝	较对照多产仔/窝	分窝体重/g
示范组	600	95.2	5.1	92.0	4.69	1.08	628.4
对照组	600	91.6	4.5	80.13	3.61		456.2

注:繁殖性能指数计算(以示范水貂为例)
①母貂受胎数=测定窝数×配种受胎率(%)=600×95.2%=571.2 窝
②总产仔数=测定窝数×平均窝产活仔数=600×5.1=3 060 只
③受胎母貂平均产仔=总产仔数/母貂受胎数=3 060/571.2=5.4 只
④仔貂断奶成活总数=总产仔数×产仔成活率(%)=3 060×92%=2 815.2 只
⑤断奶成活数/窝=仔貂断奶成活总数÷测定窝数=2 815.2/600=4.69 只

表 25-21　水貂繁殖性能提高经济效益比较结果

组别	测定窝数	断奶成活数/窝	较对照多产仔/窝	仔貂断奶成活率/%	留种率/%	留种数/窝	平均价格/(元/只)	提高效益/(元/窝)
示范组	600	4.69	1.08	65	80	0.56	370	207.79
对照组	600	3.61						

注:2013 年种貂平均售价 550 元(♂ 600 元、♀ 500 元);2014 年种貂平均售价 320 元(♂ 360 元、♀ 280 元)元;2015 年种貂平均售价 240 元(♂ 280 元、♀ 200 元)。所以售价取 3 年平均数,种貂平均售价 370 元/只。

表 25-22　银狐繁殖性能比较结果

组别	测定窝数	配种受胎率/%	平均窝产活仔数	产仔成活率/%	断奶成活数/窝	较对照多产仔/窝	分窝体重/kg
示范组	600	94.5	5.47	92	5.03	1.14	1.51
对照组	600	86.2	4.52	86	3.89		1.42

表 25-23　银狐繁殖性能提高经济效益比较结果

组别	测定窝数	断奶成活数/窝	较对照多产仔/窝	仔狐断奶成活率/%	留种率/%	留种数/窝	平均价格/(元/只)	提高效益/(元/窝)
示范组	600	5.03	1.14	85	95	0.92	700	644.39
对照组	600	3.89						

注:2013 年种银狐平均售价 1 000 元(♂ 1 200 元、♀ 800 元);2014 年种银狐平均售价 700 元(♂ 800 元、♀ 600 元)元;2015 年种银狐平均售价 400 元(♂ 500 元、♀ 300 元)。所以售价取 3 年平均数,种银狐平均售价 700 元。

表 25-24　蓝狐繁殖性能比较结果

组别	测定窝数	配种受胎率/%	平均窝产活仔数	产仔成活率/%	断奶成活数/窝	较对照多产仔/窝	分窝体重/g
示范组	600	92.6	8.23	90.9	7.48	1.39	1.63
对照组	600	85.6	7.15	85.2	6.09		1.55

表 25-25　蓝狐繁殖性能提高经济效益比较结果

组别	测定窝数	断奶成活数/窝	较对照多产仔/窝	仔狐断奶成活率/%	留种率/%	留种数/窝	平均价格/(元/只)	提高效益/(元/窝)
示范组	600	7.48	1.39	80	90	1.0	1 183	1 183.95
对照组	600	6.09						

　　注:2013 年种蓝狐平均售价元 1 500(♂2 100 元、♀900 元);2014 年种蓝狐平均售价 1 300 元(♂1 800元、♀800 元)元;2015 年种蓝狐平均售价 750 元(♂1 000 元、♀500 元)。所以售价取 3 年平均数,种蓝狐平均售价 1 183 元。

　　由表 25-17 至表 25-25 中结果可见,促繁殖性能添加剂对貂、狐的繁殖性能具有明显的促进作用。在貂、狐日粮中添加促繁殖性能添加剂可使貂、狐精子活力、受胎率、平均窝产仔数、断奶成活率和断奶平均体重等繁殖性能指标均有明显提高($P < 0.05$ 表示差异显著)。

四、技术关键

　　(1)各示范点示范貂、狐基础日粮各项营养指标要求基本一致,配制基础日粮的原料要求新鲜,腐败变质原料不得使用,各种原料要搅拌均匀,各项营养指标要按规定计算。

　　(2)利用水貂四肢悬空体尺测定法(水貂保定笼)测量其体长。

　　(3)在基础日粮中添加貂、狐新型饲料添加剂的添加剂量分别为:促生长复合预混料 2.5 g/kg;促毛皮质量复合添加剂 10 g/kg;促繁殖性能添加剂 20 g/kg。

　　(4)所配制的新型饲料添加剂中的维生素在 100℃下易分解,喂熟料养殖户可在熟料凉后再添加所配制的复合预混料或添加剂产品,喂生料养殖户可将所配制的复合预混料或添加剂直接拌入料中。

　　(5)示范貂、狐的饲喂次数、饲喂时间和饲喂量要一致。

　　(6)各示范场示范貂、狐性能指标测定方法要一致,体尺体重测定采用空腹测定。

　　(7)要保证示范貂、狐有充足饮水,且水质干净、卫生,符合国家卫生标准。

五、饲养管理措施

1. 合理调整日粮配方

貂、狐饲养方式为人工笼养,随着貂、狐的生长发育,各种营养物质的需求也随之发生变化,为满足貂、狐的营养需要,要根据貂、狐不同生物学时期的营养需求随时对貂、狐用饲料原料和日粮营养指标进行跟踪检测,以便科学调控貂、狐日粮配方和饲喂量。

2. 加强日常管理

对貂、狐棚舍及环境要定期消毒,并交替使用消毒剂。食槽、水盒要每天刷洗干净并进行日常消毒,尤其是炎热的夏季尤为重要。繁殖期貂、狐在气温低于零下时,小室内要铺设干燥柔软干净的垫草,发现垫草污秽潮湿要及时更换,同时,要经常检查笼具,防止锐利刺物刮伤皮肤或毛绒,喂食时不要使饲料玷污毛绒,以防毛绒缠结,及时清理粪便和剩食,以防污染毛绒。

3. 及时断乳分窝

仔貂、狐到 45 日龄左右时同窝仔貂、狐体形相近,体重貂达到 450 g 左右、狐达到 1 200 g 左右时可根据情况一次性全部分离,遇同窝有的发育不好时,可将健壮的符合体重要求的先分离出来,弱小的暂时由母貂、狐带养,但最迟应在 60 日龄分出。

4. 注意防暑降温

夏季酷暑季节,阳光直射易使貂、狐中暑,幼仔中暑死亡率极高。所以要随时驱赶熟睡的幼仔运动,午前午后向棚舍内和地面上洒水,通过水分蒸发达到防暑降温目的;也可采取遮阳措施;保证水盒不断水,在饲喂时间上把早、晚喂食时间拉长,赶在凉爽的清晨和傍晚饲喂,喂完后及时将食槽清理干净,以防因残食腐败变质,幼仔误食后引发疾病。

5. 加强科学防疫

(1)严格按技术要求和免疫程序进行免疫,及时注射犬瘟热、病毒性肠炎等疫苗。

(2)禁止非饲养人员及其他貂、狐养殖户人员随意进出貂、狐场,以防造成交叉感染,若因特殊情况进入场内要有消毒措施。

(3)合理安排驱虫时间,防治寄生虫病发生,定期进行体内和体外驱虫,保持环境卫生。

(4)一旦发生疫情要及时进行隔离,消毒,对病死貂、狐进行无害化处理,防止疾病扩散与传播。

第二十六章 水貂饲养场
建设技术规范

（DB1302/T 379—2013）

本标准按照 GB/T 1.1—2009 给出的规则起草。

本标准由唐山市质量技术监督局提出。

本标准主要起草单位:唐山市动物疫病预防控制中心。

本标准主要起草人：张　军　张进红　马永兴　王建涛　张晓利　李俊勇

贾日东　周建颖　崔建国　李淑娜　刘立华　石有权

张　蔓

1 范围

本标准规定了水貂饲养场建设的场址选择、场区规划与布局、建筑要求与设备配置等。

本标准适用于设计种貂规模 500 只以上水貂饲养场建设。

2 规范性引用文件

下列文件对于本标准的应用是必不可少的。凡是注明日期的引用文件,仅注日期的版本适用于本标准。凡是不注明日期的引用文件,其最新版本(包括所有的修改单)适用于本标准。

GB 15618　土壤环境质量标准

NY/T 388　畜禽场环境质量

NY 5027　无公害食品　畜禽饮用水水质

DB13/T 992—2008　水貂场建设技术规范

3 场址选择

3.1　选择场址应符合本地区农牧业产业发展规划、土地利用规划、城乡建设规划和环境保护规划的要求;通过环保部门对畜禽场建设环境评估,并在畜牧兽医行政管理部门和国土行政管理部门备案。

3.2 饲养场应建在距大型公共场所、学校 1 000 m 以上的下风处。距离交通干线、公路、铁路 500 m 以上,交通便利。3 000 m 以内,周围无其他大型化工厂、矿山、皮革加工厂等。

3.3 场区地势高燥,背风向阳,地面平坦并稍有 1%～1.5% 的坡度,排水良好。

3.4 场区土壤质量符合 GB 15618 的规定;空气环境质量符合 NY/T 388 的规定;水源充足,水质符合 NY 5027 的规定。

3.5 电力供应安全、稳定,通信畅通。

4 场区规划与布局

4.1 饲养场入口门前设消毒池,消毒池规格(长×宽×深)4 m×3 m×0.2 m,人行入口设消毒通道。

4.2 饲养场分为生活区、管理区、生产辅助区、生产区、隔离区和无害化处理区六个主要功能区。各功能区之间修建隔离墙或绿化隔离带,分界明显,设有专用通道,出入口处设消毒池;生产区入口处设密闭消毒间,安装紫外线灯,设置消毒手盆,地面铺浸有消毒液的踏垫。

　　a)生活区设在场区最高上风口或地势最高段。

　　b)管理区设在生活区和生产辅助区之间,在上风口及地势较高处,主要建筑包括办公室、财务室、接待室、技术室、档案资料室等。

　　c)生产辅助区主要用于饲料加工、贮藏、化验室等,处于管理区和生产区中间过渡带上。

　　d)生产区设在场区地势较低和下风的位置,主要建筑为貂棚,建筑面积按每只 1.2～1.4 m² 计算。

　　e)隔离区设在生产区下风向或侧风向及地势较低处,主要建筑包括兽医室、隔离舍、毛皮初加工室。

　　f)无害化处理区设在隔离区下风向及地势较低处,应尽量远离其他五个功能区,主要包括粪污处理场及尸体无害化处理区等。

4.3 貂场与外界有专用道路相连通,场内道路分净道和污道,二者分开,不得交叉、混用。

4.4 貂棚 3～5 m 处修建隔离墙和围墙建设高 1.7～1.9 m,墙基排水沟处设铁丝拦截网;选择适合当地生长,对人畜无害的花草树木建设绿化隔离带和场区绿化。

4.5 各功能区设立消防设施;建设抵御降雨的适宜排雨沟;建筑物需能抗风 8 级以上;抗震 6 级以上。

5 建筑要求与设备配置

5.1 貂棚

5.1.1 貂棚为开放式建筑,包括棚柱、棚梁、棚顶三部分,应坚固耐用、便于操作。建造时可就地取材,选用砖石、木材、钢筋、水泥、角铁、石棉瓦等材料。

5.1.2 貂棚规格通常为长适中,宽 3.5～4 m,脊高 2～2.8 m,檐高 1.4～1.7 m。

5.1.3 貂棚两侧放置貂笼,中间设不低于 1.5 m 宽的作业道。棚内地面平坦不滑,高出棚外地面 20～30 cm,笼下或笼后设排水沟,雨污分流,暗沟排污。

5.1.4 貂棚间距不低于 3 m。

5.1.5 貂棚朝向根据地理位置、地形地势综合考虑,多采取南北朝向。

5.2 貂笼和窝室

5.2.1 貂笼

分为种貂笼和皮貂笼。种貂笼主要用于养殖种貂,也可以养殖商品皮貂;皮貂笼一般只用来养殖商品皮貂,在其分窝后使用,也可用后备种公、母貂养殖。

a)种貂笼:貂笼用抗腐蚀性强的电焊网编制,规格(长×宽×高)90 cm×30 cm×40 cm。底网采用 12 号电焊网,网眼规格 3.8 cm×2.5 cm。边网采用 14 号电焊网,网眼规格 2.5 cm×1.5 cm。正面及顶部采用 14 号电焊网,网眼规格 2.5 cm×2.5 cm。貂笼顶部设 28 cm×20 cm 可开关顶盖。正面安装自动饮水盒或饮水器,高度 22～23 cm。每单元貂笼之间以双层电焊网隔断,间隔 2.5～3 cm。貂笼距地面 40～60 cm。

b)皮貂笼:皮貂笼规格(长×宽×高)(70～90) cm×50 cm×40 cm。貂笼距地面 40～60 cm。

5.2.2 窝室

窝室与种貂笼相连,之间留直径 12 cm 的出入口,边缘镶嵌一圈铁皮。窝室用 1.5～2 cm 厚的木板或密度板和电焊网组合而成,规格(长×宽×高)40 cm×40 cm×35 cm,距地面 40～60 cm。底部和顶部为 12 号电焊网,顶部设置为活动箱盖,底部在产仔哺乳期放置产仔盒,在出入口侧安装挡风板。保持窝室密闭性好,内壁光滑。

5.3 饲料加工室

符合 DB13/T 992—2008 中 5.2 规定。

5.4 化验室

配合饲养需要,配备精液品质、饲料品质等的检测设备。

5.5 饲料贮藏室

符合 DB13/T 992—2008 中 5.3 规定。

5.6　毛皮初加工室

　　符合 DB13/T 992—2008 中 5.4 规定。

5.7　兽医室和隔离区

　　符合 DB13/T 992—2008 中 5.5 规定。

5.8　无害化处理场

　　符合 DB13/T 992—2008 中 5.6 规定。

第二十七章　美国短毛黑水貂改良本地黑水貂技术规范

（DB1302/T 427—2015）

本标准按照 GB/T 1.1—2009 给出的规则起草。

本标准由唐山市质量技术监督局提出。

本标准由唐山市农牧局归口。

本标准起草单位：唐山市动物疫病预防控制中心、石家庄市农林科学研究院。

本标准主要起草人：张　军　任二军　马永兴　周建颖　崔　静　刘立华

黄珊珊　刘　洁　刘进军　丰　涛　刘　申

1　范围

本标准规定了美国短毛黑水貂杂交改良本地黑水貂过程中选种、杂交改良等。

本标准适用于水貂育种场和水貂扩繁场美国短毛黑水貂改良本地黑水貂。

2　规范性引用文件

下列文件对于本文件的应用是必不可少的。凡是注日期的引用文件，仅注日期的版本适用于本文件。凡是不注日期的引用文件，其最新版本（包括所有的修改单）适用于本文件。

DB13/T 717　水貂饲养管理技术规程

3　术语和定义

下列术语和定义适用于本文件。

3.1　本地黑水貂

指苏联标准色水貂后裔、美国短毛黑水貂和丹麦标准色水貂等与苏联标准色水貂杂交后代等后裔，在本地饲养多年，且已适应当地气候、饲料、饲养环境等条件的黑色水貂。

3.2 级进杂交

指一个品种生产性能存在缺点时,选择一个优良品种对它和它的杂交后代进行多代杂交。

3.3 横交固定

指杂交到一定阶段时,用符合理想型的杂交公、母兽进行互交繁育。

4 选种

4.1 父本选择

4.1.1 所选父本为纯种美国短毛黑水貂。

4.1.2 父本有 3 代以上完整的系谱记录,选种方法按 DB13/T 717 执行。

4.1.3 父本要求被毛黑色,全身毛色一致;光泽度好,被毛丰厚,毛峰平齐,背腹毛趋于一致。体重 2 000 g 以上,体长 42 cm 以上,针毛 21 mm 以下,绒毛 17 mm 以上,针绒长度比 1∶0.85 以上,一个配种季节交配 10 次以上,所配母貂受孕率 85％以上。生产性能测定方法参见附录 A。

4.2 母本选择

4.2.1 来源清楚、系谱信息清晰。

4.2.2 体重 1 100 g 以上,体长 38 cm 以上,胎产仔 6 只以上,断奶成活 5 只以上。

5 杂交改良

5.1 杂交方法

采用级进杂交法,以本地黑水貂为母本,纯种美国短毛黑水貂为父本。级进杂交过程中避免近亲繁殖。

5.2 杂交代数

级进杂交 3 代。

5.3 组建杂交水貂基础群

5.3.1 组建杂交水貂基础公貂群

杂交到 3 代以后,按附录 B 对杂种公貂进行选种,选留公貂组成杂交公貂基础群。

5.3.2 组建杂交水貂基础母貂群

按附录 B 对杂交母貂进行选种,选留母貂组成杂交母貂基础群。

5.4 横交固定

从杂交 3 代基础群中选择公貂、母貂,进行横交。

5.5 扩繁提高

按附录 B 进行选择扩繁。

附录 A
（资料性附录）
生产性能测定方法

A.1 体长

将水貂平趴在平面上，用钢卷尺测量从鼻端到尾根的距离，精确到 mm。

A.2 体重

空腹 12 h，将水貂放入串笼中，用电子秤称重，精确到 g。

A.3 针毛长

将水貂保定，选取背中线 1/2 处的毛发，分开毛发，露出皮肤，用钢直尺抵住皮肤，测定该处针毛毛根到毛尖的距离，精确到 mm。

A.4 绒毛长

将水貂保定，选取背中线 1/2 处的毛发，分开毛发，露出皮肤，用钢直尺抵住皮肤，测定该处绒毛毛根到毛尖的距离，精确到 mm。

A.5 针绒长度比

针毛和绒毛的长度之比，用 1∶x 表示。

附录 B
（规范性附录）
成年貂选种标准

B.1　成年貂选种标准
　　见表 B.1。

表 B.1　成年貂选种标准

项目	公貂	母貂
毛色	深黑色	深黑色或黑色
毛质	短平细亮	短平亮
体况	健壮丰满	健壮
体重/g	>2 100	>1 100
体长/cm	>44	>38
针毛长/mm	<22	<20
绒毛长/mm	>17	>15
针绒长度比	>1∶0.8	>1∶0.82
配种能力	强	强
胎产仔数	—	≥6 只
断乳成活	—	≥5 只
秋季换毛	9 月中旬前	9 月下旬前

第二十八章　水貂育成期日粮
调配技术规范
（DB1302/T 380—2014）

本标准按照 GB/T 1.1—2009 给出的规则起草。

本标准由唐山市质量技术监督局提出。

本标准主要起草单位:唐山市动物疫病预防控制中心、唐山师范学院。

本标准主要起草人:张　军　李成会　马永兴　张子佳　姜　峰　张进红
朱莲英　齐　静

1　范围

本标准规定了育成期水貂日粮的原料要求、日粮调配等。

本标准适用于唐山地区水貂育成期的日粮调配。

2　规范性引用文件

下列文件对于本标准的应用是必不可少的。凡是注明日期的引用文件,仅注
日期的版本适用于本标准。凡是不注明日期的引用文件,其最新版本(包括所有
的修改单)适用于本标准。

GB 13078　饲料卫生标准

GB/T 19164　鱼粉

GB/T 20193　饲料用骨粉及肉骨粉

《饲料和饲料添加剂管理条例》(中华人民共和国国务院第 609 号令)

《饲料添加剂品种目录》(中华人民共和国农业部公告第 318 号)

《饲料添加剂安全使用规范》(中华人民共和国农业部公告第 1224 号)

3　术语与定义

下列术语与定义适合于本文件。

3.1　水貂育成期

指仔貂分窝后至体成熟(12月下旬)时期。

3.2　水貂育成前期

又称幼龄水貂生长期,指分窝至9月下旬时期。

3.3　水貂育成后期

又称冬毛生长期,指9月下旬至12月下旬时期。

4　原料要求

4.1　饲料及饲料添加剂

调配育成期水貂日粮用饲料及饲料添加剂应符合《饲料和饲料添加剂管理条例》《饲料添加剂品种目录》《饲料添加剂安全使用规范》等规定。

4.2　育成期水貂用鱼粉

应符合GB/T 19164中一级鱼粉的规定。

4.3　育成期水貂用肉粉

应符合GB/T 20193中规定。

4.4　唐山地区产育成期水貂用鲜态动物性蛋白质原料

唐山地区产鲜态动物性蛋白质原料营养指标参考值见附录A。鲜态动物性蛋白质原料外观应呈现其固有颜色,新鲜无异味、无酸败味。其中,畜、禽肉、肉类加工废弃的碎肉头、蹄、骨架、蛋类以及血、肝、肺等动物内脏应来自非疫区并经检疫部门检疫合格。鲜态动物性饲料原料中挥发性盐基氮含量应不高于150 mg/100 g,酸价应不高于7 mg/g。微生物指标应符合GB 13078中表1的相关规定。

5　饲料调配

5.1　水貂日粮构成以动物性蛋白质原料为主,再配以适量蔬菜类和谷物。各主要原料占育成期水貂日粮比例见表1。

表1　水貂育成期日粮中各主要原料所占比例

原料名称	育成前期	育成后期(冬毛期)
膨化谷物类/%	10～15	15～20
进口鱼粉/%	30～40	30～40
海杂鱼/%	35～45	35～45
肝/%	3～5	3～5
畜禽屠宰下脚料/%	5～8	3～5
肉粉/%	5～8	3～5

续表1

原料名称	育成前期	育成后期(冬毛期)
蛋类/％	2	2
酵母蛋白质饲料/％	3	2
动、植物油脂/％	—	3～6
蔬菜/％	5～10	3～8
水/％	15～20	15～20
食盐/％	0.3～0.6	0.7～0.9
维生素、微量元素添加剂	0.1～0.5	0.1～0.5

5.2 当地采集的杂鱼、肉类、蛋类、畜禽屠宰下脚料等鲜态饲料原料要在－20℃条件下保存,保存期不应超过6个月。

5.3 配制日粮时,畜、禽肉、头、蹄、内脏、骨架等洗去泥土和杂质,粉碎后生喂;海鱼去泥土和杂质,粉碎后生喂;淡水鱼应熟制后饲喂;肉类加工废弃的碎肉以及血、肝、肺等动物内脏应经高温或高压蒸煮后饲喂。

5.4 谷物性饲料应经过膨化或熟制后方可饲喂,粉碎粒度应通过80目筛。

5.5 水貂采食日粮以鲜料为主,配制日粮时现配现用。水貂育成期调配的日粮营养指标参考值见附录B。

5.6 在配制育成期日粮时,先将谷物、淡水鱼、畜禽屠宰下脚料等鲜态饲料原料按比例蒸煮熟化、晾凉后,再按比例依次添加食盐、维生素、酵母等,酵母宜在喂前添加。

5.7 水貂饲料品种尽量保持稳定,不可突变;更换饲料时,应由少到多,逐渐增加,按每2～3 d更换25％的比例,在10～12 d内更换完全。

附录 A
（资料性附录）
唐山地区鲜态动物性蛋白质原料营养指标参考值

A.1　唐山地区鲜态动物性蛋白质原料营养指标参考值

　　见表 A.1。

表 A.1　唐山地区鲜态动物性蛋白质原料营养指标参考值

原料名称	干物质/%	粗蛋白质/%	粗脂肪/%	粗灰分/%	钙/%	磷/%
混鲜内脏	18.1	33	6.8	5.8	1.65	0.80
杂鱼	22.7	63	7.2	16.4	4.81	2.56
毛鸡	24.9	64	20.8	7.8	2.14	0.90
去毛鸡	24.1	71	18.7	8.8	1.55	1.05
毛蛋	35.3	32	29.2	28.0	9.88	0.39
鸡架	39.1	36	43.7	10.1	3.61	1.79
鸡杂	34.7	47	41.7	5.3	0.86	0.69
鸡肠子	40.5	31	39.7	4.5	0.63	0.62
鸡头	28.4	48	28.1	16.0	5.97	2.61
鸡内脏	23.4	58	24.7	8.1	0.44	0.78
鸡肝	29.7	60	22.1	5.9	0.47	0.88
猪肝	28.1	65	18.5	7.3	0.78	1.07
油渣	86.6	45	42.5	2.9	0.16	0.29
鸡肉粉	31.6	57	17.0	17.8	7.92	3.40
肉粉	88.9	56	10.5	16.9	6.89	2.91
虾粉	88.7	44	5.8	25.5	3.95	1.32
酵母蛋白质	92.0	42	5.4	5.1	0.43	0.21
血球粉	90.2	94	—	3.6	0.76	0.47

附录 B
（资料性附录）
水貂育成期日粮营养指标参考值

B.1 水貂育成期日粮营养指标参考值
　　见表 B.1。

表 B.1　水貂育成期日粮营养指标参考值

营养成分	育成前期	育成后期
代谢能/(MJ/kg)	13.8～15.5	15.0～18.6
粗蛋白质/%	≥38	≥35
粗脂肪/%	15～18	18～20
粗灰分/%	≤8.0	≤8.0
赖氨酸/%	1.8～2.1	1.6～1.9
甲硫氨酸/%	0.8～1.1	1.0～1.2
甲硫氨酸+胱氨酸/%	1.5～1.8	1.6～2.0
钙/%	0.8～1.0	0.8～1.0
磷/%	0.6～0.8	0.6～0.8
盐/%	0.4～0.6	0.6～0.9
铁/(mg/kg)	50～100	50～100
铜/(mg/kg)	4～6	5～10
锰/(mg/kg)	40～50	40～50
锌/(mg/kg)	70～90	70～90
硒/(mg/kg)	0.1	0.1
维生素 A/(IU/kg)	5 500～8 500	5 500～8 500
维生素 D/(IU/kg)	1 200～1 800	1 200～1 800
维生素 E/(mg/kg)	150～200	200～240
维生素 B_1/(mg/kg)	10～40	15～50
维生素 B_{12}/(mg/kg)	50～100	60～110
生物素/(μg/kg)	30～50	40～60
维生素 C/(mg/kg)	300～600	350～700

第二十九章　水貂产仔哺乳期饲养管理技术规范

（DB1302/T 428—2015）

本标准按照 GB/T 1.1—2009 给出的规则起草。

本标准由唐山市质量技术监督局提出。

本标准由唐山市农牧局归口。

本标准主要起草单位：唐山市动物疫病预防控制中心、唐山师范学院、唐山市开平区凡良水貂养殖场。

本标准主要起草人：张　军　李成会　张子佳　周忠良　周建颖　孟　杰　于冬梅　代姬娜　齐　静　高尚志　段义茹

1　范围

本标准规定了产仔哺乳期水貂的产仔笼、饲料加工与调制、饲养管理与卫生防疫。

本标准适用于产仔哺乳期水貂的饲养管理。

2　规范性引用文件

下列文件对于本文件的应用是必不可少的。凡是注日期的引用文件，仅注日期的版本适用于本文件。凡是不注日期的引用文件，其最新版本（包括所有的修改单）适用于本文件。

GB 13078　饲料卫生标准

GB/T 19164　鱼粉

GB/T 20193　饲料用骨粉及肉骨粉

《饲料和饲料添加剂管理条例》（国务院第 609 号令）

《饲料添加剂安全使用规范》（农业部公告第 1224 号）

《饲料添加剂品种目录》（农业部公告第 318 号）

3 术语与定义

下列术语与定义适合于本文件。

3.1 水貂产仔哺乳期

指从母貂产仔开始到仔貂离乳结束时期。

4 产仔笼

产仔笼分为产箱和运动场两部分。产箱规格为 31 cm×22 cm×28 cm,侧面由密度板制成,厚度 0.8～1 cm,上层是可以开关的电焊网,网眼规格为 2.5 cm×2.5 cm。底层是双层镀锌铁丝网,其中上面一层为固定网,离固定网距离约 5 cm 处是可以开关的活动网,网眼规格为 2.5 cm×1.2 cm。运动场规格为 71 cm×31 cm×46 cm,网眼规格为 2.5 cm×2.5 cm。产仔哺乳期,在运动场再铺设一层喷塑密网,网眼规格为 1.2 cm×1.2 cm。

5 饲料加工与调制

5.1 原料要求

5.1.1 饲料及饲料添加剂

调配产仔哺乳期水貂日粮用饲料及饲料添加剂应符合《饲料和饲料添加剂管理条例》《饲料添加剂品种目录》《饲料添加剂安全使用规范》和 GB 13078 的规定。

5.1.2 动物性饲料

5.1.2.1 鱼类饲料

a)新鲜、无污染的海鱼应去泥土和杂质,用绞肉机粉碎后生喂;淡水鱼类应熟化后饲喂。

b)鱼粉应符合 GB/T 19164 一级鱼粉的要求。

c)自然晾晒的干鱼应用清水充分浸泡,软化后再绞碎,并与其他饲料混合调制后饲喂。

d)严禁饲喂变质腐败的鱼或有毒鱼类。

5.1.2.2 肉类饲料

a)畜禽肉、头、蹄、内脏、骨架等无害化处理后绞碎饲喂。

b)严禁饲喂变质腐败的畜禽肉、头、蹄、内脏、骨架等。

c)肉粉应符合 GB/T 20193 的规定。

5.1.2.3 乳类和蛋类饲料

乳类、蛋类应熟制后饲喂;腐败的乳、蛋不能饲喂。

5.1.3 植物性饲料

a)籽实饲料煮熟或膨化处理后饲喂。

b)饼粕类饲料应浸泡或粉碎成粉状,宜膨化后饲喂。

c)严禁饲喂棉籽饼(粕)和菜籽饼(粕)。

5.1.4　饲料添加剂

饲料添加剂应在日粮冷却后混匀饲喂。

5.2　日粮的配合

5.2.1　营养需要

在干物质状态下,日粮代谢能 1.05～1.26 MJ/kg 日粮,可消化蛋白质 43%～47%,粗脂肪 19%～26%,碳水化合物 26%～30%。

5.2.2　日粮配合要求

a)根据产仔哺乳期水貂的营养需要量,按规定的供给量进行配制,同时应视水貂的状况和饲喂效果进行适当调整。

b)尽量选用营养价值较高而价格较低的饲料,并注意多种饲料搭配。

c)注意饲料的适口性,尽量限制适口性差的饲料用量。

d)饲料配制过程中应采取措施防止其氧化酸败。

5.2.3　日粮配合比例

产仔哺乳期母貂日粮配合比例参见附录 A。

5.3　饲料的调制

5.3.1　按日粮配方准备好各种原料,经初加工的新鲜动物性饲料搅拌均匀后,加入植物性饲料,最后加入饲料添加剂,混合均匀。

5.3.2　在调制过程中,不应将温差大的饲料混合在一起;水的添加量应适当。

6　饲养管理

6.1　饲喂

根据母貂产仔早晚、产仔数及母貂食欲调整饲喂量。

6.2　管理

6.2.1　产前准备

a)产前应对饲养笼、小室及产箱进行强碱或火焰消毒。

b)做好絮草工作。垫草占小室约 1/3。垫好后把四角和底压实。在产仔托盘中放入适量垫草。

6.2.2　母貂产仔

场内应保持安静。发现产在笼底上的仔貂,及时送回原窝,对冻僵者先送温暖地方,使其苏醒之后送回原窝。

6.2.3　产仔结束

母貂在产仔后 2～4 h 排出油黑色胎便,标志产仔结束。

6.2.4 仔貂代养

对缺乳、产仔多和母貂有恶癖的,应及时将部分或全部仔貂代养出去。本着代大留小、代强留弱的原则,先将代养母貂引出窝箱外,再用窝箱内的草擦拭被代养仔貂的身体之后放入箱内。或将仔貂放在窝箱出口的外侧,由母貂主动衔入窝内。

6.2.5 仔貂补饲

在仔貂 15～20 日龄开始吃食时,应对仔貂补饲,补饲饲料由新鲜的肉、蛋、奶组成。

6.2.6 仔貂分窝

40～50 日龄时及时分窝。

7 卫生防疫

7.1 卫生要求

7.1.1 环境卫生

产仔、哺育舍每年产仔前、后应各进行一次大规模清扫、消毒;长年保持清洁,定期灭菌,消灭老鼠、苍蝇,处理好粪便,清除腐败污物。

7.1.2 产窝卫生

仔貂开始采食后应搞好产窝内的卫生,勤换垫草,及时清除粪便、湿草、剩饲料等污物。

7.2 免疫

仔貂 45～55 日龄接种犬瘟热和细小病毒疫苗。

附录 A
（资料性附录）
产仔哺乳期水貂日粮配合推荐比例

A.1　产仔哺乳期水貂日粮配合推荐比例

见表 A.1。

表 A.1　产仔哺乳期水貂日粮配合推荐比例

饲料种类	配合比例
膨化玉米/%	10～15
海杂鱼/%	30～35
进口鱼粉/%	8～10
肉类/%	15～20
动物肝脏/%	5～10
蛋/%	8～15
蔬菜/%	5～-8
食盐/%	0.3～0.5
维生素 A/(IU/kg)	≥6 000
维生素 D_3/(IU/kg)	≥600
维生素 E/(mg/kg)	≥30
维生素 K/(mg/kg)	≥0.013
核黄素/(mg/kg)	≥1.5
硫胺素/(mg/kg)	≥1.2
叶酸(mg/kg)	≥0.5
烟酸/(mg/kg)	≥20
泛酸/(mg/kg)	≥6
维生素 B_6/(mg/kg)	≥1.6
维生素 B_{12}/(mg/kg)	≥0.03
铜/(mg/kg)	≥40
锌/(mg/kg)	≥120
铁/(mg/kg)	≥90
锰/(mg/kg)	≥40
硒/(mg/kg)	≥0.2
钴/(mg/kg)	≥0.001

注:维生素、微量元素推荐量为干物质状态下。

第三十章 水貂病毒性肠炎 防控技术规范

（DB1302/T 426—2015）

本标准按照 GB/T 1.1—2009 给出的规则起草。

本标准由唐山市质量技术监督局提出。

本标准由唐山市农牧局归口。

本标准主要起草单位：唐山市动物疫病预防控制中心、乐亭县动物疫病预防控制中心、乐亭县秋华彩貂养殖有限公司。

本标准主要起草人：刘乃强 刘志勇 杨建辉 张英海 李 颖 张晓利 刘东娜 董 英 李晓忠 舒广秋 刘 申

1 范围

本标准规定了水貂病毒性肠炎的流行病学特点、诊断及防控。

本标准适用于水貂病毒性肠炎的防控。

2 规范性引用文件

下列文件对于本文件的应用是必不可少的。凡是注日期的引用文件，仅注日期的版本适用于本文件。凡是不注日期的引用文件，其最新版本（包括所有的修改单）适用于本文件。

GB/T 27533 犬细小病毒病诊断技术

GB/T 14926.57 实验动物 犬细小病毒检测方法

GB 16548 病害动物和病害动物产品生物安全处理规程

GB 18596 畜禽场养殖业污染物排放标准

NY/T 767 高致病性禽流感 消毒技术规范

DB1302/T 379 水貂饲养场建设技术规范

3 术语与定义

下列术语与定义适合本文件。

3.1　水貂病毒性肠炎

又称乏白细胞症或传染性肠炎,是由细小病毒引起的以腹泻、血液中白细胞高度减少为特征的接触性传染病。

4　流行病学

本病全年均可发生,夏秋季多发。不同品种、年龄、性别的水貂均可感染,以幼貂,特别是刚断奶仔貂最易感,发病率、病死率均较成年貂高。患病或带毒的病貂是主要传染源。通过带毒动物的分泌物、排泄物、污染的饲料、水源和用具经飞沫、空气等通过消化道、呼吸道、黏膜感染。

5　诊断

5.1　临床诊断

5.1.1　最急性型

无明显的临床症状,突然死亡。

5.1.2　急性型

体温升高至 40~40.5℃,呕吐,排出黄绿色或番茄样具有腥臭味的稀便。食欲废绝,渴欲增高。病程 7 d 左右。

5.1.3　慢性型

虚弱,消瘦,食欲不振,被毛蓬乱,精神沉郁,排便频繁但量少,常见灰白色条柱型粪便。病程一般 7~14 d。

5.2　病理诊断

5.2.1　最急性型

心脏肿大呈灰黄色,切面外翻,质地松软,心肌有出血性斑纹。

5.2.2　急性型

肝脏肿大,包膜紧张,多呈黄褐色,质地松软有局灶性坏死,断面有豆蔻状花纹。肠管呈暗红色,肠壁薄而透明,肠管横径增大 2~3 倍,内容物稀薄,呈灰白、黄绿、红色或褐色。肠黏膜充血、出血、坏死、溃疡或脱落。肠系膜淋巴结肿大、充血、出血。

5.2.3　慢性型

胃空虚,黏膜轻度潮红,附有大量黏液;小肠壁增厚,肠管变粗,肠腔狭窄,形成厚层黏膜皱褶,易剥落,肠腔内充满紫红色粥样内容物并混有血凝块。

5.3　实验室诊断

5.3.1　胶体金试纸法快速诊断

按产品使用说明进行操作及结果判定。结果阳性的初步判定为貂病毒性肠炎。

5.3.2 血凝(HA)和血凝抑制(HI)试验

按 GB/T 27533 规定执行。

5.3.3 PCR检测

按 GB/T 27533 规定执行。

5.3.4 病毒的分离与鉴定

按 GB/T 14926.57 规定执行。

5.4 判定

若临床症状符合 5.1.2 或 5.1.3 并出现 5.2.2 或 5.2.3 病理变化,且符合 5.3.1,则判定疑似水貂病毒性肠炎,其他临床症状和病理变化作为参考指标;疑似病例采用 5.3.2、5.3.3、5.3.4 之一进行确诊,按 GB/T 27533 规定执行。

6 防控

6.1 免疫接种

仔貂:40~45 日龄免疫,疫区间隔 14~28 d 加强免疫一次;种貂:配种前 1~2 个月免疫一次,以后每隔 6 个月免疫一次。采用皮下注射,剂量为 1 剂/只。

6.2 环境控制

按 DB1302/T 379 规定执行。养殖场内禁止饲养犬、猫等易感动物。

6.3 引种

严禁从发病场调入种貂,调入种貂时隔离观察 7~15 d 后进场。

6.4 消毒

6.4.1 日常消毒

消毒液的选择和消毒方法可参考 NY/T 767 规定。采用对人畜安全、无刺激的消毒剂,每周带畜喷雾消毒 2~3 次;发生疫情时,每天至少带畜消毒一次,每隔 3 d 更换一种消毒剂。

6.4.2 笼具、食槽、用具等消毒

产前、分窝前对笼具进行火焰法消毒;食槽、水管、用具等定期采用浸泡消毒或喷洒消毒。

6.4.3 地面消毒

选用广谱、高效、低毒的消毒剂进行喷洒消毒。

6.4.4 人员车辆消毒

设立专门的人员更衣室,相关人员、车辆等须经过消毒池,方可进入场区。

6.5 废弃物处理

6.5.1 病死水貂按 GB 16548 的规定执行。

6.5.2 污染饲料、垫料、粪便、污水等经处理后符合 GB 18596 规定。

第三十一章 水貂生产性能测定技术规范

（DB1302/T 451—2016）

本标准按照 GB/T 1.1—2009 给出的规则编写。

本标准由唐山市质量技术监督局提出。

本标准由唐山市农牧局归口。

本标准起草单位:唐山市动物疫病预防控制中心、石家庄市农林科学研究院。

本标准主要起草人:张　军　马永兴　任二军　张子佳　刘志勇　刘进军

　　　　　　　　周建颖　刘　洁　周忠良　孟德亮　张英海　朱秋艳

　　　　　　　　毕迎春　刘立华　黄珊珊

1 范围

本标准规定了水貂生长性能、繁殖性能、毛绒品质等指标的测定。

本标准适用于水貂生产性能测定。

2 术语和定义

下列术语和定义适用于本文件。

2.1 仔貂

出生至 45 日龄断奶分窝前的水貂。

2.2 产仔总数

母貂一次分娩所产全部仔貂数(包括死胎、畸形、木乃伊、弱仔等)。

2.3 产活仔数

母貂分娩结束存活的仔貂数。

2.4 初生重

产后 24 h 内单个仔貂的重量。

2.5 初生窝重

产后 24 h 内产仔总数的重量。

2.6　打皮时体重

毛皮成熟时的体重。

2.7　日增重

断乳后平均每天增重。

2.8　背部1/2处

背中线与两肩胛连线交叉点及背中线与两后肢连线的交叉点连线的中点。

2.9　十字部

两肩胛连线与背中线的交点。

3　生长性能测定

3.1　体重测定

3.1.1　初生重、初生窝重。精确到0.1 g。

3.1.2　21日龄窝重、45日龄体重、90日龄体重、120日龄、180日龄体重,打皮时体重。早晨空腹称重。精确到0.1 g。

3.2　体尺测定

用皮尺测量,单位精确到0.1 cm。

3.2.1　体长

鼻端至尾根处的直线距。

3.2.2　背长

枕骨至尾根的直线距离。

3.2.3　尾长

尾根至尾毛毛尖的直线距离。

3.2.4　胸围

肩胛后缘绕体躯一周的周径。

4　繁殖性能测定

4.1　母貂繁殖性能测定

4.1.1　发情率

发情率＝发情母貂数/种母貂数×100%

4.1.2　留种母貂受配率

留种母貂受配率＝达成配种母貂数/种母貂数×100%

4.1.3　发情母貂受配率

发情母貂受配率＝达成配种母貂数/参加配种的母貂数×100%

4.1.4　留种母貂受胎率

留种母貂受胎率＝受胎母貂数/种母貂数×100%

4.1.5　发情母貂受胎率

发情母貂受胎率＝受胎母貂数/参加配种的母貂数×100％

4.1.6　留种母貂空怀率

留种母貂空怀率＝失配和空怀的母貂数/种母貂数×100％

4.1.7　发情母貂空怀率

发情母貂空怀率＝失配和空怀的母貂数/参加配种的母貂数×100％

4.1.8　留种母貂产仔率

留种母貂产仔率＝产仔母貂数/种母貂数×100％

4.1.9　发情母貂产仔率

发情母貂产仔率＝产仔母貂数/实配母貂数×100％

4.1.10　胎平均产仔数

胎平均产仔数＝产仔总数/产仔母貂数

4.1.11　群平均产仔数

群平均产仔数＝产仔总数/留种母貂数

4.1.12　胎平均成活数

胎平均成活数＝45 日龄断奶分窝仔貂数/产仔母貂数

4.1.13　群平均成活数

群平均成活数＝45 日龄断奶分窝仔貂数/留种母貂数

4.2　公貂繁殖性能测定

4.2.1　精液品质

4.2.1.1　工具

普通光学显微镜(100～400 倍)、擦镜纸、载玻片。

4.2.1.2　抹片

用载玻片的一角压在刚交配完的母貂阴道口处,轻轻蘸取一点精液,在显微镜下观察。

4.2.1.3　判断标准

水貂的精液品质检查的判断分优、良、有、无。

a)优:在一个视野里精子密布,精子呈直线运动,几乎没有死精子。

b)良:在一个视野中精子密度稍稀,大部分精子呈直线运动,极少部分精子原地运动或有个别死精子。

c)有:在一个视野中有几个活精子,或者精子密度虽然较大,但有大部分死精子。

d)无:在一个视野中无精子。

4.2.2　公貂与配母貂产仔数

公貂与配母貂产仔数＝公貂与配母貂产仔总数/公貂与配母貂数

4.2.3 配种次数

一个繁殖季节每只公貂的配种次数。

4.2.4 利用年限

每只公貂的配种年限。

5 毛绒品质测定

5.1 测定时间

毛皮成熟后进行。

5.2 测定部位

背部 1/2 处和十字部。

5.3 测定指标

5.3.1 毛长

5.3.1.1 针毛长

分开毛绒,露出皮肤,用钢直尺抵住皮肤,测定背部和十字部大多数(2/3)针毛自然状态下毛根到毛梢的距离,精确到 mm。

5.3.1.2 绒毛长

分开毛发,露出皮肤,用钢直尺抵住皮肤,测定背部和十字部大多数(2/3)绒毛自然状态下毛根到毛梢的距离,精确到 mm。

5.3.2 针绒长度比

针毛和绒毛的长度之比。

5.3.3 毛细度

5.3.3.1 针毛细度

用剪毛剪在取样部位,紧贴皮肤取样,用细度仪测定针毛最粗部位的细度,精确到 μm。

5.3.3.2 绒毛细度

用剪毛剪在取样部位,紧贴皮肤取样,用细度仪测定绒毛的细度,精确到 μm。

5.3.4 毛密度

取上楦、干燥的水貂皮,在取样部位剪取 1 cm² 毛皮样品分别数取针毛和绒毛根数,单位为万根/cm²。

附录 A
（资料性附录）
水貂生产性能记录

A.1　仔貂生长记录

　　见表 A.1。

表 A.1　仔貂生长记录

母貂号	出生日期	初生		21 日龄	
		仔貂数/只	窝重/g	仔貂数/只	窝重/g

表 A.2　水貂毛绒品质记录

日期：

种兽号	体重/g	体尺/cm	针毛												绒毛												
			背部 1/2 处			十字部			腹部 1/2 处			臀部			背部 1/2 处			十字部			腹部 1/2 处			臀部		
			长度/mm	细度/μm	密度/(万根/cm²)	长度/mm	细度/μm	密度/(万根/cm²)	长度/mm	细度/μm	密度/(万根/cm²)	长度/mm	细度/μm	密度/(万根/cm²)	长度/mm	细度/μm	密度/(万根/cm²)	长度/mm	细度/μm	密度/(万根/cm²)	长度/mm	细度/μm	密度/(万根/cm²)	长度/mm	细度/μm	密度/(万根/cm²)

第三十二章 短毛黑水貂
选种技术规范

（DB1302/T 461—2017）

本标准按照 GB/T 1.1—2009 给出的规则起草。

本标准由唐山市质量技术监督局提出。

本标准由唐山市农牧局归口。

本标准主要起草单位:唐山市动物疫病预防控制中心。

本标准主要起草人:张　军　周建颖　马永兴　张子佳　孟德亮　于冬梅

　　　　　　　　　高尚志　沙肖慧　高荣菊　黄珊珊　李俊龙　刘　菁

　　　　　　　　　刘立华　冯俊亮

1 范围

本标准规定了短毛黑水貂的选种时间及选种。

本标准适用于短毛黑水貂选种。

2 规范性引用文件

下列文件对于本文件的应用是必不可少的。凡是注明日期的引用文件,仅注日期的版本适用于本文件。凡是不注明日期的引用文件,其最新版本(包括所有的修改单)适用于本文件。

DB1302/T 451　水貂生产性能测定技术规范

3 术语和定义

下列术语和定义适用于本文件。

3.1 短毛黑水貂

指引进的美国短毛黑水貂及其纯繁后代。

4 选种时间

4.1 初选

4.1.1 成年水貂

根据繁殖力初选,公貂配种结束即可进行,母貂分窝后进行,符合条件的经产貂留种。

4.1.2 仔貂

6—7月份分窝前后进行。

4.2 复选

9—10月份进行。

4.3 精选

在毛皮成熟后取皮前的11月份进行。

5 选种

5.1 体型外貌

头短粗,耳小,头型轮廓明显,面部较短,嘴唇圆,眼圆明亮。躯干颈短而圆,胸部略宽,背腰粗长,后躯较丰满,腹部较紧凑。毛色为黑色,被毛短平齐。

5.2 生产性能指标测定

按DB1302/T 451规定的方法进行。

5.3 成年水貂的选种

5.3.1 初选

根据繁殖力初选,选择标准见附录A的表A.1。

5.3.2 复选

根据体质恢复和换毛情况进行,淘汰病貂和体质恢复差的水貂。

5.3.3 精选

以水貂毛绒品质和健康状况为主要条件选留种貂。毛绒品质指标见附录A的表A.2。

5.4 幼龄水貂的选种

5.4.1 初选

谱系清晰、5月5日前出生、发育正常、体质健壮、采食较早、同窝仔貂成活数大于4只。

5.4.2 复选

按附录A的表A.3进行。选留特级和一级的公貂留种,二级及以上的母貂留种。

5.4.3 精选

以水貂毛绒品质和健康状况为主要条件选留种貂。毛绒质量指标见附录A的表A.2。母貂乳头排列整齐,不少于4对。公貂睾丸发育良好。

附录 A
（规范性附录）
选种标准

A.1 成年水貂繁殖性能指标

见表 A.1。

表 A.1 成年水貂繁殖性能指标

项 目		指标		
		特级	一级	二级
公貂配种能力	配种次数	11	10	9
	与配母貂受胎率/%	≥85	≥85	≥80
	与配母貂平均产活仔数/只	≥6	≥5	≥4
母貂繁殖能力	产仔时间	5月5日以前	5月5日以前	5月5日以前
	窝产仔数/只	≥6	≥5	≥4
	断奶活仔数/只	5	4	3

A.2 水貂毛绒品质指标

见表 A.2。

表 A.2 水貂毛绒品质指标

项 目		指 标					
		特级		一级		二级	
		公	母	公	母	公	母
针毛	毛色	黑色		接近黑色		黑褐色	
	密度	丰厚		丰厚		较丰厚	
	分布	均匀		欠匀		欠匀	
	长度	≤19 mm	≤17 mm	≤20 mm	≤18 mm	≤20 mm	≤18 mm
绒毛	毛色	黑色		接近黑色		黑褐色	
	密度	丰厚		丰厚		较丰厚	
	分布	均匀		欠匀		欠匀	
	长度	≥18 mm	≥16 mm	≥17 mm	≥15 mm	≥17 mm	≥15 mm

A.3 幼龄水貂生长性能指标

见表 A.3。

表 A.3 幼龄貂生长性能指标

项 目	指 标					
	特 级		一 级		二 级	
	公	母	公	母	公	母
45 日龄断乳重/g	≥500	≥450	≥450	≥420	≥410	≥400
复选体重/kg	≥1.4	≥1.0	≥1.3	≥1.0	≥1.2	≥0.9
复选体长/cm	≥43	≥37	≥40	≥36	≥38	≥35
精选体重/kg	≥2.2	≥1.3	≥2.1	≥1.2	≥1.9	≥1.1
精选体长/cm	≥48	≥40	≥45	≥39	≥40	≥38
秋季换毛	9 月 20 日前		9 月 30 日前		10 月 10 日前	

第三十三章 狐狸人工授精
技术规程

（DB1302/T 315—2011）

本标准按照 GB/T 1.1—2009 给出的规则起草。

本标准由唐山市质量技术监督局提出。

本标准起草单位：唐山市动物疫病预防控制中心。

本标准主要起草人：张　军　刘乃强　马永兴　张进红　张子佳　刘志勇
　　　　　　　　　杨　艳　周忠良　李　颖　刘爱丽　贾日东　齐　静
　　　　　　　　　于冬梅　刘　洁　孙　璐

1 范围

本标准规定了狐狸人工授精中种公狐选择、场地、人员和器械要求、采精、精液检查及输精等。

本标准适用于唐山市行政区域内狐狸人工授精操作技术。

2 术语和定义

下列术语和定义适用于本文件。

2.1 人工授精

用人工方法采取公狐精液，经检查处理后，输入发情母狐子宫内，使其受孕。

2.2 发情鉴定

通过外部观察或其他方式确定母狐发情程度。

3 种公狐选择

纯种，品质优良，健康，食欲好，粪便正常，毛色顺亮，无遗传疾病。

4 场地和人员

4.1 场地

人工授精室内保持卫生,干净、整洁,空气新鲜;采精室、精液处理室和输精室经过紫外线灯(以 10 m² 一支 40 W 紫外线灯)照射 1～2 h,并在关闭灯光后 4 h 后使用;室内地面用 0.1％～0.2％新洁尔灭消毒液消毒;室外场地用 1％～2％火碱水或 20％生石灰水进行消毒待用。

4.2 人员

具有相关专业技术知识。工作人员应穿戴消毒过的工作服、工作帽、鞋进入工作室,工作室不允许无关人员随意进入,也不允许工作人员穿着工作服走出工作室外。

5 器械清洗和消毒

5.1 器械种类

颈钳套子、保定架、集精杯、显微镜、载玻片、盖玻片等。

5.2 清洗和消毒

凡是接触精液和母狐生殖道的输精用具、场地都应进行清洗和消毒。方法如下。

a)玻璃器皿

使用前用水浸泡和洗涤,有污物的宜用加洗涤剂的温水或重铬酸钾洗涤液浸泡数小时后,用水洗净,输精针、集精杯等玻璃器皿用后消毒液浸泡 1 h,后蒸馏水反复冲洗 3～4 次,然后放入 160℃烘干箱保持 1 h,自然冷却后备用。

b)金属器械

金属输精器类洗净后,置电热干燥箱 120℃保持 1 h,自然冷却待用。

c)橡胶、塑料制品

玻璃输精器或滴管上的橡胶头用蒸汽浸泡消毒;塑料制品在清洁烘干后,可放置在距离紫外灯下 60 cm 处照射 0.5 h 以上。

6 采精

6.1 种公狐准备

用经 0.1％～0.2％新洁尔灭溶液浸泡的毛巾擦拭被采精狐的腹部和会阴部,再用清洁温水擦拭一遍。

6.2 保定

将公狐放在采精架上。无采精架时,可由一人保定头部,一人保定尾部。

6.3 采精方法

a)采精员轻轻按摩公狐的睾丸和会阴部,给狐一个采精的信号。

b)蓝狐:右手呈握笔式将阴茎轻轻握住(即拇指和食指在阴茎两侧,中指在腹面握住阴茎)开始撸压包皮,速度由慢逐渐加快,通过反复撸压刺激阴茎使其勃起,并继续撸压,待阴茎中部的球状体海绵体膨大。把集精杯罩在龟头上,准备收集精液。同时有节奏地撸压球状体及其后部的阴茎,促使公狐射精。

银狐:一手呈握笔式将阴茎根部轻轻握住,另一手拇指有节奏的捋龟头尖部,待阴茎勃起,把集精杯倾斜罩在龟头边缘,准备收集精液,同时有节奏地继续捋龟头尖部,促使公狐射精。

c)射出的乳白色液体为精液,含有大量精子,收集好备用。

d 公狐射精后阴茎很快蔫萎,将其送回包皮内。

6.4　采精频率

每天采精 1 次,连续 2 天后,休息一天。

7　精液的检查

7.1　一般性状检查

a)射精量:0.2 mL 以上。

b)色泽:深乳白色。

c)气味:无味或略带腥味。

d)状态:稀释后的精液在光亮处能看到云雾状。

7.2　实验室检查

a)活力:鲜精活力达 0.8 以上。

b)畸形精子检查:畸形精子率 11% 以下。

c)密度在 3 级(400 倍显微镜下,每个视野有 70~80 个有效精子)以上。

d)酸碱度检查:pH 在 6.5 左右。

8　精液稀释方法

先将温度在 25~28℃ 的稀释液吸入注射器或滴管内,左手拿装有精液的集精杯(试管),保持适当的倾斜度,把稀释液沿着管壁缓缓加入,边加边轻轻摇动集精杯(试管),加完稀释液后集精杯(试管)放在手心内轻轻摇动,使之充分混合均匀。若稀释倍数超过 3 倍以上者,稀释液应分 2~3 次加入。稀释后每毫升精液中保持直线运动的精子数 1 亿~2 亿。

9　精液的异地使用

精液应分装在专用瓶中,外用棉花和纱布包好,存放时间不超过 6 h。

10 母狐发情鉴定

10.1 发情鉴定方法

10.1.1 外阴观察结合镜检细胞法

母狐发情表现如下:

a)发情前期:阴毛分开,显露阴门,阴门肿胀,阴蒂增大,阴道涂片多数为白细胞,少量有核细胞,持续时间为4~6天。

b)发情期:阴门肿胀明显,几乎呈圆形,有弹性,阴蒂更大,粉红色,阴道涂片中的无核细胞与有核细胞数量相近,持续时间为2~3天。

c)发情盛期(排卵期):阴门肿胀呈圆形,阴蒂外翻,弹性变小,颜色变浅,有乳白色黏液分泌,阴道涂片中的白细胞和有核细胞数量较少,角化无核细胞最多,持续时间为3~5天。

d)发情后期:阴门逐渐恢复正常,当公狐靠近时,摇头尖叫,拒绝接近。

10.1.2 试情法

在发情期把发情母狐放到试情公狐笼内,母狐接受公狐闻、嗅等活动,公狐爬跨时母狐站立不动,将尾歪向一侧,这是发情的象征,可以输精。

10.2 输精最佳期

在发情盛期微晚些是输精的最佳时期,即:当发情母狐外阴肿胀开始消退,阴裂上部出现柔软有弹性褶皱,外阴流出有特殊气味的阴道分泌物,分泌物由白变清澈透明时,是输精的最佳时机。

11 输精

11.1 器材

每只狐狸使用1份的经消毒的输精针、阴道扩张管。

11.2 输精方法

11.2.1 站立式

助手将母狐保定在输精台(架)上,把尾巴稍提起。输精员一手拇指、食指、中指固定子宫颈位置,一手握持输精器末端把扩张管缓缓插入阴道内,直抵子宫颈处,再把输精针放入扩张管内,并使其弯头向上,一手托住母狐的腹部,沿着扩张管下端寻找子宫颈,并用拇指和食指捏住,把输精针轻轻插入子宫颈1~2 cm处(如已插入子宫颈内,一般感到没有阻力,并有向内吸的感觉),另一助手将事先吸好的1.0 mL精液注射器迅速安在输精针上,缓缓将精液推入子宫颈内,取下注射器,输精员用手指轻弹几下输精针,把残留在输精针内的精液弹入子宫内,然后同扩张管一起取出。保定的助手把母狐取下,提起尾巴使其头向下,轻拍2~3下母狐臀部,防止精液倒流。

11.2.2　倒立法

助手将母狐外阴部消毒后,两手抓住母狐两后肢,输精员插入扩张管和输精针,将精液输到子宫颈内 1～2 cm 处,输精针和扩张管拔出后,继续保持倒立姿势 3～5 min,精液自然流到子宫和子宫角内。

11.3　输精量

每次输精有效精子数量 0.8 亿以上。

11.4　输精次数

每天 1 次,连续输入 2～3 次。为防止母狐子宫感染,每次输精后给母狐注射广谱抗菌药。

第三十四章 狐狸饲养场
建设技术规范

（DB1302/T 259—2013

代替 DB1302/T 259—2009）

本标准按照 GB/T 1.1—2009 给出的规则起草。

本标准代替 DB 1302/T 259—2009，除编辑性修改外，与原标准相比主要修改如下：

——修改了场址选择内容；

——修改了饲养场功能区划分及各功能区设置布局；

——增加了抗灾设施要求；

——增加了隔离墙、围墙建设高度及位置；

——修改了商品狐笼舍长度；

——增加了狐笼设施自动饮水嘴及安装高度要求；

——细化了狐笼摆放方式；

——修改了狐笼距地面距离；

——明确了无害化处理设施。

本标准由唐山市质量技术监督局提出。

本标准主要起草单位：唐山市动物疫病预防控制中心、乐亭县质量技术监督局、乐亭县畜牧兽医局。

本标准主要起草人：张　军　马永兴　张进红　刘立茹　任二军　杨　艳
张英海　王冬雪　张子佳　张晓利　刘进军　王建涛
聂士诚　冯　岭　贾日东　占天晓　王晓伟　李淑娜
刘　洁　史国翠　杨　利　刘立华　张　蔓

1 范围

本标准规定了狐狸饲养场建设的场址选择、场区规划与布局、建筑要求与设备配置等。

本标准适用于设计规模 500 只以上狐狸饲养场建设。

2　规范性引用文件

下列文件对于本标准的应用是必不可少的。凡是注明日期的引用文件,仅注日期的版本适用于本标准。凡是不注明日期的引用文件,其最新版本(包括所有的修改单)适用于本标准。

GB 15618　土壤环境质量标准

GB 16548　病害动物和病害动物产品生物安全处理规程

GB 18596　畜禽养殖业污染物排放标准

NY/T 388　畜禽场环境质量

NY 5027　无公害食品　畜禽饮用水水质

3　场址选择

3.1　选择场址应符合本地区农牧业产业发展规划、土地利用规划、城乡建设规划和环境保护规划的要求;通过环保部门对畜禽场建设环境评估,并在畜牧兽医行政管理部门和国土行政管理部门备案。

3.2　饲养场应建在距大型公共场所、学校 1 000 m 以上的下风处。距离交通干线、公路、铁路 500 m 以上,交通便利。周围 3 000 m 以内无其他大型化工厂、矿山、皮革加工厂等污染源。

3.3　场区地势高燥,背风向阳,地面平坦并稍有 1%～1.5% 的坡度,排水良好。

3.4　场区土壤质量符合 GB 15618 的规定;空气环境质量符合 NY/T 388 的规定;水源充足,水质符合 NY 5027 的规定。

3.5　电力供应安全、稳定,通信畅通。

4　场区规划与布局

4.1　饲养场分为生活区、管理区、生产辅助区、生产、隔离区和无害化处理区六个主要功能区。

4.2　饲养场入口设主大门,门前设消毒池,消毒池规格 4 m×3 m×0.1 m(长×宽×深),人行入口设消毒通道。

4.3　生活区设在场区最高上风口或地势最高段;管理区设在生活区和生产辅助区之间,在上风口及地势较高处,主要建筑包括办公室、财务室、接待室、技术室、化验室、档案资料室等;生产辅助区主要用于饲料加工、贮藏等,处于管理区和生产区中间过渡带上;生产区设在场区地势较低和下风的位置,主要建筑为狐棚,建筑面积按每只 2.0～2.5 m² 计算;生产区设置人工授精室;隔离区设在生产区下风向或侧风向及地势较低处,主要建筑包括兽医室、隔离舍、毛皮初加工室、粪污处理场及尸体的无害化处理区等。

4.4 各功能区之间修建隔离墙或绿化隔离带,分界明显,设有专用通道,出入口处设消毒池;生产区人口处设密闭消毒间,安装紫外线灯,设置消毒手盆,地面铺浸有消毒液的踏垫。人员在消毒间消毒后进入生产区。

4.5 生活区道路分净道和污道,分开设置,中间可建设绿化隔离带。

4.6 隔离墙和围墙建设高 1.7～1.9 m,距狐棚 3～5 m 处修建围墙,墙基排水沟处设铁丝拦截网;选择适合当地生长,对人畜无害的花草树木建设绿化隔离带和场区绿化。

4.7 各功能区设立消防设施;建设抵御 70 mm/12 h 以上降雨的排雨沟;建筑物需能抗风 8 级以上;抗震 6 级以上。

5 建筑要求与设备配置

5.1 狐棚和狐笼

5.1.1 狐棚

5.1.1.1 狐棚为开放式建筑,包括棚柱、棚梁、棚顶三部分,要求坚固耐用、便于操作。建造时就地取材,选用砖石、木材、钢筋、水泥、角铁、石棉瓦或双层带泡沫板的彩钢瓦等材料。

5.1.1.2 棚内地面平坦防滑,高出棚外地面 20～30 cm,笼下或笼后设排污沟,棚舍两侧设雨水排放沟,坡度 1.0%～1.5%。

5.1.1.3 狐棚可分双坡式和单坡式两种。狐棚宽度和长度根据狐笼的规格、摆放、场地和饲养数量确定。双坡式狐棚檐高 1.8～2.0 m,棚间距不低于 3 m;单坡式狐棚前沿高 1.8～2.0 m,后沿高 1.5～1.7 m,棚间距不低于 1.5 m。

5.1.1.4 狐棚朝向根据地理位置、地形地势综合考虑,一般采用南北朝向。

5.1.2 狐笼

5.1.2.1 狐笼用抗腐蚀性强的热镀锌电焊网编制,或与砖砌墙、预制水泥板等组合而成。底网可用 10 号丝电焊网,网眼不大于 3 cm×3 cm;边网和顶网可用 12 号丝电焊网,网眼不大于 2.5 cm×3 cm。商品狐笼舍长、宽、高分别不得少于 100 cm、80 cm、70 cm,单只成年狐笼底部面积不少于 0.75 m^2。种狐笼长×宽×高为 150 cm×90 cm×70 cm。

5.1.2.2 狐笼摆放为单排和双排两种。单排适宜种狐笼,双排适宜商品狐笼,双排狐笼摆放在狐棚两侧,中间设 1.5～2.0 m 宽的作业道。笼底部、顶部和正面为电焊网。

5.1.2.3 狐笼正面设规格为 40 cm×(50～60) cm 的笼门;在贴近笼底网的一角设食盘取送口;另一侧安装自动饮水嘴,安装高度 25～35 cm。

5.1.2.4 狐笼距地面 60～75 cm,笼间距 5～10 cm。

5.1.3　小室

种狐笼舍前部为狐笼,后侧为小室,小室可用木板、砖砌墙、水泥板等与笼网组合而成。小室与狐笼连接处设 25 cm×25 cm 的出入口(下沿高出小室底部5 cm),出入口设置活动插门。小室底部为电焊网,电焊网上铺设木板和草帘,气温高时撤去木板和草帘,以利于通风降温。顶部设置活动箱盖。

5.2　饲料加工室

5.2.1　根据饲养数量确定饲料加工室的规模,购置洗涤、加工、熟制等必需设备。

5.2.2　室内地面及四周墙壁水泥压光或贴瓷砖,设下水道,以便于刷洗、清扫和排除污水。下水道口应设置防鼠网。

5.3　饲料贮藏室

包括干饲料贮藏室和鲜饲料贮藏室。干饲料室要求阴凉、干燥、通风、无鼠虫危害;鲜饲料的贮藏应根据养殖数量建设适当规模的冷库或配置低温冰柜。

5.4　人工授精室

根据饲养量建设适当规模的人工授精室,包括检验室、采精室、精液处理室和输精室。配备狐人工授精所需的各种器械、试剂及药品。

5.5　毛皮初加工室

根据饲养量和生产要求设置毛皮初加工室,主要包括取皮间、刮油间、洗皮间、上楦整理间、干燥间、检验间和暂储间。各室配备相应的设施。

5.6　兽医室和隔离舍

兽医室和隔离舍应设在场区下风向相对偏僻处,且不应与种狐舍、幼狐舍在同一主风向轴线上,以减少污染,防止疫病传播。兽医室应备有常用的预防和治疗用的药品及诊疗、化验器械。

5.7　无害化处理场

建在地势最低的下风处。根据狐场粪污排放量,建造粪便堆积发酵池或沼气发酵池、污水沉淀池、焚尸炉(化尸井)等无害化处理设施及设备。病害动物和病害动物产品生物安全处理符合 GB 16548 的规定,污染物排放标准符合 GB 18596 的规定。

第四篇　综合篇

第三十五章 猪、鸡主要疫病检测与免疫技术

唐山市动物疫病预防控制中心针对动物疫情的严峻形势,申请立项"动物疫病检测与综合防治技术开发研究"项目。采用传统的流行病学调查、血清学检测、门诊病例汇总方法与聚合酶链式反应(PCR)、酶联免疫吸附试验(ELISA)相结合,实现对养殖和流通环节的猪鸡及其产品的快速检测、检测,确定危害养殖业的主要病种为:危害养禽业的主要疫病为禽流感、鸡新城疫、大肠杆菌病、沙门氏菌病等;危害养猪业的主要疫病为猪口蹄疫、猪瘟、猪伪狂犬病、猪蓝耳病、大肠杆菌病等。针对检测方法烦琐、免疫程序不合理等问题,通过制定动物防检疫监督管理综合标准,根据检测结果绘制动物疫病发生流行曲线图,指导动物免疫、防治工作,利用分阶段、按日龄检测重点疫病免疫效果的方法,评估现行免疫程序的应用效果,并及时调整免疫程序,实现科学防疫。经 3 年的推广应用,3 年间唐山市未发生一起重大动物疫情,规模养鸡场鸡只死亡率下降了 1.62%;规模化养猪场 1 月龄内仔猪死亡率下降了 8.57%,1 月龄以上猪只死亡率下降了 1.21%;3 年累计新增社会纯效益 13 444 万元,社会和环境效益显著。

一、立项背景

动物疫病是严重影响养殖业发展的主要因素之一,尤其是近几年猪口蹄疫、高致病性禽流感、高致病性猪蓝耳病的流行,给畜牧业生产造成巨大损失,直接影响了农村经济发展和农民增收。尤其是高致病性禽流感、链球菌病等人畜共患病,不但在畜禽间流行,还频频发生传染人的事件,造成社会恐慌。

在我国,疫苗注射为控制动物疫病的主要措施之一,虽经多年免疫注射,鸡新城疫、猪瘟、猪蓝耳病、猪伪狂犬病等疫病发病率仍居高不下。经调查:唐山市规模养猪场 1 月龄内仔猪死亡率高达 17.36%(包括所产死胎),1 月龄至出栏死亡率为 4.28%;规模养鸡场一个生产周期鸡只死亡率为 12.56%。存在的主要问题主要有以下几点。

(1)病原污染较为严重,多病原混合感染现象较为普遍。

(2)防疫病种不统一,疫苗选择混乱。

(3)免疫程序不合理,调整不及时。

（4）检疫设备和手段落后。

（5）免疫、检疫信息传递渠道不畅,资源不能共享。

此项研究旨在发挥检疫采样便利、代表性强、检验手段完备的优势,查明危害唐山市猪、鸡养殖业的主要疫病,并对所采用的免疫程序进行效果评估,以期达到提高防控效果,降低畜禽发病率、死亡率的目的。

二、总体思路

采取病例汇总分析,血清学、病原学普查等手段,结合聚合酶链式反应(PCR),对国家规定的重点疫病实施病原检测,查明危害唐山市猪、鸡的主要疫病;然后对现行免疫程序进行效果评估,修订或调整免疫程序,达到科学防控动物疫病。

制定和实施唐山市地方防检疫标准;依托唐山市畜牧水产网、唐山市动物防疫网、唐山市动物检疫网,建立重大动物疫病预警预报模型;及时掌握动物疫情动态数据,监控疫病发生趋势;及时收集、统计和分析检测结果,为适时调整动物免疫、防疫等疫病综合防治措施提供理论依据,实现集动物免疫、检疫、产品检测、标准化生产与产品安全流通于一体的规范化、科学化动物防检疫管理模式。以期达到提高防疫效果、降低畜禽发病率及死亡率、增加养殖效益、净化养殖环境、让消费者食用放心肉、蛋的目的。

三、技术方案

(一)危害猪、鸡主要疫病的确立

1.门诊病例汇总、分析

汇总 2002—2003 年唐山市动物疫病预防控制中心、河北遵化市、河北玉田县、唐山市丰南区、河北滦县、河北迁安市等县级动物门诊接诊猪、鸡病例及初步诊断结果,汇总结果见附表 35-1 至附表 35-5、图 35-1 和图 35-2。

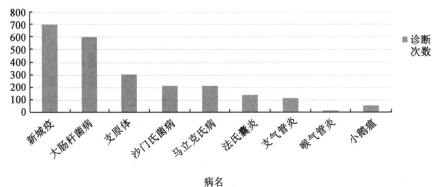

图 35-1　2002—2003 年禽类疫病发生情况

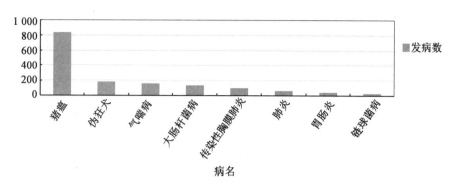

图 35-2　2002—2003 年猪的疫病发生情况

汇总结果表明:2002—2003 年共接诊禽类病例 2 506 份,临床诊断为鸡新城疫的 702 份,占接诊禽类病例总量的 28.01%;大肠杆菌病 604 份,占 24.10%;支原体 308 份,占 12.29%;其他主要疫病依次为:沙门氏菌病(212 份,占 8.46%)、鸡马立克氏病(212 份,占 8.46%)、鸡传染性法氏囊炎(140 份,占 5.59%)、鸡传染性支气管炎(112 份,占 4.47%)、小鹅瘟(54 份,占 2.15%)。

2002—2003 年共接诊猪病 1 542 例,临床诊断为猪瘟的 836 例,占接诊病猪总量的 54.22%;猪伪狂犬病 178 例,占 11.54%;猪喘气病 152 例,占 9.86%;猪大肠杆菌病 128 例,占 8.30%;其他依次为:猪传染性胸膜肺炎(98 例,占 6.36%)、猪肺疫(56 例,占 3.63%)、猪传染性胃肠炎(40 例,占 2.59%)、猪链球菌病(24 例,占 1.56%)。

2. 病原学检测

1)散养户猪鸡疫病病原学检测

2004—2005 年,对门诊收集到的 105 份猪病病料(内脏病料 95 份,血样 10 份)、108 份鸡病病料和分 3 批采自唐山市某肉联厂 60 头临床健康猪群血清以及唐山市万里香屠宰间的 105 只临床健康的鸡群喉头、泄殖腔棉拭子混样分别进行了病原学检测。猪病病料主要检测猪瘟病毒(CSFV)、猪呼吸与繁殖障碍综合征病毒(PRRSV,以下简称蓝耳病)、猪圆环病毒 2 型(PCV-2,以下简称圆环病毒)、猪伪狂犬病毒(PRV)、猪流感病毒(SIV)、禽流感病毒(AIV)、猪大肠杆菌($E.\ coli$)、猪沙门氏菌($S.\ sal$)、猪链球菌($S.\ suis$)、巴氏杆菌($S.\ plague$)和猪副嗜血杆菌($H.\ suis$)。鸡病病料主要检测禽流感病毒(AIV)、新城疫病毒(NDV)、大肠杆菌、沙门氏菌和巴氏杆菌。检测结果见表 35-1 至表 35-4,图 35-3 至图 35-6。

表 35-1 散养户猪病病原学检测结果

检测内容		发病猪群									健康猪群		
		内脏病料			血样			合计			血样		
病种	试验方法	检测数/份	阳性份数	阳性率/%	检测数/份	阳性份数	阳性率/%	检测数/份	阳性份数	阳性率%	检测数/份	阳性份数	阳性率/%
猪瘟	RT-PCR	95	66	69.47	10	6	60	105	72	68.57	60	13	21.67
蓝耳病	RT-PCR	95	23	24.21	10	3	30	105	26	24.76	60	5	8.33
圆环病毒	PCR	95	13	13.68	10	1	10	105	14	13.33	60	1	1.67
猪伪狂犬	PCR	95	12	12.63	10	1	10	105	13	12.38	60	1	1.67
猪流感	RT-PCR	95	0	0.00	10	0	0	105	0	0.00	60	0	0.00
禽流感	RT-PCR	95	0	0.00	10	0	0	105	0	0.00	60	0	0.00
大肠杆菌	细菌培养	95	34	35.79				95	34	35.79			
沙门氏菌	细菌培养	95	36	37.89				95	36	37.89			
链球菌	细菌培养	95	25	26.32				95	25	26.32			
巴氏杆菌	细菌培养	95	5	5.26				95	5	5.26			
猪副嗜血杆菌	细菌培养	95	2	2.11				95	2	2.11			

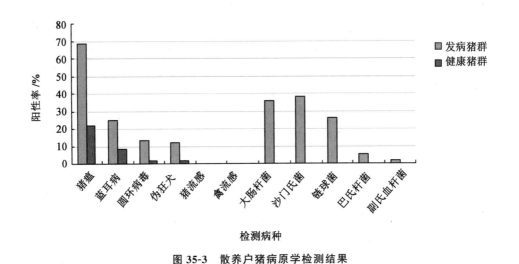

图 35-3 散养户猪病原学检测结果

表 35-1 结果表明:在 105 份发病猪群病料中,分别检出猪瘟病毒 72 份、猪蓝耳病病毒 26 份、猪圆环病毒 14 份、猪伪狂犬病毒 13 份、大肠杆菌 34 份、沙门氏菌 36 份、链球菌 25 份、巴氏杆菌 5 份和猪副嗜血杆菌 2 份,检测阳性率分别为猪瘟

68.57％、猪蓝耳病 24.76％、猪圆环病毒 13.33％、猪伪狂犬病毒 12.38％、大肠杆菌 35.79％、沙门氏菌 37.89％、链球菌 26.32％、巴氏杆菌 5.26％和猪副嗜血杆菌 2.11％。从临床健康猪群采集的 60 份血清混样中检测到猪瘟病毒 13 份、猪蓝耳病病毒 5 份、猪圆环病毒 11 份、猪伪狂犬病毒 11 份，检测阳性率分别为猪瘟 21.67％、猪蓝耳病 8.33％、猪圆环病毒 1.67％、猪伪狂犬 1.67％，表明临床健康猪群存在带毒现象。从发病猪群病料中和临床健康猪群血样中没有检测到猪流感和禽流感。

图 35-3 结果表明：散养户猪群发病，病毒病主要以猪瘟为主，其次为猪蓝耳病、猪圆环病毒和猪伪狂犬，细菌病主要以大肠杆菌、沙门氏菌和链球菌为主。

表 35-2 散养户发病猪群病原混合感染情况

病种	检测数/份	阳性份数	阳性率/％	病种	检测数/份	阳性份数	阳性率/％
猪瘟	105	4	3.81	猪瘟+蓝耳病	105	7	6.67
蓝耳病	105	3	2.86	猪瘟+圆环病毒	105	2	1.90
圆环病毒	105	2	1.90	猪瘟+伪狂犬	105	4	3.81
伪狂犬	105	2	1.90	猪瘟+大肠杆菌	105	4	3.81
巴氏杆菌	105	5	4.76	猪瘟+沙门氏菌	105	13	12.38
合计	105	16	15.24	猪瘟+链球菌	105	4	3.81
猪瘟+蓝耳病+圆环病毒	105	3	2.86	猪瘟+副嗜血杆菌	105	2	1.90
猪瘟+蓝耳病+伪狂犬	105	2	1.90	蓝耳病+圆环病毒	105	4	3.81
蓝耳病+圆环病毒+伪狂犬	105	1	0.95	蓝耳病+伪狂犬	105	2	1.90
猪瘟+大肠杆菌+沙门氏菌	105	12	11.43	蓝耳病+大肠杆菌	105	2	1.90
猪瘟+大肠杆菌+链球菌	105	6	5.71	蓝耳病+沙门氏菌	105	1	0.95
猪瘟+大肠杆菌+链球菌+沙门氏菌	105	10	9.52	蓝耳病+链球菌	105	1	0.95
				圆环病毒+链球菌	105	2	1.90
				伪狂犬+链球菌	105	2	1.90
合计	105	34	32.38	合计	105	50	47.62

表 35-2 结果表明：在 105 份发病猪群病料中检测到单一病原的有 16 份，占 15.24％，检测到 2 种病原的有 50 份，占 47.62％，检测到 3 种及以上病原的有 34 份，占 32.38％。从临床健康猪群血样中没有检测到多病原混合感染现象。

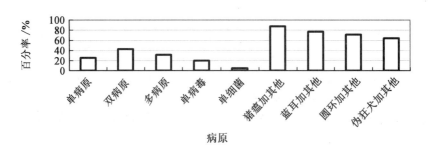

图 35-4　散养户猪病病原混合感染情况汇总

表 35-3　散养户鸡病病原学检测结果

检测内容		发病鸡群			健康鸡群		
病种	试验方法	内脏病料			棉拭子		
		检测数/份	阳性数/份	阳性率/%	检测数/份	阳性数/份	阳性率/%
禽流感	RT-PCR	108	0	0.00	105	0	0.00
新城疫	RT-PCR	108	64	59.26	105	5	4.76
大肠杆菌	细菌培养	108	35	32.41			
沙门氏菌	细菌培养	108	42	38.89			
巴氏杆菌	细菌培养	108	0	0.00			

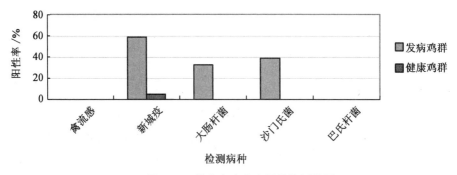

图 35-5　散养户鸡病病原学检测结果

　　表 35-3 结果表明:在 108 份发病鸡群病料中,分别检出鸡新城疫病毒 64 份,大肠杆菌 35 份、沙门氏菌 42 份,检测阳性率分别为鸡新城疫 59.26%、大肠杆菌 32.41%、沙门氏菌 38.89%;从临床健康鸡群采集的 105 份棉拭子中检测新城疫病毒 5 份;表明临床健康鸡群存在新城疫带毒现象。从发病鸡群病料中和临床健康鸡群棉拭子中没有检测到禽流感病毒。

图 35-5 结果表明:散养户鸡群病毒性感染主要以鸡新城疫为主,细菌性感染主要以大肠杆菌和沙门氏菌为主。

表 35-4　散养户发病鸡群病原混合感染情况

病种	检测数/份	阳性份数/份	阳性率/%	病种	检测数/份	阳性份数/份	阳性率/%
新城疫	108	37	34.26	新城疫+大肠杆菌	108	8	7.41
大肠杆菌	108	18	16.67	新城疫+沙门氏菌	108	13	12.04
沙门氏菌	108	23	21.30	大肠杆菌+沙门氏菌	108	3	2.78
				新城疫+大肠杆菌+沙门氏菌	108	6	5.56
合计	108	78	72.22		108	30	27.78

表 35-4 结果表明:在 108 份发病鸡群病料中检测到单一病原的有 78 份,占 72.22%,检测到两种及以上病原的有 30 份,占 27.78%。

图 35-6 结果表明:散养户鸡群发病以单病原感染为主,混合感染以病毒病和细菌病混合感染为主。

对散养户畜禽疫病病原学检测结果表明,唐山市散养猪群发病主要是由多种病毒、细菌混合感染造成的;在病毒病中,以猪瘟为主,在细菌病中,以大肠杆菌和沙门氏菌为主。散养鸡群发病主要是由新城疫和细菌混合感染造成的。

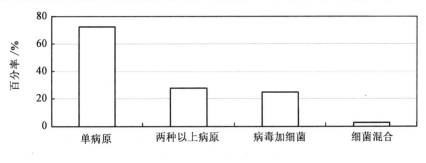

图 35-6　养户鸡病病原混合感染情况

2)规模场猪鸡疫病病原学检测

我们对收集到 2 个示范猪场猪病病料 10 份(内脏病料 6 份,血样 4 份),2 个规模鸡场病料 6 份,进行病原学检测,结果见表 35-5 和表 35-6,图 35-7 和图 35-8。

表 35-5　规模猪场猪病病原学检测结果

场名	病种	试验方法	内脏病料			血样			合计		
			检测数/份	阳性数/份	阳性率/%	检测数/份	阳性数/份	阳性率/%	检测数/份	阳性数/份	阳性率/%
A场	猪瘟	RT-PCR	4	3	75.00	2	2	100	6	5	83.33
	圆环病毒	RT-PCR	4	3	75.00	2	1	50	6	4	66.67
	蓝耳病	PCR	4	0	0.00	2	0	0	6	0	0.00
	伪狂犬	PCR	4	0	0.00	2	0	0	6	0	0.00
	猪流感	RT-PCR	4	0	0.00	2	0	0	6	0	0.00
	禽流感	RT-PCR	4	0	0.00	2	0	0	6	0	0.00
	大肠杆菌	细菌培养	4	1	25.00	2			6	1	16.67
	沙门氏菌	细菌培养	4	0	0.00	2			6	0	0.00
	猪链球菌	细菌培养	4	0	0.00	2			6	0	0.00
	巴氏杆菌	细菌培养	4	0	0.00	2			6	0	0.00
	副嗜血杆菌	细菌培养	4	1	25.00	2			6	1	16.67
B场	猪瘟	RT-PCR	3	2	66.67	1	1	100	4	3	75.00
	圆环病毒	RT-PCR	3	0	0.00	1	0	0	4	0	0.00
	蓝耳病	PCR	3	2	66.67	1	0	0	4	2	50.00
	伪狂犬	PCR	3	1	33.33	1	1	100	4	2	50.00
	猪流感	RT-PCR	3	0	0.00	1	0	0	4	0	0.00
	禽流感	TR-PCR	3	0	0.00	1	0	0	4	0	0.00
	大肠杆菌	细菌培养	3	0	0.00	1			4	0	0.00
	沙门氏菌	细菌培养	3	2	66.67	1			4	2	50.00
	猪链球菌	细菌培养	3	0	0.00	1			4	0	0.00
	巴氏杆菌	细菌培养	3	0	0.00	1			4	0	0.00
	副嗜血杆菌	细菌培养	3	0	0.00	1			4	0	0.00

　　表 35-5 结果表明：A 场的 6 份病料中，检测到猪瘟 5 份、圆环病毒 4 份、大肠杆菌 1 份、副嗜血杆菌 1 份，检测阳性率分别为猪瘟 83.33%、猪圆环病毒 66.67%、大肠杆菌 16.67%、副猪嗜血杆菌 16.67%；从 B 场的 4 份病料中，检测到猪瘟 3 份、猪蓝耳病 2 份、猪伪狂犬 2 份、沙门氏菌 2 份；检测阳性率分别为猪瘟 75%、猪蓝耳病 50%、猪伪狂犬 50%、沙门氏菌 50%。检测结果表明：A 场猪群发病主要是由猪瘟、猪圆环病毒、大肠杆菌和副猪嗜血杆菌混合感染造成的；B 场猪群发病主要是由猪瘟、猪蓝耳病、猪伪狂犬和沙门氏菌混合感染造成的。

　　图 35-7 结果表明：规模化猪场猪病主要以病毒感染为主，在病毒感染中，主要

以猪瘟为主,其次为猪蓝耳病、猪圆环病毒和猪伪狂犬病毒。

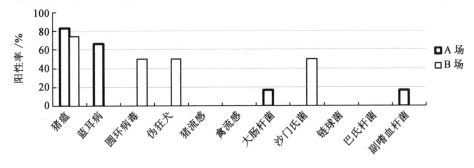

检测病种

图 35-7　规模猪场猪病病原检测结果

表 35-6　规模养鸡场鸡病病原学检测结果

场名	病种	检测方法	检测数/份	阳性数/份	阳性率/%
C 场	禽流感	RT-PCR	4	0	0.00
	新城疫	RT-PCR	4	4	100.00
	大肠杆菌	细菌培养	4	1	25.00
	沙门氏菌	细菌培养	4	0	0.00
	巴氏杆菌	细菌培养	4	0	0.00
D 场	禽流感	RT-PCR	2	0	0.00
	新城疫	RT-PCR	2	2	100.00
	大肠杆菌	细菌培养	2	0	0.00
	沙门氏菌	细菌培养	2	1	50.00
	巴氏杆菌	细菌培养	2	0	0.00

　　表 35-6 病原学检测结果表明,从 C 场的 4 份病料中,检测到鸡新城疫病毒 4 份、大肠杆菌 1 份,检测阳性率分别为 100% 和 25%;从 D 场的 2 份病料中,检测到新城疫病毒 2 份、沙门氏菌 1 份,检测阳性率分别为 100% 和 25%。结果表明:C 场和 D 场鸡群发病主要是由新城疫与细菌病混合感染造成的。

　　图 35-8 检测结果表明:2 个养鸡场鸡群发病主要是由新城疫混合感染造成的,同时伴有细菌继发感染。

　　3)检疫采样病原学检测

　　(1)采集数量的确定　一是采取随机化采集,以畜群或禽群为基本采集单位。二是取决于要检测疫病的流行程度及其可信限(在流行病学工作中,95% 是标准

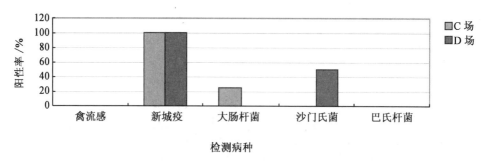

图 35-8　规模化鸡场鸡病病原检测结果

的可信限)。在大于 1 000 的畜禽群中,我们通常采取下述公式来计算本批次样本数:

$$n = \lg(1-t)/\lg(1-d/N)$$

式中,N 为总畜禽数,n 为样本数,t 为估计发病的畜禽百分比,d 为可信限,lg 代表以 10 为底的对数。

2004—2006 年采样数量见附表 35-6。

2005 年,本项目研究采样范围扩展到唐山市 10 个县(市、区)。课题组将采样数量以任务分配的方式,划分到各县(市、区),采样数量达到每个类型 1 974 个,见附表 35-7。

2006 年,项目研究采样范围涉及唐山市 17 个县(市、区),全年采样数量达到了每个类型 2 145 个,见附表 35-8。

(2)检测结果　见表 35-7、图 35-9。

表 35-7　2004—2006 年采样数量及检出数表

年份	禽流感			鸡新城疫			猪瘟			猪肺疫			猪丹毒		
	采样数/份	检出数/份	检出率/%	采样数/份	检出数/份	检出率/%	采样数/份	检出数/份	检出率/%	采样数/份	检出数/份	检出率/%	采样数/份	检出数/份	检出率/%
2004	1 800	0	0	1 800	522	29	1 800	45	2.5	1 800	13	0.7	1 800	81	4.5
2005	1 974	0	0	1 974	533	27	1 974	43	2.2	1 974	10	0.5	1 974	73	3.7
2006	2 145	0	0	2 145	429	20	2 145	26	1.2	2 145	8	0.34	2 145	56	2.6
合计	5 919	0	0	5 919	1 484	25.3	5 919	114	1.97	5 919	31	0.51	5 919	210	3.6

从 2004—2006 年畜禽疫病检出率(图 35-9)可以看出,从 2004 年到 2006 年,鸡新城疫、猪瘟、猪肺疫和猪丹毒的检出率均有所下降,其中 2006 年鸡新城疫、猪瘟、猪肺疫和猪丹毒比 2004 年分别下降了 9 个百分点、1.3 个百分点、0.36 个百分

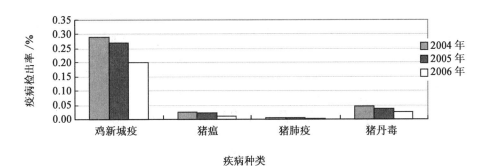

图 35-9　2004—2006 年畜禽疫病检出率

点、1.9 个百分点，4 种疫病的发病率降幅分别达到了 31％、52％、51.4％ 和 42.2％，疫情得到了显著的控制。

4）高致病性禽流感病原学检测

2004—2006 年，根据候鸟迁徙规律，每年的 2—5 月和 10—12 月均开展 2 次病原学检测，检测对象为养禽场、散养禽、交易市场禽类和野鸟、猪；禽类采集肛门及咽喉拭子，野鸟采集粪便，猪采集血清；检测方法为：禽流感胶体金法初步筛选和 PCR 法定性及 HI 试验（检测猪血清）。检测结果见表 35-8。

表 35-8　高致病性禽流感病原学检测结果

畜种	2004 年			2005 年			2006 年		
	检测数/份	阳性数/份	阳性率/%	检测数/份	阳性数/份	阳性率/%	检测数/份	阳性数/份	阳性率/%
猪（血清）	360	2	0.56	500	5	1.00	600	4	0.67
养禽场鸡	3 500	0	0.00	3 500	0	0.00	5 000	0	0.00
散养禽	1 500	0	0.00	1 500	0	0.00	1 500	0	0.00
交易市场	80	0	0.00	160	0	0.00	320	0	0.00
野鸟	400	28	7.00	500	27	5.40	320	7	2.19
合计	5 840	30	0.51	6 160	32	0.52	7 740	11	0.14

表 35-8 结果表明：唐山市有高致病性禽流感野毒存在，野鸟带毒率高达 5.08％，在猪体内也查到了自然感染抗体，一旦禽类免疫不合格就有发生疫情的风险。

5）猪"高热病"病原学检测

2006 年 5 月，我国江西首发猪"高热病"，9 月传入唐山市，在唐山市自南向北传播，给养猪业带来了巨大的经济损失，为此我们开展了猪"高热病"的病原学检测工作。

(1)检测样品　检测样品采自河北滦南县、唐山市丰南区、河北滦县、河北玉田县、唐山市丰润区等县、区疑似发病养殖场(户)或门诊接收病例。2006年共检测25例,2007年共检测10例。

(2)检测方法　对所采样品均进行了猪瘟、猪蓝耳病、A型流感病毒、猪伪狂犬病、猪圆环病毒病的PCR或RT-PCR检测,诊断试剂购自农业农村部中国动物疫病预防控制中心。

(3)检测结果　检测结果见表35-9。

表35-9　疑似猪"高热病"病原学检测结果

感染病种		检测场、户数			阳性场、户数量		
		2006年	2007年	合计	2006年	2007年	合计
单病原感染	猪流感	25	10	35	0	0	0
	蓝耳病	25	10	35	2	0	2
	圆环病毒	25	10	35	0	0	0
	伪狂犬病	25	10	35	4	1	5
	猪瘟	25	10	35	1	0	1
	小计				7	1	8
两病原感染	蓝耳病+圆环病毒	25	10	35	2	0	2
	蓝耳病+伪狂犬病	25	10	35	8	5	13
	蓝耳病+猪瘟	25	10	35	1	0	1
	圆环病毒+伪狂犬病	25	10	35	0	1	1
	圆环病毒+猪瘟	25	10	35	0	0	0
	伪狂犬病+猪瘟	25	10	35	0	0	0
	小计				11	6	17
三病原感染	蓝耳病+圆环病毒+伪狂犬病	25	10	35	5	0	5
	蓝耳病+圆环病毒+猪瘟	25	10	35	0	1	1
	圆环病毒+伪狂犬病+猪瘟	25	10	35	1	0	1
	蓝耳病+伪狂犬病+猪瘟	25	10	35	1	1	2
	小计				7	2	9
四病原感染	蓝耳病+圆环病毒+伪狂犬病+猪瘟	25	10	35	0	1	1
	小计	25	10	35	18	9	27
	合计	25	10	35	25	10	35

2006—2007 年猪"高热病"发病猪场主要是由多病原感染造成的,35 个场、户中,有 27 个呈多病原感染现象。多病原感染中,主要以两病原和三病原混合感染为主;两病原感染中以猪蓝耳病和猪伪狂犬病毒混合感染为主,有 13 个场;三病原混合感染中以猪蓝耳病、猪圆环病毒和猪伪狂犬病毒混合感染为主,有 5 个场。

从各病原感染情况看,猪伪狂犬病、猪蓝耳病感染程度最重,分别有 28 个和 27 个场感染,其次为猪圆环病毒,有 11 个场,猪瘟感染程度较轻,有 7 个场;在 25 个猪场中,没有检测出 A 型流感病毒。

从猪场的单一病毒感染情况看,2006 年有 7 个场,2007 年仅 1 个场。这说明 2007 年猪场发病情况比 2006 年更复杂。

3. 猪病血清学普查

1)第一次普查

2006 年 1 月,唐山市开展了一次猪病血清学普查。

(1)普查样本　本次普查共采集猪血清 480 头份,其中采自 25 个规模养猪场母猪血清 290 头份,采自 86 个散养户母猪血清 190 头份。

(2)诊断试剂和检测方法　全部采用 ELISA 方法检测。检测试剂均购自北京国安兴业科技有限公司,多为荷兰赛迪诊断公司产品。

各检测试验均设阴、阳性对照,所做试验全部成立。

(3)检测结果　检测结果见表 35-10。

表 35-10　2006 年猪病血清学普查结果

病名	检测数/份	阳性数/份	阳性率/%	备注
猪瘟	440	252	57.27	免疫抗体
伪狂犬病 gE	460	204	44.35	
蓝耳病	460	282	61.30	
细小病毒病	176	171	97.16	不能区分强弱毒抗体
圆环病毒 IgM	184	7	3.80	阳性表示被感染
圆环病毒 IgG	184	171	92.93	阳性表示有过接触

普查结果表明:猪伪狂犬、猪蓝耳病、猪细小病毒等病原污染严重,猪瘟免疫合格率偏低。

规模养猪场和散养户的检测结果对比见表 35-11。

表 35-11　规模场和散养户检测结果

病名	规模场			散养户		
	检测数/份	阳性数/份	阳性率/%	检测数/份	阳性数/份	阳性率/%
猪瘟	271	174	64.21	169	78	46.15
伪狂犬	275	110	40.00	185	94	50.81
蓝耳病	275	197	71.64	185	85	45.95
细小病毒	166	161	96.99	10	10	100.00
圆环病毒 IgM	166	7	4.22	18	0	0.00
合计	1 357	649	47.83	733	267	36.43

经 SPSS 统计软件分析,规模养猪场与散养户各种疫病的阳性率无明显差异($P>0.05$),规模场猪圆环病毒病阳性率高于散养猪只。表明规模养猪场建场布局、饲养管理等虽然优于散养户,但疫病防控仍需加强。

2)第二次普查

2007 年 2 月,唐山市针对猪"高热病"疫情开展了第二次血清学普查。

(1)普查样本　共采集猪血清 511 头份,其中 12 个规模养猪场血清 204 头份,散养户猪血清 221 头份,自唐山市某肉联厂采血 86 头份。

(2)诊断试剂和检测方法　除 H5N1、H9N2 禽流感采用 HI 试验外,其他疫病全部采用 ELISA 检测方法。除猪圆环病毒、弓形体、H5N1、H9N2 诊断试剂为国产外,其他检测试剂均为进口产品(购自北京测迪公司和世纪元亨公司)。

各检测试验均设阴阳性对照,所做试验全部成立。

(3)检测结果　检测结果见表 35-12。

表 35-12　2007 年猪病血清学普查结果

病名	检测数/份	阳性数/份	阳性率/%	备注
猪瘟	460	318	69.13	免疫抗体
伪狂犬病 gE	460	185	40.22	感染抗体
圆环病毒	92	77	83.70	国产诊断液
非洲猪瘟	180	0	0.00	
传染性胸膜肺炎	188	88	46.81	部分场做过疫苗
H1N1 猪流感	180	91	50.56	
H3N2 猪流感	450	50	11.11	
H5N1 禽流感	260	0	0.00	
H9N2 禽流感	260	0	0.00	
蓝耳病	459	240	52.29	
弓形体	186	54	29.03	
合计	3 175	1 106	34.83	

　　检测结果表明,猪"高热病"疫情基本可以排除非洲猪瘟、H5N1、H9N2 禽流感;猪伪狂犬病、猪圆环病毒、猪蓝耳病、猪流感、传染性胸膜肺炎、弓形体病原污染严重。

　　与 2006 年检测结果对比见表 35-13、图 35-10。

表 35-13　2007 年与 2006 年检测结果对比

病名	2006 年			2007 年		
	检测数/份	阳性数/份	阳性率/%	检测数/份	阳性数/份	阳性率/%
猪瘟	440	252	57.27	460	318	69.13
伪狂犬病	460	204	44.35	460	185	40.22
蓝耳病	460	282	61.3	459	240	52.29
圆环病毒 IgG	184	171	92.93	92	77	83.70
圆环病毒 IgM	184	7	3.80			
H5 亚型高致病性禽流感	370	0	0	260	0	0.00

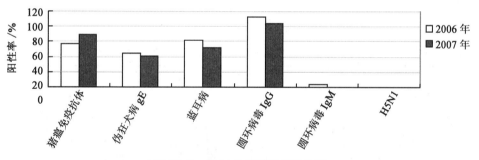

图 35-10　2006 年检测结果对比图

　　对比结果显示:2007 年猪蓝耳病、猪圆环病毒、猪伪狂犬病的阳性率较 2006 年略有下降,猪瘟免疫合格率提高了近 12 个百分点。

　　几个规模化养猪场检测结果见表 35-14。

表 35-14　几个养猪场(户)检测阳性率　　　　　　　　　　　　　　%

病名	A 场	B 场	C 场	D 场	E 场	F 场	G 场	H 场	备注
猪瘟	73.5	74.4	100.0	91.7	100.0	72.2	85.7	80.0	免疫抗体
H1N1	45.0	92.3	75.0	83.3	100.0	60.0	100.0	25.0	
H3N2	0.0	18.0	11.1	8.3	20.0	0.0	14.3	0.0	
伪狂犬	46.9	74.4	11.1	25.0	90.0	33.3	7.1	0.0	
蓝耳病	63.3	94.9	77.8	66.7	90.0	44.4	85.7	70.0	
传染性胸膜肺炎	55.0	100	37.5	55.6	77.8	85.7	100.0	50.0	B 场免疫
弓形体	8.2	79.3	44.4	58.3		0.0	42.9	0.0	

走访调查显示,A 场、H 场、F 场未发生疫情;B 场、G 场疫情较为严重,母猪流产率 20.0% 左右,仔猪及育肥猪死亡率为 30%～50%;C 场、D 场、E 场疫情较轻,母猪流产率、仔猪及育肥猪死亡率均低于 5.0%。

发病较重场、发病较轻场与未发病场检测结果比较见表 35-15、图 35-11。

表 35-15　发病场与未发病场检测阳性率对比

病名	无疫病场(3 个)			疫情较重场(2 个)			疫情较轻场(3 个)		
	检测数/份	阳性数/份	阳性率/%	检测数/份	阳性数/份	阳性率/%	检测数/份	阳性数/份	阳性率/%
猪瘟	77	57	74.03	53	41	77.36	31	30	96.77
H1N1	29	13	44.83	17	16	94.12	14	12	85.71
H3N2	77	0	0.00	53	9	16.98	31	4	12.90
伪狂犬 gE	77	29	37.66	53	30	56.60	31	13	41.94
蓝耳病	77	46	59.74	53	49	92.45	31	24	77.42
传染性胸膜肺炎	31	19	61.29	26	26	100	26	15	57.69
弓形体	77	4	5.19	43	29	67.44	21	11	52.38
合计(不计猪瘟)	368	111	30.16	255	159	62.35	154	79	51.30

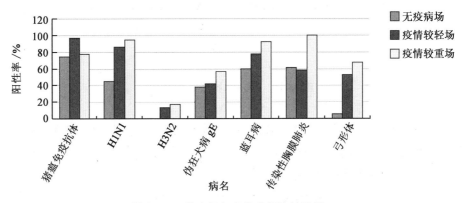

图 35-11　发病场与未发病场比较结果

对比结果表明,发生疫情的养猪场(户),其猪蓝耳病、H1N1、H3N2 和弓形体的阳性率明显高于未发病场,疫情较轻场与疫情较重场比较,猪瘟免疫合格率高出近 20%。

(4)猪"高热病"病因分析

①血清学检测结合门诊病例汇总结果表明:猪蓝耳病、猪流感、猪伪狂犬、猪瘟、传染性胸膜肺炎、猪喘气病、大肠杆菌、猪肺疫、弓形体等为本次疫情的主要病

原,基本可以排除非洲猪瘟、高致病性禽流感和 H9N2 亚型禽流感。并且发病率与猪蓝耳病、H1N1 猪流感阳性率呈不完全正相关——发病率越高,二者的阳性率越高,但未发病场其阳性率分别为 59.74%、44.83%。

②据唐山市疾病预防控制中心介绍,2006 年唐山市人间流行的流感主要为 H3N2 亚型,人与猪流行的亚型虽不同,但之间存在相互传播现象。血清学检测阳性率较高,但病原学未检出阳性,可能与流感病毒在体内存在时间短,所采样品均与死亡或濒临死亡猪只有关。

③剖检病例统计,剖检疑似猪瘟感染占 70% 以上,猪瘟免疫合格率达到 90% 以上的 3 个发病较轻场虽然猪流感、弓形体、猪蓝耳病、猪伪狂犬病阳性率与发病较重场相近,但其损失较小,这表明了猪瘟有效免疫的重要性。

④发病场、发病较轻场和未发病场弓形体检测阳性率分别为 67.44%、52.38% 和 5.19%,但弓形体传播速度较慢,与此次大流行的特点不相符。2 个发病较重场传染性胸膜肺炎的阳性率均达 100%,其中 B 场做过该病的免疫,表明疫情并非该病直接引发。

⑤猪伪狂犬病、猪圆环病毒Ⅱ型检出率虽高,但与上次普查阳性率基本持平,由于其能引起明显的免疫抑制,此次疫情其可能扮演了推波助澜或继发感染的角色。

⑥本次调查发现日常封闭式饲养、兽医卫生管理、疫病防治及净化非常重要,各种疫病阳性检出率均较低的养猪场未发生疫情,较好的场即使发生疫情,其损失也不及管理混乱养猪场的 10%。

⑦自 2005 年下半年至 2006 年上半年,猪价持续走低,甚至有一阶段低于成本,致使防疫、饲料、药物投入缩水。据中国气象局检测统计报告称,2006 年全国平均气温为 10℃,比常年同期偏高 1℃,破历史同期最高纪录,为 1951 年以来最高值。猪价波动和气候反常(炎热季节延长)是此次疫情的诱因。自 2006 年 8 月猪价开始回升,猪只交易量、流动量增加,致使疫情传播迅速。

综上所述,猪"高热病"的防控是一项综合工程,从宏观上应加强生猪生产的调控、规范养殖、流通、环境控制、病死动物处理等各个环节;从防疫上除按农业农村部《高致病性猪蓝耳病防治技术规范》防疫好猪蓝耳病、猪瘟外,还应加强猪流感、猪伪狂犬病、弓形体、传染性胸膜肺炎等常发疫病的防疫工作。

4.门诊病例汇总、病原学普查、血清学普查结论

危害唐山市养禽业的主要疫病为禽流感、鸡新城疫、大肠杆菌病、沙门氏菌病、马立克氏病、传染性法氏囊炎、小鹅瘟等;危害唐山市养猪业的主要疫病为口蹄疫、猪瘟、猪伪狂犬病、猪蓝耳病、大肠杆菌病等。

（二）防控措施

1.区域性免疫程序使用效果的评估

1）高致病性禽流感免疫效果的评估

2004年2月17日,农业部发布了"高致病性禽流感免疫技术规范（NY/T 769—2004）"。按照上级要求,唐山市在2004年禽类高致病性禽流感春防中,推广使用该技术规范中制定的免疫程序,并对其在蛋鸡群中的免疫效果进行评估。

（1）试验材料

①器械:采血器、HI试验所需试剂及器械。

②疫苗:哈尔滨兽医研究所生产的禽流感H5油乳剂苗,批号为20031105。

③试验地点及时间:河北玉田县某养鸡场,该场存栏海蓝褐种鸡1.2万套,2002—2004年疫情稳定。

试验时间:自2004年3月11日至2004年12月。

（2）试验方法

①免疫程序:雏鸡在2周龄首次免疫,接种剂量0.3 mL;5周龄时加强免疫,接种剂量0.5 mL;120日龄再加强免疫,接种剂量0.5 mL;以后间隔5个月加强免疫一次,接种剂量0.5 mL。

②采血时间及数量:分别在0日龄（日龄以下简称D）、1、2、3、4、5周龄（周龄以下简称W）、3、4、5、6、7、8、9月龄（月龄以下简称Y）采血一次,每次20份,每份1.5 mL,共采血13次。

③抗体检测及结果判定:血凝抑制试验（HI）检测血清抗体及结果判定执行GB/19442—2004。

（3）试验结果　试验结果见表35-16、图35-12。

表35-16　高致病性禽流感抗体跟踪检测结果

采血时间	实测份数	抗体效价($\log_2$值)											平均值	标准差	标准误差
		0	1	2	3	4	5	6	7	8	9	10			
0 D	20							5	6	9			7.20	0.84	0.19
1 W	20					1	13	5	1				5.30	0.66	0.15
2 W	20				5	7	8						4.15	0.81	0.18
3 W	20					8	9	3					4.75	0.72	0.16
4 W	20					3	11	6					5.15	0.67	0.15
5 W	20						12	5	3				5.55	0.76	0.17
3 Y	20							4	8	8			7.20	0.77	0.17
4 Y	20					7	7	6					4.95	0.82	0.18
5 Y	20								1	13	6		8.25	0.55	0.12
6 Y	20								3	12	5		8.10	0.64	0.14
7 Y	20						1	12	6	1			6.35	0.67	0.15
8 Y	20					6	8	5	1				5.05	0.92	0.21
9 Y	20				3	8	6	3					4.45	0.94	0.21

注:D代表日龄,W代表周龄,Y代表月龄。

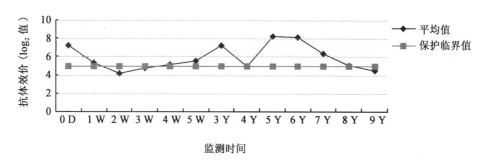

图 35-12　高致病性禽流感免疫抗体曲线

经 SPSS 13.0 软件统计分析,各组试验数据标准误均小于 0.5,试验数据可信。

从表 35-16 可以看出,0 日龄,1、2、3、4、5 周龄,3、4、5、6、7、8、9 月龄抗体平均值($\log_2$)分别为 7.20、5.30、4.15、4.75、5.15、5.55、7.20、4.95、8.25、8.10、6.35、5.05 和 4.45,群体合格率分别为 100%、95%、40%、60%、85%、100%、100%、65%、100%、100%、100%、70% 和 45%;8 月龄前总体免疫合格率为 84.62%。9 月龄前免疫合格率为 78.87%。根据 1、2、3 周龄雏鸡群抗体水平及群体合格率,首免日龄在第 2 周有些偏后;产蛋鸡疫苗免疫抗体保护期为 4 个月,不是 5 个月。

根据免疫效果评估结果,对高致病性禽流感免疫程序进行了如下调整:雏鸡在 10～12 日龄首次免疫,接种剂量 0.3 mL;28～35 日龄时加强免疫,接种剂量 0.5 mL;110 日龄再加强免疫,接种剂量 0.5 mL;以后间隔 4 个月加强免疫一次,接种剂量 0.5 mL。

2005 年 4 月,对调整后在唐山市推广使用的免疫程序进行了免疫效果评估,鸡群在整个生长期免疫抗体效价均高于 $5\log_2$,群体合格率均达到了 100%,较调整前提高了 21.13%。2005—2006 年共检测禽流感免疫效价 14.5 万只份,其中规模养鸡场 11.6 万份,免疫合格率为 98.83%,社会散养禽类 2.9 万份,免疫合格率为 93.2%;自 2004 年至今唐山市未发生一例高致病性禽流感疫情。

2)鸡新城疫免疫效果的评估

(1)试验材料

①所需器械、试验场地、试验方法及判定标准同高致病性禽流感。

②疫苗:VH＋H120＋H2886 三联疫苗,以色列进口,批号为 200312;新城疫灭活油苗,中牧有限公司生产,批号为 20040117、20040423;Ⅳ系弱毒苗,中牧有限公司生产,批号为 20031202、20040422、20040603。

(2)试验方法　雏鸡在 10 日龄 VH＋H120＋H2886 三联疫苗滴鼻或点眼,1 只份/只;30 日龄新城疫灭活油苗皮下注射 0.3 mL/只,同时Ⅳ系弱毒苗饮水,2 只份/只;70 日龄Ⅳ系弱毒苗饮水,3 只份/只,120 日龄新城疫油苗肌肉注射,0.5 mL/只,同时Ⅳ系弱毒苗饮水,4 只份/只;240 日龄以后每隔 2 个月用Ⅳ系弱毒苗饮水一次。

（3）试验结果　试验结果见表 35-17、图 35-13。

表 35-17　　　新城疫免疫抗体跟踪检测结果

采血时间	实测份数	抗体效价（$\log_2$值）											平均值	标准差	标准误
		2	3	4	5	6	7	8	9	10	11	12			
0 D	20					1	7	10	2				7.65	0.75	0.17
1 W	20				6	11	3						5.85	0.67	0.15
2 W	20			1	10	6	3						5.55	0.83	0.18
3 W	20			2	6	10	2						5.60	0.82	0.18
4 W	20			3	11	6							5.15	0.67	0.15
5 W	20			1	5	10	4						5.85	0.81	0.18
3 Y	20					10	6	4					6.70	0.80	0.18
4 Y	20			2	5	9	4						5.75	0.91	0.20
5 Y	20											20	12.00	0.00	0.00
6 Y	20									6	4	10	11.20	0.89	0.20
7 Y	20							3	8	1	8		9.70	1.17	0.26
8 Y	20						3	9	6	2			8.35	0.86	0.20
9 Y	20									3	13	4	11.05	0.60	0.14

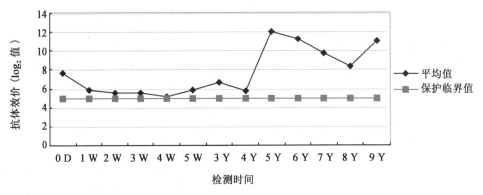

图 35-13　新城疫免疫抗体曲线

经 SPSS 13.0 软件统计分析,各组试验数据标准误均小于 0.5,试验数据可信。

从表 35-17 可以看出,0 日龄,1、2、3、4、5 周龄,3、4、5、6、7、8、9 月龄鸡新城疫抗体平均值（$\log_2$）分别为 7.65、5.85、5.55、5.60、5.15、5.85、6.70、5.75、12.00、

11.20、9.70、8.35 和 11.05,群体合格率分别为 100%、70%、95%、60%、100%、70%、100%、65%、100%、100%、60%、100% 和 70%。

评估结果表明,上述新城疫免疫程序合理。2005 年再次对该免疫程序进行了评估,结果与上述基本相同。

鉴于该场近几年来疫情稳定,自 2004 年推广该场新城疫免疫程序,2004 年免疫鸡只 2 540 万只;2005 年免疫鸡只 1 936 万只;2006 年免疫鸡只 2 748 万只;免疫蛋鸡死亡率降至 10.94%,较推广前下降了 1.62%。

3)猪瘟免疫效果的评估

(1)试验材料

①器械:采血器、ELISA 试验所需试剂及器械。

②试验猪场及试验时间:唐山市丰南区某养殖公司,饲养基础母猪 550 头,公猪 27 头,总存栏 4 300 头。试验时间为 2004 年 4 月。

该猪场瘟免疫程序:该猪场瘟免疫程序:仔猪 20 日龄、60 日龄 2 次免疫;后备母猪配种前 30 d 免疫 1 次;繁殖母猪配种前 20~30 d 免疫一次;公猪 2 次/年。检测时该场 60~80 日龄仔猪发病率为 23.50%,死亡率为 3.43%。

PCR/RT-PCR 检测病死猪淋巴结,猪瘟阳性,猪伪狂犬、猪蓝耳病阴性。下列母猪均在产后 1 个月内。

(2)诊断试剂　海博莱猪瘟抗体 ELISA 检测试剂盒,法国里昂 LSI 公司生产。

(3)采样编号　采样编号见表 35-18。

表 35-18　猪瘟效价检测样品编号情况

公猪	后备种猪	1~2胎	3~4胎	5~6胎	7胎	2 W	4 W	6 W	8 W	10 W	17 W	24 W
1	1	1	1	1	1	1	1	1	1	1	1	1
2	2	2	2	2	2	2	2	2	2	2	2	2
3	3	3	3	3	3	3	3	3	3	3	3	3
4	4	4	4	4	4	4	4	4	4	4	4	4
5	5	5	5	5	5	5	5	5	5	5	5	5
6	6	6	6	6	6	6	6	6	6	6	6	6
7	7	7	7	7		7	7	7			7	7
8	8	8	8	8		8		8				
9				9								
10				10								

（4）检测结果　检测结果见表 35-19。

表 35-19　猪瘟抗体检测结果

	公猪	后备种猪	1~2胎	3~4胎	5~6胎	7胎	2W	4W	6W	8W	10W	17W	24W
抗体值	81	79	75	78	77	57	61	32	66	41	40	78	80
	71	62	68	69	82	79	62	25	58	54	32	1	85
	82	72	69	65	63	48	55	16	15	21	24	66	83
	76	80	68	50	77	22	66	42	71	32	56	75	79
	63	70	82	48	60	71	59	12	26	37	45	61	79
	65	61	69	74	57	57	42	25	52	27	19	81	60
	85	73	46	44	80		46	33	57	35		56	53
	75	75	69	65	32		49	52	47	42			
	77				58								
	70				64								
抗体平均值	75	72	68	62	65	56	55	29	49	36	36	60	74
合格率/%	100	100	100	100	90	83	100	25	75	38	50	86	100
离散度/%	9.7	9.8	1.8	20.6	23.1	35.7	15.5	45.4	39.5	29.4	38.2	45.9	16.8

利用该试剂盒检测猪瘟抗体,当抗体值＞40 时,有保护力。检测结果表明,5~6 胎和 7 胎母猪各有 1 份检样抗体值低于 40,4、6、8、10、17 周龄猪各有 6 份、2 份、3 份、1 份检样抗体值低于 40;4 和 17 周龄离散度大于 40%,离散度较大表明该猪场存在猪瘟条件性感染现象。

检测结果表明,4、8、10 周龄猪检样猪瘟抗体平均值小于 40,4、6、8、10 周龄猪群群体阳性率低于 80%,达不到有效保护;公猪、后备母猪、1~2 胎、3~4 胎、5~6 胎、7 胎母猪、17 和 24 周龄育肥猪的抗体平均值均大于 40,猪群群体合格率均高于 80%,猪瘟免疫较好。

根据对该猪场猪瘟抗体跟踪检测结果,对仔猪的猪瘟免疫程序进行如下调整:仔猪在 4 周龄首免,8~10 周龄加强免疫一次。免疫程序调整后,该场疫情得到了有效控制。

4）猪蓝耳病、猪伪狂犬病免疫效果的评估

（1）试验材料

①器械:采血器、ELISA 试验所需试剂及器械。

②试验猪场及时间:河北玉田县某养猪场,存栏繁殖母猪 240 头,公猪 11 头,

总存栏 2 200 头。时间为 2004 年 10 月。

该猪场猪蓝耳病免疫程序:公猪初次免疫,间隔 3 周加强免疫 1 次,以后每 6 个月免疫 1 次;后备母猪进入配种舍前免疫 1 次,以后配种前免疫 1 次;仔猪断奶前免疫 1 次,所用疫苗为哈尔滨兽医研究所产品。

该猪场猪伪狂犬免疫程序:公猪初次免疫时,间隔 3 周免疫 2 次,以后每 6 个月免疫 1 次;后备种猪在进入配种舍前,间隔 3 周免疫 2 次,以后配种前 15 d 免疫 1 次;仔猪 3~4 周龄免疫 1 次,所用疫苗为中牧集团基因缺失苗。

检测时该场 1 月龄内仔猪死亡率高达 32.23%。

PCR/RT-PCR 检测病死猪淋巴结和肾脏,猪瘟、猪伪狂犬病阴性,猪蓝耳病阳性。下列母猪均在产后 1 个月内。

(2)诊断试剂 海博莱猪伪狂犬 gB 抗体 ELISA 检测试剂盒和猪蓝耳病抗体 ELISA 检测试剂盒,法国里昂 LSI 公司生产。

(3)样品编号 样品编号见表 35-20。

表 35-20 猪蓝耳病、伪狂犬病免疫效价检测样品编号

公猪	后备种猪	1~2 胎	3~4 胎	5~6 胎	6 胎以上	8 W	10 W	12 W	17 W
1	1	1	1	1	1	1	1	1	14
2	2	2	2	2	2	2	2	2	2
3	3		3	3	3	3	3	3	3
	4		4	4	4	4	4	4	4
	5		5	5	5	5	5	5	5

(4)检测结果

①蓝耳病检测结果 见表 35-21、图 35-14。

表 35-21 蓝耳病抗体检测结果

	公猪	后备种猪	1~2 胎	3~4 胎	5~6 胎	6 胎以上	8 W	10 W	12 W	17 W
抗体值	54	206	273	247	272	227	1	194	131	155
	125	140	137	249	249	266	18	210	153	91
	31	200		235	279	269	4	30	124	159
		273		280	266	227	18	1	109	137
		287		247	199	254	1	1	117	95
抗体平均值	70	221	205	252	253	249	8	87	127	127
合格率/%	100	100	100	100	100	100	0	60	100	100
离散度/%	70.0	27.0	46.9	6.7	12.7	8.2	105.4	121.1	13.2	25.5

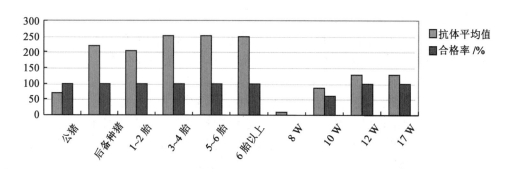

图 35-14　猪蓝耳病抗体平均值及阳性率

利用该试剂盒检测猪蓝耳病抗体,当抗体值>20 时,有保护力。检测结果表明,该场猪蓝耳病免疫效果不理想,公猪、1~2 胎母猪、8 和 10 周龄猪的抗体离散度大(大于 40%),仔猪的抗体在 8 周龄有明显的低谷,表明该场仔猪在 8~10 周最易感。

根据对猪蓝耳病抗体跟踪检测结果,对该猪场猪蓝耳病免疫程序进行如下调整:母猪初次免疫,间隔 3 周免疫 2 次(配种前后 1 周,及产前 45 d 内母猪除外),以后产后 10~12 d 免疫 1 次;公猪初次免疫,间隔 3 周免疫 2 次,以后每 6 个月免疫 1 次;后备种猪进入配种舍前间隔 3 周免疫 2 次,以后产后 10~12 d 免疫 1 次;仔猪;3~4 周免疫 1 次,4 周后再加强 1 次。

②猪伪狂犬病(gB)检测结果　见表 35-22、图 35-15、图 35-16。

表 35-22　伪狂犬抗体检测结果

项目	公猪	后备种猪	1~2 胎	3~4 胎	5~6 胎	6 胎以上	8 W	10 W	12 W	17 W
抗体值	1 402	76	18	36	4	6 819	12	6	5	2
	159	22	60	5 209	1	4 407	37	3	5	12
	47	189		1 544	34	2 750	66	1	11	8
		174		8	159	2 476	33	7	8	4
		2		10	2 476	3 335	34	1	2	13
抗体平均值	536	93	39	1 361	535	3 957	36	4	6	8
合格率/%	67	40	0	40	40	100	0	0	0	0
离散度/%	140	92.6	76.1	165	203	44.5	54.7	77.8	55.2	61.8

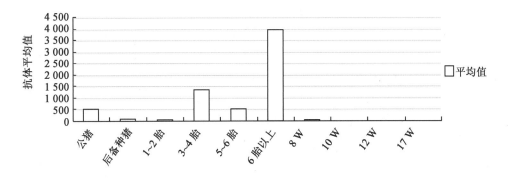

图 35-15　伪狂犬病抗体平均值

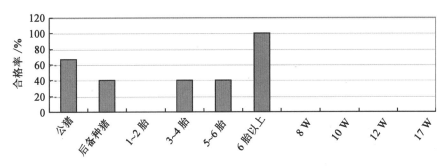

图 35-16　伪狂犬抗体合格率

利用该试剂盒检测猪伪狂犬抗体,当抗体值＞90 时,有保护力。由表 35-22 和图 35-15、图 35-16 可以看出,该场猪伪狂犬免疫效果不理想,除老龄母猪外,其他猪只免疫均不合格,并离散度高,表明该场猪伪狂犬病免疫失败。

根据对猪伪狂犬抗体跟踪检测结果和当时的疫情情况,建议该场改用海博莱公司生产的猪伪狂犬病双基因缺失苗,全场紧急免疫 1 次,以后按下列免疫程序进行免疫:后备种猪;在进入配种舍前,间隔 3 周免疫 2 次,以后每次产前 30 d 免疫 1 次;公猪初次免疫时,间隔 3 周免疫 2 次,以后每 6 个月免疫 1 次;仔猪;1 月龄免疫 1 次。

采取上述措施后,该场疫情得到控制,1 个月后仔猪 1 月龄死亡率下降到9.57％。

猪场分日龄采血检测重点疫病免疫抗体,可以快速评价免疫程序的合理与否,通过对多个不同规模、不同程序养殖场检测结果的比较、分析,认为上述调整后的猪瘟、猪伪狂犬病、猪蓝耳病的免疫程序合理,2006 年 4 月采 15 个规模养殖场猪血清 460 头份,分别进行了猪瘟、猪伪狂犬病、猪蓝耳病免疫抗体检测,总合格率分别为 83.21％、82.64％、93.38％。

5)按月猪瘟免疫效价检测试验

为探索气候因素对免疫效果的影响和随时掌握猪瘟免疫情况,设计了本试验。

(1)诊断试剂和试验方法　试验方法为间接血凝试验,检测试剂购自甘肃省兰州兽医研究所;自 2005 年 3 月至 2006 年 2 月,每月 10 日从唐山市肉联厂、河北玉田县、河北乐亭县、唐山市丰南区定点屠宰场各随机采集猪血清样本 40 头份,分别进行猪瘟免疫抗体检测,5log$_2$ 以上判定为免疫合格,合格率大于 80% 为群体合格。

(2)试验结果　试验结果见表 35-23、图 35-17、图 35-18。

表 35-23　按月份猪瘟免疫抗体检测情况

年份	月份	实测份数	抗体效价(log$_2$ 值)							合格率/%	平均值	标准差	标准误差
			2	3	4	5	6	7	8				
2005 年	3	40	2	5	5	20	5	2	1	70.00	4.78	1.27	0.20
	4	40	3	1	4	19	11		2	80.00	5.05	1.28	0.20
	5	40	2	2	6	6	14	8	2	75.00	5.5	1.48	0.23
	6	39		3	6	21	4	2	3	76.92	5.13	1.22	0.20
	7	40	2	5	12	11		4	4	52.50	4.85	1.63	0.26
	8	40	3	12	9	12	4			40.00	4.05	1.15	0.18
	9	40	5	10	8	9	6	1	1	42.50	4.20	1.49	0.23
	10	40	12	11	3	5		5	0	35.00	3.83	1.78	0.28
	11	40	2	4	8	19	3	2	2	65.00	4.76	1.32	0.21
	12	40	1	4	5	8	9	13		75.00	5.46	1.45	0.23
2006 年	1	40	4	3	6	22	1	4		67.50	4.63	1.29	0.20
	2	37	3	2	5	13	2	9	3	72.97	5.30	1.68	0.28
合计		476	39	62	77	165	65	50	18	62.61			

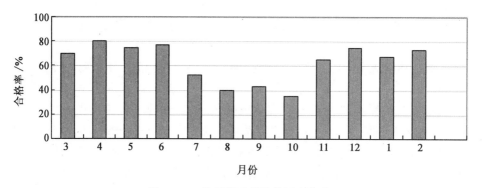

图 35-17　按月猪瘟抗体检测合格率

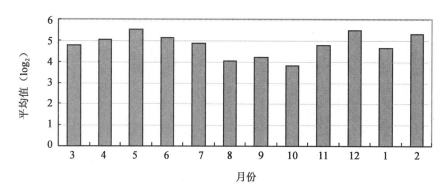

图 35-18 按月猪瘟抗体检测平均值

检测结果表明,8—10 月免疫效果最差,免疫合格率和效价平均值分别为:8 月 40%、4.05,9 月 42.50%、4.20,10 月 35%、3.83,经 t 检验,8—10 月与其他月份差异极显著($P<0.01$);分析认为,炎热季节的热应激、采食量下降、细菌性和寄生虫性疾病的增加致使其体质下降,从而造成免疫水平的降低;为此夏季应增加免疫次数,将仔猪免疫程序调整为 20 日龄、50 日龄、120 日龄各免疫一次,该程序 2006 年在唐山市丰南区某养殖公司种猪场试用,经抗体跟踪检测,免疫效果良好。

6)2007 年规模养猪场主要疫病免疫效果评估

为更好地控制高致病性猪蓝耳病疫情,设计了本试验。

(1)样本来源　共采集 13 个规模养猪场猪血清 1 090 头份。

(2)评估方法　采取 ELISA 方法进行免疫效价测定,使用 Excel 进行统计分析。

检测试剂购自北京世纪元亨动物防疫技术有限公司(主要为海博莱产品)和北京测迪科技有限公司(为荷兰赛迪诊断公司产品)。

所做对照均符合产品说明,试验结果成立。

(3)评估结果

①猪瘟

A.检测结果

检测结果见附表 35-9、附表 35-10、图 35-19、图 35-20。

B.结果分析

a.规模养猪场猪瘟免疫较为扎实。唐山市规模养猪场猪瘟免疫合格率为 84.78%,高于唐山市平均水平(69.13%)15.65%,13 个较大规模场除 2 个场外免疫合格率均高于 80%,一半以上场(7/13)达到 90% 以上,免疫较为扎实,不会出现较大的猪瘟疫情。

b.较为普遍的存在猪瘟条件性感染现象。几乎所有养猪场种猪经反复免疫均有抗体值低于 40 的猪只,表明猪瘟条件性感染现象较为普遍。5～6 胎母猪免

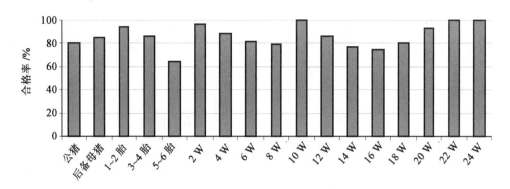

图 35-19 猪瘟免疫合格率

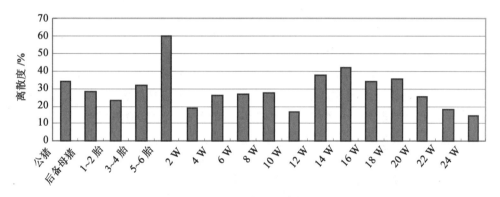

图 35-20 猪瘟免疫抗体离散度

疫合格率为 64.29%,离散度为 62%,为高发猪群,依此推断其所产仔猪带毒率、发病率、死亡率均较高。仔猪 10~16 周龄亦可能为高发阶段。

C.较为理想的免疫程序推介。乳前免疫适合母猪隐性带毒率高的养猪场,如半壁店养猪场,5~6 胎母猪免疫合格率 40%,离散度高达 86.6%,显示其隐性带毒率较高,采用乳前免疫,2、4、6、8 周龄免疫合格率分别为 97%、88%、82%、79%,且离散度均小于 40%,临床无猪瘟病例发生。20 日龄首免,60 日龄加强免疫适用于猪瘟清洁场且种猪免疫效果好的养猪场。20 日龄、50 日龄、110 日龄 3 次免疫适合 60 日龄附近和 120 日龄以上有零散疫情发生的猪群,也适用于夏季高温热应激季节。其有效地弥补了仔猪因转群和免疫病种过多等造成的 60 日龄免疫水平下降和 4 月龄以上猪只免疫力降低的缺陷。

②口蹄疫

A.检测结果

检测结果见附表 35-11、附表 35-12、图 35-21、图 35-22。

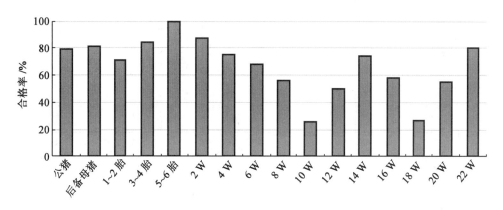

图 35-21　口蹄疫免疫合格率

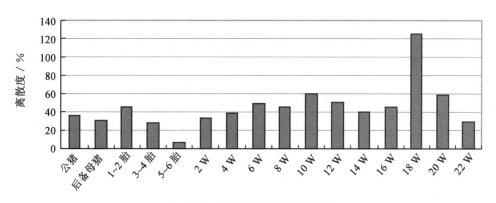

图 35-22　口蹄疫免疫抗体离散度

B.结果分析

a.口蹄疫免疫不到位,免疫效果不理想。自 2005 年至今唐山市未发生口蹄疫疫情,养殖者防疫松懈,有近一半的场(6/13)免疫合格率低于 70%,一旦有疫源传入,后果不堪设想。

b.种猪 3 次/年,仔猪 1 月龄、2 月龄、4 月龄 3 次免疫程序合理。从检测结果看,口蹄疫母源抗体可维持至 6 周龄(半壁店猪场实行 3 次/年集中免疫,此前在 5 月 1 日免疫,6 周龄合格率 80.0%,抗体平均值 71,8 周龄合格率 37.5%,抗体平均值 37;种猪合格率均为 100%),1 月龄首免比较恰当;10 周龄、18 周龄为免疫合格率低且离散度大,提前 10~15 d 免疫较为恰当。

③猪蓝耳病

A.检测结果

检测结果见附表 35-13、附表 35-14、图 35-23、图 35-24。

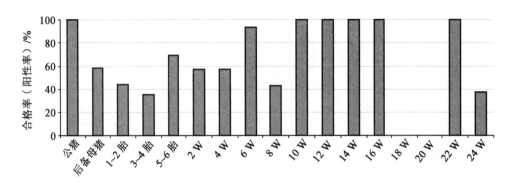

图 35-23　蓝耳病抗体合格率(阳性率)

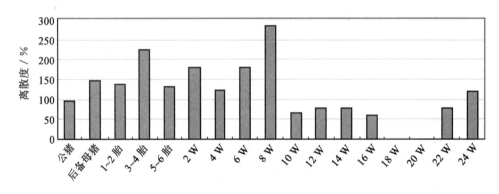

图 35-24　蓝耳病抗体离散度

B.结果分析

a.不排除带毒率较高的可能。多数猪场采用母猪产前 40 d 免疫,仔猪 15～30 日龄免疫 1 次,公猪 2 次/年的免疫程序。检测结果表明种猪免疫比较确实,但种猪抗体离散度较大,隐性带毒的可能性较大。

仔猪 4 周龄、10 周龄、24 周龄离散度高达 90% 以上,按感染后 2～3 周产生酶联抗体计,1～2 周龄、7～8 周龄 19～20 周龄可能为最易感阶段。

b.母源抗体可维持至 4 周龄。以免疫合格率达 70% 以上为免疫合格猪群计,蓝耳病母源抗体可维持至 4 周龄(某猪场检测结果)。

c.15 日龄首免,保护至第 5～6 周;4 周龄免疫保护至 8 周龄以上。A 猪场 15 日龄免疫,至 5 周龄抗体平均值为 61,合格率为 80%,7 周龄抗体平均值 27,合格率为 40%;B 猪场 4 周龄免疫,至第 8 周免疫合格率仍为 100%。

d.建议的免疫程序。后备母猪配种前 20～30 d 免疫 1 次;母猪产前 30 d 免疫 1 次;公猪 2 次/年(污染严重场 3 次/年);仔猪 4 周龄免疫 1 次,8 周龄 2 免(污染严重场 16～17 周龄再次加强免疫 1 次)。

免疫剂量为:仔猪首免 2 mL/头,其他均为 4 mL/头。

注:此次免疫程序评估时,以上养猪场均未使用高致病性猪蓝耳病灭活苗,根据农业农村部《高致病性猪蓝耳病免疫技术规范》和其他疫病灭活苗免疫抗体消长规律及该病常见发病日龄制定上述免疫程序。

④猪伪狂犬病

A.检测结果

检测结果见附表 35-15、附表 35-16、图 35-25、图 35-26。

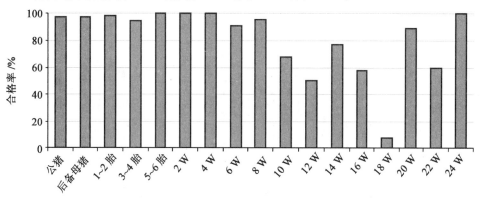

图 35-25　伪狂犬病免疫合格率

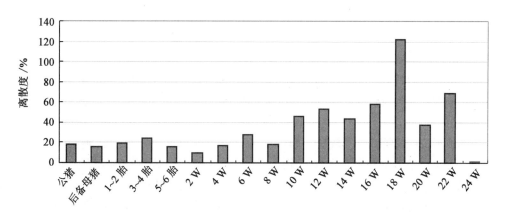

图 35-26　伪狂犬病抗体离散度

B.结果分析

a.种猪群和 8 周龄以内仔猪免疫状况良好。种猪群和 8 周龄以内仔猪免疫合格率均达 90％以上,离散度均低于 40％,免疫状况良好。

b.对育肥猪免疫重视不足。2 月龄以上猪只感染该病毒多不表现临床症状,故多数猪场对仔猪在 20～30 日龄免疫一次,少数猪场在 1 周龄内滴鼻,40 日龄左右加强免疫 1 次,致使 10 周龄以上猪只保护率差。野毒抗体检测表明 6 周龄、10 周龄有野毒抗体感染(2～4 周龄野毒抗体为母源抗体),按感染后 7～8 d 产生酶联抗体计,5 周龄、9 周龄时有野毒感染。不利于猪场对该病的净化。

c. 建议免疫程序。公猪、母猪首免后间隔 21 d 加强免疫 1 次,以后每 4 个月免疫 1 次。仔猪:出生后 1 周内滴鼻,40 日龄 2 免,留作种用的猪只 90 日龄再次加强免疫。建议种猪场全程使用伪狂犬病双基因缺失苗,以利于该病的净化。

⑤猪喘气病

A. 检测结果

检测结果见附表 35-17、附表 35-18、图 35-27。

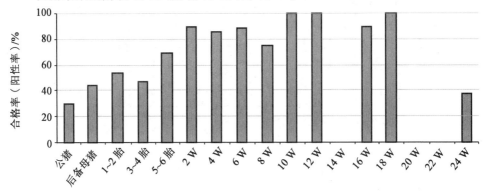

图 35-27　猪喘气病免疫合格率(阳性率)

B. 结果分析

a. 病原污染较为严重。多数猪场未进行该病的免疫接种,免疫猪场多只对 5～9 日龄仔猪免疫 1 次,种猪群阳性率在 30%～70%,10 周龄时感染率高达 100%。

b. 母源抗体衰减速度较快。唐山市某猪场未进行该病的免疫接种,其母源抗体自 2～4 周龄母源抗体合格率分别为 71%、63%、50%,抗体平均值为 55、53、37;按合格率为 70% 以上能有效保护计,3～4 周龄处于保护线以下。

该猪场 6 周龄仔猪阳性率为 71%,按感染后 3 周产生酶联抗体推断,3 周龄即已感染。这可能是 3～8 周龄任何疫病免疫效果均不理想发病率高的原因之一。

c. 仔猪 5～9 日龄免疫,可保护至 10 周龄以上。B 猪场仔猪 5～9 日龄使用美国辉瑞公司生产的瑞倍适旺猪喘气病疫苗免疫 1 次,至 8 周龄免疫合格率为 89%,抗体平均值为 78,以此推断可保护至 10 周龄以上。C 猪场采用 5～7 日龄免疫 1 次,21 日龄加强免疫 1 次的免疫程序,至第 12 周龄免疫合格率仍为 100%,抗体平均值 89,离散度 5.06%,以此推断可保护至 16 周龄以上。

d.建议免疫程序。育肥猪:仔猪 5～9 日龄免疫;后备母猪:12 周龄左右加强免疫 1 次。

2004 年将猪瘟、猪伪狂犬病、猪蓝耳病免疫程序在唐山市推广,全年共防疫猪 243.85 万头,取得了明显的防治效果;2005—2006 年继续采取上述方法对发现疫情的规模养猪场进行检测和调整免疫程序,并将调整后的免疫程序推广到中小型养猪场,2005 年按新程序免疫猪 362.27 万头;2006 年防疫猪 226.38 万头。使唐山市规模养猪场 1 月龄内猪只死亡率降低到 8.79%,1 月龄至出栏死亡率降低到 3.07%;死亡率分别下降了 8.57%、1.21%。

2006 年 9 月,唐山市丰南区首先发现猪"高热病"疫情,随后疫情迅速在全唐山市蔓延,课题组通过流行病学调查、临床剖检、病原学诊断,初步认定主要病原为猪瘟、猪蓝耳病、猪流感,随之请求唐山市政府采取了加强疫情监管、消毒和免疫措施,紧急普防猪瘟脾淋苗 200 余万头份,2007 年 1 月检测唐山市猪瘟免疫合格率同比增长 12%,降低了该病的发病率;2007 年除自南方省份引进猪只有零散疫情发生外,唐山市疫情稳定。

2.禽流感 H5 重组鸡痘冻干苗免疫试验

在肉鸡生产过程中使用禽流感油乳剂疫苗,临床应用表明存在一定缺陷:第一,油乳剂苗吸收较慢,产生抗体需要时间长;第二,肉鸡饲养周期短,油乳剂苗使用后短期内不易完全吸收,在体内残留而影响胴体品质。这严重影响了养殖户免疫的自觉性。为此,2005 年 12 月,唐山市动物疫病预防控制中心引入了哈尔滨兽医研究所新研制生产的禽流感 H5 重组鸡痘冻干苗,与灭活苗进行了免疫对比试验,并进行了禽流感 H5 重组鸡痘苗刺种法与注射法对比试验。

1)试验材料

(1)器械　连续注射器、刺种针、采血器、HI 试验所需试剂及器械。

(2)疫苗　成都精华生产的禽流感 H5 油乳剂苗(以下简称油苗),批号为 2005009。哈尔滨兽医研究所生产的禽流感 H5 重组鸡痘冻干苗(以下简称干苗),批号为 200505。

(3)实验鸡　选在唐山市丰南区某肉鸡养殖场,该畜主已有多年养殖经验,现存栏肉仔鸡 30 000 只,本批实验鸡存栏 5 000 只,鸡群健康活泼,发育整齐。

2)试验方法

(1)试验分组及接种方法　从实验鸡群中随机抽样 120 只作为测试群,接种疫苗前在测试群随机采血 20 份进行抗体检测。然后将测试群分成 3 组,每组 40 只,于 10 日龄开始接种疫苗,第一组胸肌注射油苗,每只 0.5 mL。第二组胸肌注射干苗,干苗(500 羽份/瓶)用 250 mL 灭菌生理盐水稀释后每只注射 0.5 mL。第三组翅膀刺种干苗,将干苗(500 羽份/瓶)用 10 mL 灭菌生理盐水稀释,选择翅膀内侧无血管部位,用刺种针每只刺种 1 次(约 20 μL)。接种疫苗后每 7 d 采血一次,每组 20 份,每份 1.5 mL,直到出栏共采血 6 次。

(2)抗体检测及结果判定　血凝抑制试验(HI)检测血清抗体及结果判定执行 GB 19442—2004。

3)试验结果

试验结果见表 35-24、图 35-28。

表 35-24　抗体跟踪检测结果

采血时间	疫苗种类及使用方法	实测份数	抗体效价($\log_2$值)									平均值	标准差	标准误差
			0	1	2	3	4	5	6	7	8			
接种前检测		20	2	5	6	6	1					1.95	1.10	0.25
接种后 7 d	油苗注射	20	20									0.00	0.00	0.00
	干苗注射	20	18	1	1							0.25	0.50	0.12
	干苗刺种	20	20									0.00	0.00	0.00
接种后 14 d	油苗注射	20	3			2	9	2	4			3.80	1.88	0.42
	干苗注射	19			2	4	7	2	3	1		4.16	1.38	0.32
	干苗刺种	20	4	3	5	6	1		1			2.05	1.54	0.34
接种后 21 d	油苗注射	20							10	7	3	6.65	0.75	0.17
	干苗注射	20					3	5	5	7		5.80	1.11	0.25
	干苗刺种	20				7	4	3	3	3		4.55	1.50	0.34
接种后 28 d	油苗注射	17					1	1	6	6	3	6.53	1.06	0.26
	干苗注射	18				1	3	5	5	3	1	5.50	1.29	0.31
	干苗刺种	18				1	4	8	5			4.94	0.87	0.21
接种后 35 d	油苗注射	18					1	5	6	5	1	6.00	1.03	0.24
	干苗注射	17				1		4	7	5		5.88	1.05	0.26
	干苗刺种	19					2	4	6	4	3	6.11	1.24	0.29

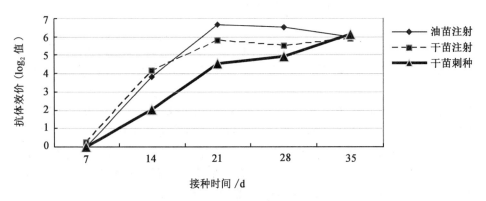

图 35-28　不同疫苗及接种方法抗体消长曲线

经 SPSS 13.0 软件统计分析，各组试验数据标准误均小于 0.5，试验数据可信。各组间经 t 检验，接种疫苗后 14 d 油苗注射组与干苗刺种组差异显著（$P<0.05$），干苗注射组与干苗刺种组差异极显著（$P<0.01$）；接种疫苗后 21 d，油苗注射组与干苗的 2 种接种方法组差异均极显著（$P<0.01$），干苗注射组与干苗刺种组差异极显著（$P<0.01$）；注射疫苗后 28 d，油苗注射组与干苗刺种组差异极显著（$P<0.01$），与干苗注射组差异显著（$P<0.05$），其他各组间差异不显著。

用干苗刺种或注射均于免疫后 14 d 鸡群抗体转阳率超过 50%，达到了农业农村部规定的群体保护要求，油苗注射产生群体保护需 21 d（抗体效价≥5log$_2$，群体合格率＞70%）。

鸡痘载体禽流感疫苗 10 日龄免疫商品肉鸡群，自免疫后 14 d 保护至出栏，注射法较刺种法产生抗体快、效价高。

自 2006 年 3 月，唐山市在商品肉鸡群中推广使用禽流感冻干苗，累计防疫肉鸡 6 836 万只，不但提高了免疫密度，还较使用灭活苗降低成本 0.19 元/只。

3. 高致病性禽流感风险评估

根据病原学、血清学检测结果，又考虑到唐山地区临海靠山的地形地貌，同时又处在候鸟迁徙路线上等特点，参照孙菊英、昌钢研究报道"高致病性禽流感风险预警指标评估研究"，根据病原入侵风险因素，把疫病入侵风险评估作为目标层，把饲养模式因素、易感动物因素、候鸟迁徙与分布因素、本地及周边地区疫情因素、禽类及其产品流通方面的影响因素作为风险准则层，各个详细的风险因素作为指标层，建立相应的层次结构模型，分析出各个因素引发禽流感的概率（表 35-25）并绘制出风险预警评估曲线图（图 35-29）。为提高家禽免疫水平提高抵御禽流感措施起到了积极作用。

表 35-25　禽流感发生概率值（2004—2006 年三年平均结果）

月份	1	2	3	4	5	6	7	8	9	10	11	12
概率	0.14	0.44	0.54	0.45	0.14	0.15	0.09	0.03	0.38	0.53	0.56	0.27

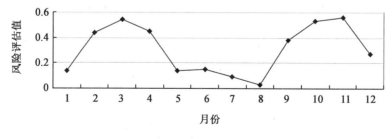

图 35-29　禽流感风险预警指标评估曲线

(三)制定和实施符合本地实情的地方防检疫标准

制定《动物防检疫监督管理规程》等共 10 个唐山市地方标准,让基层动物防检疫人员和有关人员在搞好防检疫工作时有据可依、有条可查、有章可循,实现标准化生产和保障动物性食品安全。

(四)重大动物疫病预警预报模式的建立

依托唐山市畜牧水产网、唐山市动物防疫网、唐山市动物检疫网,建立起一整套综合、高效、精准、稳定的重大动物疫病预警预报信息网络系统。依托该信息管理系统,可以使全系统干部职工利用网上公布的检疫、检测结果,及时掌握动物疫情动态数据,监控疫病发生趋势;及时收集、统计和分析检测结果,快速部署防治任务,指导养殖生产,为进一步采取动物疫病综合防治措施提供理论依据。以最小的资金投入,换取最大的效益回报,最大限度地减少疫病损失。

(五)动物免疫、检疫相结合,互相促进模式的研究

以提高动物卫生防检疫管理效能为目标,创建适宜不同经济类型区域和不同饲养规模方式的动物防检疫模式;建立、健全以唐山市及各县(市、区)动物卫生监督所为核心、乡镇动物防疫站(基层站)为主体、村级动物防疫员(协助员)为基础的市、县、乡(镇)、村四级动物疫病防控体系,探索当前国内动物防检疫机构从源头上预防控制动物疫病的最佳模式(图 35-30)。

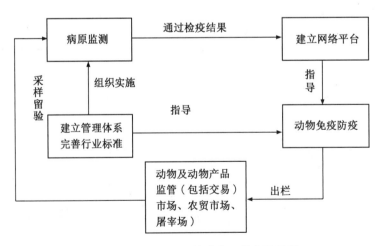

图 35-30　动物防检疫管理模式流程图

四、创新成果

(1)制定实施《动物防检疫监督管理规程》地方标准。2006年7月20日,由唐山市质量技术监督局颁布和实施《动物产地检疫规程》《动物产品检疫规程》等10个检疫监督管理地方标准。

(2)实行动物疫病风险预警评估机制。通过采样、抽检,实施病原检测,绘制出动物疫病发生流行曲线图,并以风险预警评估的形式,绘制出禽流感风险预警指标评估曲线图,为制定免疫程序提供科学数据。

(3)采取分阶段检测免疫抗体手段,对现行免疫程序进行效果评估。采取分阶段检测免疫抗体手段(即母猪分胎次、仔猪分周龄、家禽分饲养阶段),不但可以对现行免疫效果进行效果评估,还可缩短免疫程序设计、调整的时间。研究证实成年鸡注射高致病性禽流感灭活苗保护有效期为4个月左右;鸡痘载体禽流感疫苗10日龄免疫商品肉鸡群,自免疫后14 d保护至出栏,注射法较刺种法产生抗体快、效价高。

(4)动物防检疫模式得到完善和推广。依据法律法规规章,结合唐山市沿海、平原、丘陵(山区)和城郊不同经济类型区域内,畜牧生产规模养殖与家庭散养并存的现状,探索实施的符合唐山市实际、适应社会经济发展要求的动物防检疫监督管理的"驻场监督型、以监促防检型、防检结合型、社会自律型和行业服务型"五种动物防检疫模式得到完善并广泛推广,大幅度提高动物防检疫率,降低畜禽死亡率。

(5)建立唐山市动物防检疫信息管理系统暨重大动物疫情控制指挥调度系统信息平台。通过唐山市重大动物疫情控制指挥调度系统,可以全面、准确、动态地掌握监管区域内的畜禽品种、存栏数量、养殖小区、规模养殖场、畜产品加工企业、活畜禽交易市场以及道路、防检疫人员、物资储备等情况,在遇到突发疫情时能够做到准确定位、快速反应、远程指挥、科学调度、果断处置,最大限度地减少疫病损失,保障畜牧业健康发展和农民增收。

(6)建立起以聚合酶链式反应(PCR)为技术依托,实现集动物免疫、检疫、检测、标准化生产与产品安全流通于一体的规范化、科学化动物防检疫管理模式。

五、与国内、外同类研究比较

经中国农科院科技文献信息中心查询和比较分析,本项目开展以聚合酶链式反应(PCR)中的二联RT-PCR检测方法为技术依托,根据检测结果和相关数据,绘制唐山地区主要动物疫病发生流行曲线图;制定了唐山市10项动物防检疫监督管理地方标准,并率先应用;以唐山市主要疫病为依托,完善动物防检疫模式并在唐山市推广;建立了禽流感 H5 重组鸡痘活疫苗的注射法,该方法免疫效果优于刺种法;制定了适合唐山市实际的预防猪、鸡主要疫病的免疫程序即通过流行病学调查、实验室检测,综合近几年门诊病例分析,确定了危害当地猪、鸡养殖的主要疫病,二是利用分阶段、按日龄检测免疫抗体,对猪、鸡免疫程序进行效果评估,并依此调整重点疫病的免疫程序,缩短了免疫程序设计或调整的时间,提高免疫效率。在所查文献中未见他人相同报道,具有新颖性。

六、技术关键

(1)以聚合酶链式反应(PCR)为技术依托,绘制动物疫病发生流行曲线图,为制定免疫程序提供科学数据。

(2)利用传统的流行病学调查、血清学检测、门诊病例汇总方法与 PCR、ELISA 等现代生物技术相结合,确定危害猪鸡的主要病种。

(3)分阶段、按日龄检测免疫抗体对现行免疫程序进行效果评估。

(4)鸡痘载体禽流感疫苗免疫途径的试验研究。

(5)建立唐山市动物防检疫信息管理系统暨重大动物疫情控制指挥调度系统网络平台,建成市、县、乡(镇)三级动物防检疫信息管理网络。

(6)提高动物卫生防检疫管理效能,完善推广适宜不同经济类型区域和不同饲养规模方式的动物防检疫模式;建立、健全市、县、乡(镇)、村四级动物疫病防控体系,探索当前国内动物防检疫机构从源头上预防控制动物疫病的最佳模式。

七、实施效果

通过项目实施,使高致病性禽流感免疫密度提高了 21.13%,2004—2006 年未发生疫情。唐山市畜牧产业的快速发展,成为农业第一大支柱产业;畜牧业产值由 2003 年的 127.8 亿元,增加到 2006 年的 143.7 亿元,提高了 12.4%;农民人均收入由 2003 年的 766 元,提高到 2006 年的 1 087 元。

本项目在唐山市实施以来,实现依据疫病检测结果,针对性地指导动物疫病防治工作。尤其推行的动物防检疫模式和建立、健全以市、县动物卫生监督所和动物疫病预防控制中心为核心、乡镇动物防疫站(基层站)为主体、村级动物防疫员(协防员)为基础的市、县、乡(镇)、村四级动物疫病防控体系,贯彻了"预防为主"的原则。坚持动物出栏报检,凭动物免疫证明(检测报告)和免疫标识实施临栏检疫,有力地促进了动物计划免疫和强制免疫的实施,大幅度提高了动物免疫密度,夯实了动物防疫工作的基础,降低了动物死亡率。规模养猪场 1 月龄内猪只死亡率下降了 8.57%,1 月龄以上猪只死亡率下降了 1.21%;鸡的死亡率下降了 1.62%;3 年累计为养殖户挽回经济损失近 13 444 万元,大大促进了唐山市肉、蛋的生产和相关产业的发展。唐山市生产的畜禽产品实行"绿色通道"管理,无食品安全事故发生,为繁荣稳定京津市场和促进唐山农村经济发展作出了重要贡献;促进了依法行政,保证了社会动物卫生秩序稳定,全面提升了行业形象、水平和效能,有效地规范了全行业的执法行为。

八、应用前景分析

本项目制定的动物疫病检测程序,以及对危害养殖业重点疫病的确定、免疫程序评估和调整、免疫途径的探讨,提高了防检疫的针对性和重点动物疫病的防控效果。对广大养殖企业来讲,可以帮助养殖企业制定科学的动物疫病防治策略和计划,减少盲目性的投入,建立有效的净化措施,提高生产质量和经济效益;对动物卫生主管部门来讲,有利于使动物疫病防控工作规范化和标准化,提高各级动物防疫监督机构开展动物疫病防控工作的主动性,加强对国内动物疫情,特别是重大动物疫病、人畜共患病等快速诊断及预警、预报能力,为上级主管部门制定科学的防疫政策提供准确的第一手的资料和分析报告,保障畜牧业快速、健康、持续发展,保障公共卫生事业、保护人民身体健康。本研究中所得成果部分已在唐山市规模养殖场进行了推广,为降低畜禽的发病率和死亡率发挥了一定的作用,同时产生了较大的社会效益和生态效益。若大面积推广可以创造更大的经济效益和社会效益。首先,高致病性禽流感免疫程序改革,可以提高免疫密度21.13%,加之肉鸡注射鸡痘载体禽流感疫苗产生抗体速度快、效价高,对全国防控禽流感均具有现实意义;其次分阶段、按月份检测重点疫病免疫效果,不但可以及时调整免疫程序、提高防治效果,还对疫情预警预报提供基础数据。综合上述技术与应用效果,本研究所形成的成套技术具有很好的推广应用前景。

九、存在的问题和今后研究方向

(1)影响免疫效果的因素较多,尤其是病原污染严重的病种,单靠调整免疫程序很难达到控制目的,应从净化角度进一步进行研究探讨。

(2)猪、鸡免疫抑制性疾病较多,如鸡马立克氏病、鸡传染性法氏囊炎、猪瘟、猪蓝耳病、猪流感等,今后应加强上述疫病对免疫效果的影响及防治或净化措施的研究。

(3)应用聚合酶链式反应(PCR)基因扩增检测仪、全自动酶标分析仪进行检测和检测成本较高,应加强快速检疫检验设备开发研究。

附表35-1　2002年唐山市兽医化验室禽类门诊汇总表

只份

月份	新城疫	大肠杆菌	支原体	沙门氏菌	传染性法氏囊炎	马立克氏病	传染性支气管炎	传染性喉气管炎	小鹅瘟	鸭病毒性肝炎	淋巴白血病	鸭李氏杆菌	葡萄球菌	禽霍乱	梭菌性肠炎	球虫	传染性鼻炎	鹅病毒性肝炎	合计
1	86	60	30	18	12	12	4	4	0	0	0	0	0	0	0	2	0	0	230
2	46	40	14	12	18	22	4	0	0	0	2	0	0	4	0	0	0	0	166
3	58	62	26	22	8	34	4	0	0	2	0	0	0	0	0	0	0	0	222
4	64	44	14	20	12	14	14	0	0	0	0	2	0	0	0	0	2	0	194
5	30	12	6	18	6	2	6	2	4	4	2	2	2	0	0	2	0	8	120
6	24	18	20	18	6	6	10	0	8	4	2	0	0	4	4	8	0	4	146
7	50	38	14	12	0	10	6	0	6	0	0	0	0	2	0	8	0	0	160
8	30	24	10	10	6	8	4	0	2	0	0	0	0	2	0	0	0	0	112
9	40	32	12	16	6	12	12	4	0	0	0	0	0	2	0	0	0	0	154
10	32	20	8	6	12	2	8	0	0	0	0	0	0	0	2	2	0	0	112
11	12	14	8	10	2	6	0	0	0	0	0	0	0	0	0	2	0	0	76
12	22	24	12	2	2	10	0	2	0	0	4	0	0	0	0	0	0	0	102
合计	494	388	174	164	90	138	72	12	20	10	10	4	2	16	6	24	2	12	1 638

附表 35-2　2003 年唐山市兽医化验室禽类门诊汇总表

只份

月份	新城疫	大肠杆菌	支原体	沙门氏菌	传染性法氏囊炎	马立克氏病	传染性支气管炎	传染性喉气管炎	小鹅瘟	鸭病毒性肝炎	淋巴白血病	鸭李氏杆菌	葡萄球菌	禽霍乱	梭菌性肠炎	球虫	传染性鼻炎	鹅病毒性肝炎	合计
1	80	30	12	8	4	12	6	0	0	0	2	0	4	0	0	0	0	0	158
2	18	30	8	2	2	4	6	0	0	0	0	0	0	0	0	0	0	0	70
3	4	22	12	2	2	4	6	2	16	2	1	0	0	0	2	0	0	0	75
4	24	8	12	2	2	2	4	2	0	0	1	0	0	0	0	0	2	4	63
5	4	16	8	2	2	6	0	2	12	6	2	0	0	0	0	4	4	6	74
6	6	14	12	2	0	2	4	2	4	0	0	0	2	0	0	4	0	0	52
7	14	20	12	2	10	2	8	0	2	2	0	0	0	0	0	0	0	0	72
8	10	8	2	10	8	8	2	0	0	2	2	0	0	0	0	0	0	0	52
9	2	20	8	4	0	8	0	0	0	0	0	0	0	0	0	0	0	0	42
10	30	24	36	6	16	12	4	0	0	0	0	0	0	0	0	0	0	0	128
11	2	10	4	6	4	6	0	0	0	0	2	0	0	0	0	0	0	0	34
12	14	14	8	2	0	8	0	0	0	0	2	0	0	0	0	0	0	0	48
合计	208	216	134	48	50	74	40	8	34	12	12	0	6	0	2	8	6	10	868

附表 35-3　2002 年唐山市兽医化验室猪病门诊汇总表

头份

月份	猪瘟	喘气病	大肠杆菌	伪狂犬病	猪肺疫	链球菌	传染性胸膜肺炎	蓝耳病	猪传染性胃肠炎	猪寄生虫	猪出血性肠炎	猪梭菌性肠炎	猪应激	合计
1	48	22	6	6	2	2	4	0	1	0	0	0	0	92
2	44	4	4	8	4	2	10	1	2	0	0	0	0	76
3	42	8	6	16	6	2	8	1	1	1	1	0	0	96
4	50	16	8	6	2	0	6	0	0	0	1	1	0	88
5	14	0	2	2	1	0	4	0	0	0	0	0	0	24
6	20	0	6	4	5	2	0	0	0	1	0	1	1	42
7	28	0	2	8	6	2	4	0	0	0	0	0	0	50
8	22	2	2	8	2	0	4	0	0	1	0	0	0	40
9	38	4	6	16	4	2	6	0	0	1	0	0	1	76
10	38	6	4	8	0	0	0	0	0	0	0	0	0	56
11	28	8	4	0	2	0	6	0	0	0	0	0	0	48
12	38	10	2	6	2	0	2	0	0	0	0	0	0	60
合计	410	80	52	88	36	12	54	2	4	4	2	2	2	748

附表 35-4　2003 年唐山市兽医化验室猪病门诊汇总表

头份

月份	猪瘟	喘气病	大肠杆菌	伪狂犬病	猪肺疫	链球菌	传染性胸膜肺炎	蓝耳病	猪传染性胃肠炎	猪寄生虫	猪出血性肠炎	猪梭菌性肠炎	猪应激	合计
1	40	22	4	10	2	2	10	0	8	0	0	0	0	98
2	42	10	6	10	0	2	10	0	8	0	0	0	0	88
3	28	6	8	10	0	2	6	2	0	2	2	0	0	66
4	38	2	2	4	2	0	2	0	6	0	0	0	0	56
5	28	2	8	6	2	0	0	0	8	0	0	0	0	54
6	52	2	14	2	0	2	2	0	0	2	0	2	2	80
7	24	2	20	14	4	2	0	0	0	0	2	0	0	68
8	30	4	2	10	2	0	2	0	2	0	0	0	2	54
9	44	6	6	8	2	2	2	0	2	0	0	2	0	74
10	30	10	6	6	4	0	4	0	0	0	0	0	0	60
11	38	2	0	8	0	0	2	0	2	0	0	0	0	52
12	32	4	0	2	2	0	4	0	0	0	0	0	0	44
合计	426	72	76	90	20	12	44	2	36	4	4	4	4	794

附表 35-5　2002—2003 年唐山市兽医化验室门诊病例汇总表　　　　　头份

病名	2002 年	2003 年	合计	占接诊总量百分比/%
新城疫	494	208	702	28.01
大肠杆菌	388	216	604	24.10
支原体	174	134	308	12.29
沙门氏菌	164	48	212	8.46
传染性法氏囊炎	90	50	140	5.59
马立克氏病	138	74	212	8.46
传染性支气管炎	72	40	112	4.47
传染性喉气管炎	12	8	20	0.80
小鹅瘟	20	34	54	2.15
鸭病毒性肝炎	10	12	22	0.88
淋巴白血病	10	12	22	0.88
鸭李氏杆菌	4	0	4	0.16
葡萄球菌	2	6	8	0.32
禽霍乱	16	0	16	0.64
梭菌性肠炎	6	2	8	0.32
球虫	24	8	32	1.28
传染性鼻炎	2	6	8	0.32
鹅病毒性肝炎	12	10	22	0.88
合计	1 638	868	2 056	
猪瘟	410	426	836	54.22
猪喘气病	80	72	152	9.86
大肠杆菌	52	76	128	8.30
伪狂犬病	88	90	178	11.54
猪肺疫	36	20	56	3.63
链球菌	12	12	24	1.56
传染性胸膜肺炎	54	44	98	6.36
蓝耳病	2	2	4	0.26
传染性胃肠炎	4	36	40	2.59
猪寄生虫病	4	4	8	0.52
猪出血性肠炎	2	4	6	0.39
猪梭菌性肠炎	2	4	6	0.39
猪应激	2	4	6	0.39
合计	748	794	1 542	

附表 35-6　2004 年度畜禽疫情检测采样统计表

采样单位	采样品种及数量							
	猪肾脏/个		猪淋巴结/个		禽泄殖腔咽拭子		禽咽拭子	
	屠宰环节	流通环节	屠宰环节	流通环节	饲养环节	屠宰环节	饲养环节	流通环节
唐山市	123	72	164	112	121	113	134	70
丰南区	162	61	124	128	126	108	181	101
丰润区	173	88	130	69	191	105	180	103
遵化市	150	55	91	75	116	95	127	118
玉田县	115	36	76	79	124	77	87	65
滦县	130	67	82	76	88	69	99	67
迁安市	101	25	123	68	66	38	75	23
滦南县	147	40	121	87	61	72	76	72
唐海县	76	35	80	30	45	15	32	18
乐亭县	108	36	61	24	95	75	95	87
合计	1 800		1 800		1 800		1 800	

附表 35-7　2005 年度畜禽疫情检测采样统计表

采样单位	采样品种及数量							
	猪肾脏/个		猪淋巴结/个		禽泄殖腔咽拭子		禽咽拭子	
	屠宰环节	流通环节	屠宰环节	流通环节	饲养环节	屠宰环节	饲养环节	流通环节
唐山市	136	136	136	136	136	136	136	136
丰南区	71	71	71	71	71	71	71	71
丰润区	130	130	130	130	130	130	130	130
遵化市	130	130	130	130	130	130	130	130
玉田县	65	65	65	65	65	65	65	65
滦县	65	65	65	65	65	65	65	65
迁安市	130	130	130	130	130	130	130	130
滦南县	65	65	65	65	65	65	65	65
唐海县	65	65	65	65	65	65	65	65
乐亭县	65	65	65	65	65	65	65	65
迁西县	65	65	65	65	65	65	65	65
合计	1 974		1 974		1 974		1 974	

附表 35-8 2006 年度畜禽疫情检测采样统计表

采样单位	采样品种及数量							
	猪肾脏/个		猪淋巴结/个		禽泄殖腔咽拭子		禽咽拭子	
	屠宰环节	流通环节	屠宰环节	流通环节	饲养环节	屠宰环节	饲养环节	流通环节
唐山市	50	50	50	50	50	50	50	50
丰南区	75	75	75	75	75	75	75	75
丰润区	110	110	110	110	110	110	110	110
遵化市	94	94	94	94	94	94	94	94
玉田县	91	91	91	91	91	91	91	91
滦县	65	65	65	65	65	65	65	65
迁安市	98	98	98	98	98	98	98	98
滦南县	93	92	93	92	93	92	93	92
唐海县	56	56	56	56	56	56	56	56
乐亭县	78	78	78	78	78	78	78	78
迁西县	62	62	62	62	62	62	62	62
古冶区	36	36	36	36	36	36	36	36
开平区	26	26	26	26	26	26	26	26
芦台区	40	40	40	40	40	40	40	40
汉沽区	38	38	38	38	38	38	38	38
路南区	26	26	26	26	26	26	26	26
路北区	24	24	24	24	24	24	24	24
滨海区	10	10	10	10	10	10	10	10
合计	2 145		2 145		2 145		2 145	

附表 35-9　分日龄猪瘟免疫效价检测结果

项目	公猪	后备母猪	1~2胎母猪	3~4胎母猪	5~6胎母猪	2 W	4 W	6 W	8 W	10 W	12 W	14 W	16 W	18 W	20 W	22 W	24 W	合计
检测数量	37	34	54	57	28	33	33	22	42	27	21	13	12	15	15	13	8	464
合格数	30	29	51	49	18	32	29	18	33	27	18	10	9	12	14	13	8	400
合格率/%	81	85	94	86	64	97	88	82	79	100	86	77	75	80	93	100	100	86.21
抗体平均值	57	63	63	59	45	68	63	55	51	60	59	55	52	57	61	62	68	
标准差	19.5	17.9	14.5	18.9	27.1	13	16.5	14.9	14.3	10.4	22.2	23.3	17.8	20.2	15.7	11.5	10	
离散度/%	34.2	28.4	23.0	32.0	60.2	19.1	26.2	27.1	28.0	17.3	37.6	42.4	34.2	35.4	25.7	18.5	14.7	

注：抗体值≥40为合格。表中 W 为周龄。

附表 35-10　较大规模养猪场检测结果

场名	牧富	王权	新辉	腾龙	东方	丰南畜牧园	半壁店	和平	益佰	兴达	惠铭	鸿兴	福盛	合计 (头份)
检测数	49	46	92	82	46	39	79	60	50	50	22	44	68	727
合格数	47	35	84	74	40	37	65	44	45	43	20	38	64	636
合格率/%	95.92	76.09	91.30	90.24	86.96	94.87	82.28	73.33	90.00	86.00	90.91	86.36	94.12	87.48

附表 35-11 分日龄口蹄疫抗体检测结果

项目	公猪	后备母猪	1~2胎母猪	3~4胎母猪	5~6胎母猪	2 W	4 W	6 W	8 W	10 W	12 W	14 W	16 W	18 W	20 W	22 W	合计
检测数量	43	32	49	51	18	33	33	22	41	28	12	12	12	15	9	5	415
合格数	34	26	35	43	18	29	25	15	23	7	6	9	7	4	5	4	290
合格率/%	79.07	81.25	71.43	84.31	100.00	87.88	75.76	68.18	56.10	25.00	50.00	75.00	58.33	26.67	55.56	80.00	69.88
抗体平均值	74	79	66	80	94	76	69	61	56	42	46	66	50	30	53	82	
标准差	27.1	23.6	29.7	22.1	5.8	25.3	26.3	29.9	25.4	25	23.3	26.4	26.7	38	30.8	23.4	
离散度/%	36.62	29.87	45.00	27.63	6.17	33.29	38.12	49.02	45.36	59.52	50.65	40.00	53.40	126.67	58.11	28.54	

注：抗体值≥50为免疫合格。表中 W 为周龄。

附表 35-12 较大规模场检测结果

头份

场名	收富	玉权	新辉	腾龙	东方	丰南畜牧园	半壁店	和平	益恒	兴达	惠铭	鸿兴	福盛	合计
检测数	37	44	87	82	48	40	78	60	50	52	22	45	68	713
合格数	35	43	58	60	25	23	68	46	18	19	20	29	55	499
合格率/%	94.59	97.73	66.67	73.17	52.08	57.50	87.18	76.67	36.00	36.54	90.91	64.44	80.88	69.99

附表35-13　分日龄蓝耳病免疫效价检测

项目	公猪	后备母猪	1~2胎母猪	3~4胎母猪	5~6胎母猪	2 W	4 W	6 W	8 W	10 W	12 W	14 W	16 W	18 W	20 W	22 W	24 W	合计
检测数量	44	34	60	60	31	33	33	22	42	28	12	13	12	15	9	13	8	469
合格数	39	33	56	58	31	32	24	16	33	21	9	10	12	14	9	8	0	405
合格率/%	88.64	97.06	93.33	96.67	100	96.97	72.73	72.73	78.57	75.00	75.00	76.92	100	93.33	100.00	61.54	0.00	86.35
抗体平均值	113	105	131	146	177	99	64	49	148	52	104	96	145	87	134	67	6	
标准差	71.5	68.6	78.1	77.1	84	76.9	63.5	46	105.5	55.8	97.6	78.1	69.5	44.8	47.4	58.9	5.5	
离散度/%	63.27	65.33	59.62	52.81	47.46	77.68	99.22	93.88	71.28	107.31	93.85	81.35	47.93	51.49	35.37	87.91	91.67	

注：抗体值≥20为免疫合格。表中W为周龄。

附表35-14　较大规模养猪场检测结果

头份

场名	牧富	玉权	新辉	腾龙	东方	丰南畜牧园	半壁店	和平	益佰	兴达	惠铭	鸿兴	福盛	合计
检测数	48	49	92	82	35	38	79	60	50	50	23	45	68	719
合格数	47	48	64	58	31	34	78	45	45	42	19	38	57	606
合格率/%	97.92	97.96	69.57	70.73	88.57	89.47	98.73	75.00	90.00	84.00	82.61	84.44	83.82	84.28

附表 35-15　分日龄猪伪狂犬病免疫效果检测结果

项目	公猪	后备母猪	1~2胎母猪	3~4胎母猪	5~6胎母猪	2 W	4 W	6 W	8 W	10 W	12 W	14 W	16 W	18 W	20 W	22 W	24 W	合计
检测数量	44	34	51	56	31	33	33	20	42	28	12	13	12	13	9	5	8	444
合格数	43	33	50	53	31	33	33	20	40	19	6	10	7	1	8	3	8	398
合格率/%	97.73	97.06	98.04	94.64	100	100	100	100	95.24	67.86	50.00	76.92	58.33	7.69	88.89	60.00	100	89.64
抗体平均值	82	88	80	81	84	92	86	77	85	61	51	74	49	18	67	52	96	
标准差	14.7	13.8	15.6	19.7	13.6	8.4	14.5	21.4	15.4	27.3	32.3	27.2	28.6	21.7	24.8	35.7	0.6	
离散度/%	17.93	15.68	19.50	24.32	16.19	9.13	16.86	27.79	18.12	44.75	63.33	36.76	58.37	120.56	37.01	68.65	0.63	

注:抗体值≥45 为合格。表中 W 为周龄。

附表 35-16　规模较大养猪场分厂检测结果

单位:头份

场名	牧富	玉权	新辉	腾龙	东方	半壁店	丰南畜牧园	和平	益恒	兴达	惠铭	鸿兴	福盛	合计
检测数	49	46	92	83	47	79	40	60	45	51	23	44	68	727
合格数	47	45	91	79	39	77	33	47	2	35	23	42	68	628
合格率/%	95.92	97.83	98.91	95.18	82.98	97.47	82.50	78.33	4.44	68.63	100	95.45	100	86.38

附表 35-17　分日龄猪喘气病免疫效价检测结果

项目	公猪	后备母猪	1~2胎母猪	3~4胎母猪	5~6胎母猪	2 W	4 W	6 W	8 W	10 W	12 W	14 W	16 W	18 W	20 W	22 W	24 W	合计
检测数量	10	27	43	51	23	27	28	17	37	10	3	8	9	5	6	3	8	315
合格数	3	12	23	24	16	24	24	15	28	10	3	0	8	5	0	0	3	198
合格率/%	30	44.44	53.49	47.06	69.57	88.89	85.71	88.24	75.68	100	100	0	88.89	100	0	0	37.50	62.86
抗体平均值	27	39	48	47	58	70	71	76	71	72	89	14	81	93	27	11	24	
标准差	32	32.5	28.3	26.4	19.1	15.4	27.7	17.1	36.4	7.4	4.5	16.4	25.3	1.4	21	8.7	29.1	
离散度/%	118.52	83.33	58.96	56.17	32.93	22.00	39.01	22.50	51.27	10.28	5.06	117.14	31.23	1.51	77.78	79.09	121.25	

注：抗体值≥50为免疫合格/阳性。表中 W 为周龄。

附表 35-18　较大规模养猪场检测结果

场名	牧富	新辉	腾龙	东方	半壁店	福盛	合计（头份）
检测数	46	91	82	48	79	69	415
合格数	26	41	80	20	66	41	274
合格率/%	56.52	45.05	97.56	41.67	83.54	59.42	66.02

第三十六章　动物疫病流行病学调查技术规范

（DB1302/T 262—2009）

本标准的附录 A—D 均为资料性附录。

本标准由唐山市质量技术监督局提出。

本标准起草单位:唐山市动物疫病预防控制中心。

本标准主要起草人:张绍军　刘乃强　郑百芹　刘志勇　张进红　李　颖
齐　静　刘爱丽　于冬梅

1　范围

本标准规定了动物疫病流行病学调查工作的内容和方法。

本标准适用于唐山市境内的动物疫病流行病学调查工作。

2　规范性引用文件

下列文件中的条款通过本标准的引用而成为本标准的条款。凡是注日期的引用文件,其随后所有的修改单(不包括勘误的内容)或修订版均不适用于本标准。然而,鼓励根据本标准达成协议的各方研究是否可使用这些文件的最新版本。凡是不注日期的引用文件,其最新版本适用于本标准。

GB/T 18635—2002　动物防疫　基本术语

《重大动物疫病应急条例》(国务院第 450 号令)

3　术语与定义

下列术语和定义适用于本标准。

3.1　动物疫病

指生物性病原引起的动物群发性疾病,包括动物传染病、寄生虫病。

3.2　动物疫情

指发生动物疫病时,造成动物异常急性死亡、批量死亡,或某一动物疫病形成区域性流行时。

3.3　动物流行病学调查基点

为开展流行病学调查工作而选取的特定的养殖场、养殖小区、养殖户和自然村为最基础的调查单位。

3.4　动物疫情解析专家组

由唐山市动物疫病预防控制中心组织,以全市具有丰富的动物诊疗工作经验、副高级职称以上的专业技术人员为成员,定期对本地区动物疫病的流行情况及发展趋势进行总结、分析和预测的组织。

3.5　疫病调查

指无动物疫情发生时,对本地区动物疫病的流行情况开展的调查。

3.6　疫情调查

指发生畜禽异常死亡或疑似重大动物疫病时,对该地区进行的流行病学调查。主要包括最初调查、现场调查和跟踪调查。

3.7　其他术语定义

符合 GB/T 18635—2002 的规定。

4　动物流行病学调查基点

4.1　选取要求

调查基点的布局要合理,重点在养殖密集区和野生动物栖息地周围。所选的规模养殖场养殖量应相对稳定,且长期从事养殖业,养禽场存栏量应在 3 000 羽以上,牛场存栏应在 50 头以上,猪场存栏在 200 头以上,羊场存栏在 80 头以上。所选自然村养殖应相对集中。

4.2　数量

4.2.1　每个乡镇动物防疫站应在本辖区内确定 1 个规模养禽场、1 个规模养猪场和 1 个规模养牛场,1~2 个自然村。

4.2.2　若所选养殖场由于其他原因停止生产的,应马上确定新的养殖场作为检测基点,立即报市动物疫病预防控制中心备案。

5　疫病调查

5.1　实施主体

乡镇动物防疫站。

5.2　时间和频率

动物疫病流行病学常规调查每月进行一次,调查时限为上月 20 日至本月 20 日。

5.3　调查范围

以动物流行病学调查基点为主要调查对象,必要时扩大范围。

5.4 调查内容

调查养殖场(户、村)的基本状况、免疫情况、发病史、症状以及环境状况等。

5.5 调查方法

完成常规调查表,见附录 A。

5.6 结果处理

5.6.1 发现疑似动物疫情时,转入疫情调查。

5.6.2 县级动物疫病预防控制中心专人负责汇总、整理本辖区调查结果,并于每月 25 日前将结果上报市动物疫病预防控制中心和县级畜牧兽医主管部门。

5.6.3 市动物疫病预防控制中心负责汇总整理全市调查结果,形成动物疫病流行病学调查报告,报唐山市畜牧兽医主管部门。

5.6.4 唐山市动物疫情解析专家组负责按季度汇总、分析调查结果,最终形成动物疫情解析预警预报分析报告,报唐山市畜牧兽医主管部门。

6 疫情调查

6.1 最初调查

6.1.1 实施主体

乡镇动物防疫站和县级动物疫控机构。

6.1.2 调查方法

6.1.2.1 乡镇动物防疫监督分站接到养殖场(户)怀疑发生重大动物疫病的报告后,应立即报上级动物疫病预防控制机构,并赶赴现场指导养殖场(户)做好临时隔离、消毒等措施,等待兽医技术人员的到来。

6.1.2.2 县级动物疫病预防控制机构接到养殖场(户)怀疑发生重大动物疫病的报告后,应立即指派 2 名以上兽医技术人员,携必要的器械、用品和采样用容器,在 2 h 以内尽快赶赴现场,核实发病情况。不能排除发生重大动物疫病的立即报市动物疫病预防控制中心及县畜牧兽医主管部门。

6.1.3 人员要求

被派兽医技术人员至少 3 天内没有接触过感染重大动物疫病的病死畜禽及其污染物,并做好个人防护。

6.1.4 调查内容

6.1.4.1 调查发病场(户)的基本状况、病史、症状以及环境状况四个方面,完成最初调查表(见附录 B)。

6.1.4.2 检查发病畜(禽)群状况,做出是否发生重大动物疫病的初步判断。

6.1.4.3 若不能排除重大动物疫病,调查人员应立即报告当地动物防疫监督机构并建议提请上级动物流行病学专家做进一步诊断,并应配合做好后续采样、诊断和疫情扑灭工作。

6.1.4.4 实施对疫点的初步控制措施,禁止畜禽及产品和可疑污染物品从养殖场(户)运出,并限制人员流动。

6.1.4.5 画图标出疑似发病场(户)周围 10 km 以内分布的养禽场、道路、河流、山岭、树林、人工屏障等,连同最初调查表一同报告当地动物防疫监督机构。

6.2 现场调查

6.2.1 实施主体

市级动物疫病预防控制中心。

6.2.2 被派兽医技术人员应遵照 6.1.3 的要求。

6.2.3 调查内容

市级动物疫病预防控制中心接到怀疑发病报告后,应立即派遣流行病学专家配备必要的器械和用品于 24 h 内赴现场,做进一步诊断和调查。

6.2.4 调查方法

6.2.4.1 不能排除重大动物疫病的,应立即报唐山市重大动物疫病指挥部,启动唐山市重大动物疫病应急预案。

6.2.4.2 在初步调查的基础上,对发病场(户)的发病情况、周边地理地貌、野生动物分布、近期家禽、产品、人员流动情况等开展进一步的调查,分析传染来源、传播途径以及影响疫情控制和消灭的环境和生态因素。

6.2.4.3 尽快完成流行病学现场调查表(见附录 C)并提交省和地方动物防疫监督机构。

6.2.4.4 与地方动物防疫监督机构密切配合,完成病料样品的采集、包装及运输等诊断事宜。

6.3 跟踪调查

6.3.1 实施主体

乡镇动物防疫站和县级动物疫控机构。

6.3.2 调查内容

6.3.2.1 当地流行病学调查人员在上级动物流行病学专家指导下对有关人员、可疑感染家禽、可疑污染物品和带毒宿主进行追踪调查。

6.3.2.2 追踪出入发病场(户)的有关工作人员和所有畜禽及产品及有关物品的流动情况,并对其做适当的隔离观察和控制措施,严防疫情扩散。

6.3.2.3 对疫点、疫区的畜禽及野生畜禽等重要疫源宿主进行发病情况调查,追踪病毒变异情况。

6.3.3 完成跟踪调查表(见附录 D)。

6.4 结果处理

提交本次暴发疫情的流行病学调查报告和疫情处理报告。

附录 A
（资料性文件）
重大动物疫病流行病学例行调查表

单位：(章)   调查时间：

场/户主姓名		电话				邮编	
场/户名称							
场/户地址							

饲养情况	品种	鸡	鸭	鹅	猪	牛	羊
	数量(只、头)						

饲养环境简述	

免疫情况		首次免疫		二次免疫		三次免疫	
		疫苗名称	日(月)龄	疫苗名称	日(月)龄	疫苗名称	日(月)龄
	禽流感						
	口蹄疫						
	新城疫						
	猪瘟						
	布病						

免疫检测情况		首次免疫后		二次免疫后		三次免疫后	
		抗体合格率	病原学检测结果	抗体合格率	病原学检测结果	抗体合格率	病原学检测结果
	禽流感						
	口蹄疫						
	新城疫						
	猪瘟						
	布病						

发病情况		发病时间	发病数量	死亡数量	发病率	死亡率	处理情况
	禽流感						
	口蹄疫						
	新城疫						
	猪瘟						
	布病						

调查人签字：	被调查人签字：

附录 B
（资料性文件）
重大动物疫情最初调查表

调查者姓名				电话			
场/户主姓名				电话			
场/户名称				邮编			
场/户地址							
饲养品种	鸡	鸭	鹅	猪	牛	羊	
饲养数量							
场址地形环境描述							
发病时天气状况	温度						
	干旱/下雨						
	主风向						
场区条件	□进场要洗澡更衣　□进生产区要换胶靴　□场舍门口有消毒池　□供料道与出粪道分开						
污水排向	□附近河流　□农田沟渠　□附近村庄　□野外湖区　□野外水塘　□野外荒郊　□其他						
过去一年曾发生的疫病	□低致病性禽流感　□鸡新城疫　□马立克氏病　□禽白血病　□鸡传染性喉气管炎　□鸡传染性贫血　□鸡传染性支气管炎　□鸡传染性发氏囊病　□口蹄疫　□猪瘟　□猪肺疫　□猪丹毒　□猪喘气病　□蓝耳病　□布病　□猪伪狂犬病　□猪大肠杆菌病　□猪细小病毒病　□猪圆环病毒病　□猪弓形体病　□羊魏氏梭菌病　□羊痘　□其他(请填写)						
本次典型发病情况	禽流感	□急性发病死亡　□脚鳞出血　□鸡冠出血或发绀、头部水肿　□肌肉和其他组织器官广泛性严重出血　□神经症状　□绿色稀便　□其他(请填写)					
	口蹄疫	□体温升高　□出现水泡或破裂结痂　□流涎　□幼畜心肌炎					
	猪瘟	□体温升高40℃以上　□皮下出血　□后躯麻痹　□便秘或腹泻　□肾脏、膀胱内膜、脾脏等出血点、肠道"纽扣状"溃疡　□其他(请填写)					
	新城疫	□急性发病死亡　□排绿色稀便　□肠道淋巴集结、腺胃乳头出血　□神经症状　□绿色稀便　□其他(请填写)					
	布病	□流产或产死胎　□乳房炎　□关节炎　□睾丸炎　□其他(请填写)					
疫情核实结论							
调查人员签字：			时间：				

附录 C

（资料性文件）

重大动物疫情现场调查表

表 C.1　重大动物疫情现场调查表

疫情类型	确诊		疑似		可疑	
最早出现发病时间	年　月　日		发病数		死亡数	
调查者姓名			电话			
场/户主姓名			电话			
场/户名称			邮编			
场/户地址						
饲养品种	鸡	鸭	鹅	猪	牛	羊
饲养数量						
场址地形环境描述						
发病时天气状况	温度					
	干旱/下雨					
	主风向					
场区条件	□进场要洗澡更衣　□进生产区要换胶靴　□场舍门口有消毒池　□供料道与出粪道分开					
污水排向	□附近河流　□农田沟渠　□附近村庄　□野外湖区　□野外水塘　□野外荒郊　□其他					
过去一年曾发生的疫病	□低致病性禽流感　□鸡新城疫　□马立克氏病　□禽白血病　□鸡传染性喉气管炎　□鸡传染性贫血　□鸡传染性支气管炎　□鸡传染性发氏囊病　□口蹄疫　□猪瘟　□猪肺疫　□猪丹毒　□猪喘气病　□蓝耳病　□布病　□猪伪狂犬病　□猪大肠杆菌病　□猪细小病毒病　□猪圆环病毒病　□猪弓形体病　□羊魏氏梭菌病　□羊痘　□其他请填写					
本次典型发病情况	禽流感	□急性发病死亡　□脚鳞出血　□鸡冠出血或发绀、头部水肿　□肌肉和其他组织器官广泛性严重出血　□神经症状　□绿色稀便　□其他(请填写)				
	口蹄疫	□体温升高　□出现水泡或破裂结痂　□流涎　□幼畜心肌炎				
	猪瘟	□体温升高 40℃ 以上　□皮下出血　□后躯麻痹　□便秘或腹泻　□肾脏、膀胱内膜、脾脏等出血点、肠道"纽扣状"溃疡　□其他(请填写)				
	新城疫	□急性发病死亡　□排绿色稀便　□肠道淋巴集结、腺胃乳头出血　□神经症状　□绿色稀便　□其他(请填写)				
	布病	□流产或产死胎　□乳房炎　□关节炎　□睾丸炎　□其他(请填写)				
疫情核实结论						
调查人员签字：		时间：				

附录 C
（资料性文件）
重大动物疫情现场调查表

表 C.2 重大动物疫情现场调查表

	畜禽品种	日（月）龄	发病日期	发病数	开始死亡日期	死亡数	发病率	死亡率
发病情况								

发病前 30 日引入畜禽情况								

引入种类	数量	混群情况	混群时间	健康状况	引进时间	来源		

发病前 30 日野鸟（兽）停留或捕获情况						

名称	数量	来源	停留地点	是否与畜禽接触	病死数量	

发病前 30 日运入可疑物品或药品情况					

名称	数量	来源	经过或存放地	使用情况	

发病前 30 日来访人员情况					

来访人	日期	来人职业	电话	健康状况	是否来自疫区

免疫疫苗情况				

疫苗名称	生产厂家	批号	免疫数量	免疫时间

其他情况					

解除封锁后是否使用岗哨动物		发病群及疫区动物是否全部扑杀		受威胁区动物是否免疫		
□是	□否	□是	□否	□是	□否	疫苗类型

附录 D
（资料性文件）
重大动物疫情跟踪调查表

出现第 1 个病例前 21 天至解除封锁期间出场人/物品情况					
出场日期	出场人/物品	运输工具	承运人姓名	目的地	目的地电话

出现第 1 个病例前 21 天至解除封锁期间,该场户人/物品进出畜禽集散地情况					
出入日期	集散地名称	出入人/物	运输工具	承运人姓名	相对方位/距离

疫点或疫区野鸟(兽)发病情况					
动物种类	发现发病日期	发病数	死亡数	发病率	死亡率

受威胁区畜禽发病情况					
病种	发病时间	发病数	死亡数	发病率	死亡率

受威胁区畜禽免疫检测情况					
病种	病料类型	采样时间	检测项目	检测方法	结果

疫点疫病传染期内密切接触人员的发病情况					
姓名	性别	年龄	接触方式	住址及电话	是否发病及死亡

第三十七章 动物疫病实验室检验样品采集技术规范

（DB1302/T 314—2011）

本标准的附录 A 为资料性附录。

本标准由唐山市质量技术监督局提出。

本标准起草单位:唐山市动物疫病预防控制中心。

本标准主要起草人:张　军　刘乃强　刘志勇　周忠良　李　颖　张子佳

张进红　刘爱丽　张宝恩　张迎致　夏润东　田亚群

王丽华　齐　静　姜　帅　孙继涛　于冬梅　贾雪萍

1　范围

本规范规定了动物疫病样品采集的一般原则、采集前的准备、采集方法、采集数量、保存及运检、样品编号、采样单的填写等要求。

本规范适用于唐山市行政区域内动物疫病实验室检验样品的采集。

2　规范性引用文件

下列文件中的条款通过本标准的引用成为本标准的条款,凡是注日期的引用文件,其随后所有的修改单(不包括勘误的内容)或修订版均不适用于本标准。凡是不注明日期的引用文件,其最新版本适用于本标准。

本规范引用的标准如下:

GB 16550　新城疫诊断技术规范

GB 16548　畜禽病害肉尸及其产品无害化处理规程

GB/T 18935　口蹄疫诊断技术

GB/T 18936　高致病性禽流感诊断技术

NY/T 541　动物疫病实验室检验采样方法

《病原微生物实验室生物安全管理条例》(中华人民共和国国务院令第 424 号)

3 样品采集的一般原则和采集前的准备

3.1 样品采集的一般原则

按 NY/T 541 中的 2.1 条款执行。

3.2 样品采集前的准备

3.2.1 采集人员

3.2.1.1 应熟练动物防疫的有关法律规定,具有一定的专业技术知识,熟练掌握采样工作程序和采样操作技术。每次采样不得少于 2 人。

3.2.1.2 采集样品时应做好防护工作,穿戴防护服、橡胶手套、口罩、护眼镜、胶鞋等。

3.2.1.3 患有人畜共患传染病及有开放性伤口的人员不得参加采集工作。

3.2.1.4 严格遵守《病原微生物实验室生物安全管理条例》中生物安全操作的相关规定。

3.2.2 器具

样品采集箱、保温箱或保温瓶、解剖刀、剪子、镊子、酒精灯、注射器及针头、试管架、塑料盒、无菌棉拭子、胶布、封口样品袋、塑料袋、封口膜、封条、冰袋等。

3.2.3 试剂

0.1%肝素、阿氏液、3.8%～4%枸橼酸钠溶液、磷酸盐缓冲液、加有抗生素的 PBS 液等。

3.2.4 器械的消毒

按 NY/T 541《动物疫病实验室检验采样方法》中 2.2 条款执行。

4 样品的采集

4.1 血清样品的采集

4.1.1 采样方法

采样和血清制备方法按 NY/T 541《动物疫病实验室检验采样方法》中 3.1.3.2 条款执行。

4.1.2 采样数量

4.1.2.1 规模养殖场

禽按 5 000 只以上 0.5%,5 000 只以下 1% 数量采集,但每场不得少于 30 份,每份血清样本不少于 0.5 mL。

畜按 300 头(只)以上 10%,300 头(只)以下 15% 数量采集,但每场不得少于 20 份。每份血清样本不少于 0.5 mL。

4.1.2.2 散养

以行政村为单位,每个基层站选择 2 个行政村,每村不得低于 10 户,样品采集数量不得少于 20 份。每份血清样本不少于 0.5 mL。

4.2　全血及血浆样品采集

4.2.1　采样方法

按 NY/T 541《动物疫病实验室检验采样方法》中 3.1.3.1 条款执行。

4.2.2　采样数量

按比例采样时按本标准 4.1.3 执行,其他目的时按检验要求确定。每份样本不少于 1.5 mL。

4.3　组织及实质性器官采集

4.3.1　采样方法按 NY/T 541《动物疫病实验室检验采样方法》中 3.2.1 条款执行。

4.3.2　采样数量

根据检验目的确定采样数量,单纯诊断采集 1～3 头(只、匹)病死动物组织或实质性器官;病原学普查时按本标准 4.1.2 执行。

4.4　其他样品采集

对于重大动物疫病如口蹄疫、禽流感和新城疫,样品采集按照 GB/T 18935—2003 口蹄疫诊断技术、GB/T 18936—2003 高致病性禽流感诊断技术、GB 16550—2008 新城疫诊断技术规范执行。

血清或液体状样本应保存于 1.5 mL 带盖灭菌离心管中,组织或实质性器官样品应保存于灭菌封口袋或带盖容器内。

5　样品的记录

5.1　每份样品均须贴上标签,并正确填写采样单,包括单位名称、地址、负责人、联系方式、采集情况、免疫情况、发病情况、采样人、送样人、被采样单位签字盖章等。

5.2　送往实验室的样品应为一式 3 份的采样单,随样品送实验室一份,采样单位一份,被采样单位一份。采样单参考附录 A。

6　样品保存

采集样品应立即送检,如果 12 h 内无法送检的,根据不同的检验要求,将样品按所需温度分类保存。

6.1　血清放－20℃冻存,全血及血浆暂时放 4℃冰箱保存。

6.2　供细菌检验的样品应 4℃保存,或用灭菌后的 30%～50% 的甘油生理盐水 4℃保存。

6.3　供病毒检验的样品在 0℃以下低温保存,也可以用灭菌后的 30%～50% 的灭菌甘油生理盐水 0℃保存。

7 样品送检

7.1 所采集的样品以最快最直接的方式送往实验室。如果样品能在 12 h 内送达,则可以放于 4℃左右的容器中运送。如在 12 h 内不能送检的并不致影响检验结果的情况下,才可把样品冷冻,并以此状态运送。

7.2 要避免样品泄漏。装在试管或广口瓶中的病料密封后装在冰瓶中运送,防止试管和容器倾倒。如需寄送,则用带螺口的瓶子装样品,并用胶带或石蜡封口。将装样品的并有识别标志的瓶子放到更大的具有坚实外壳的容器内,并垫上足够的缓冲材料。

7.3 用记号笔在存放样品的袋(管)上做好编号,同时做好送检样品登记记录。

附录 A
（资料性附录）
动物疫病样品采集单

被采样单位							
通信地址					邮编		
负责人			电话		传真		
采集情况							
栋号	样品名称	品种	日龄	存栏量	采样数量	编号起止	

免疫情况					
病种	疫苗名称	生产厂家	批号	最近免疫时间	备注

发病情况					
病种	发病时间	发病数	死亡数	临床症状	备注

采样单位	单位名称		联系人	
	通信地址		邮编	
	联系电话		联系电话	

被检单位盖章或签名	采样人签字： 采样单位盖章
年　月　日	年　月　日

第三十八章　重大动物疫病检测技术规范

（DB1302/T 264—2009）

———————●———————————————●———————

本标准附录 A 和附录 B 均为资料性附录。

本标准由唐山市质量技术监督局提出。

本标准起草单位：唐山市动物疫病预防控制中心。

本标准主要起草人：张玉果　张福林　张绍军　刘乃强　郑百芹　刘志勇

张进红　李　颖　齐　静　周忠良　马永兴　张子佳

刘爱丽　于冬梅　徐贺静　郑　丽　冯新民　董晓瞻

姚汝明　赵克强　张尚勇　甄新辉　李志强　董俊生

田柱环

1　范围

本标准规定了主要动物疫病检测工作的内容、方法和检测频率等要求。

本标准适用于唐山市境内重大动物疫病检测工作。

2　规范性引用文件

下列文件中的条款通过本标准的引用而成为本标准的条款。凡是注日期的引用文件，其随后所有的修改单（不包括勘误的内容）或修订版均不适用于本标准，然而，鼓励根据本标准达成协议的各方研究是否可使用这些文件的最新版本。凡是不注日期的引用文件，其最新版本适用于本标准。

GB/T 18635—2002　动物防疫　基本术语

NY/T 541—2002　动物疫病实验室检验采样方法

《重大动物疫病应急条例》(国务院令第 450 号)

3　术语和定义

下列术语和定义适用于本标准。

3.1　重大动物疫病

指国家强制免疫病种和易在本地区暴发和流行的病种。

3.2　门诊病例揭发

各级动物疫病诊断部门、个体动物诊断门市等技术单位,将上月 25 日至本月 24 日本辖区内所有动物诊疗机构的门诊病历汇总,由县级动物预防控制机构汇总上报至市动物疫病预防控制中心。

3.3　其他术语和定义

符合 GB/T 18635—2002 的规定。

4　门诊病例揭发

各县(市、区)动物疫病预防控制机构于每月 25 日将上月 25 日至本月 24 日本辖区内所有动物诊疗机构的门诊病例汇总成表报唐山市动物疫病预防控制中心。见附录 A。

5　检测病种

5.1　免疫抗体检测病种

口蹄疫、高致病性禽流感、猪瘟、新城疫、高致病性猪蓝耳病。其他国家规定的检测病种。

5.2　感染抗体检测病种

口蹄疫、布鲁氏菌病、结核病、马传贫和马鼻疽。其他国家规定的检测病种。

5.3　病原学检测病种

口蹄疫、高致病性禽流感、猪瘟、新城疫、高致病性猪蓝耳病和炭疽。其他国家规定的检测病种。

6　检测范围、比例及样品

6.1　检测范围

6.1.1　日常检测范围

主要包括动物疫病流行病学调查工作规程中规定的动物流行病学调查基点、野生动物和可疑病料。

6.1.2　集中检测范围

6.1.2.1　规模场

规模养殖场检测数量以县(市、区)为单位,分畜种按养殖场数量的 50% 确定检测场的数量。

6.1.2.2　散养户

每个基层动物防疫站按所辖区域自然村的 20% 确定检测村数量。

6.2 检测比例

6.2.1 免疫抗体检测和感染抗体检测比例

6.2.1.1 规模场

养禽场存栏 5 000 羽以下按 1%,5 000 羽以上按 0.5%;养猪场 20～50 份/场;养牛(羊)场 10～30 份/场。

6.2.1.2 散养户

分畜种按村养殖量的 5% 采样检测。

6.2.2 病原学检测

养殖场畜群(侧重存栏量少于 10 000 只)和散养畜群(以自然村为单位),采样数量按 95% 置信区间水平感染率为 5% 的样本量计算。

6.3 样品的采集、保存和运输

6.3.1 样品采集

按 NY/T 541 中规定操作。

6.3.2 样品保存

血清学样品应盛放于带盖离心管中,组织样品应盛放在可封口的容器中,保存在 −16℃ 以下。

6.3.3 样品运输

样品应盛放于保温容器(加冰)或车载冰箱中运输,应避免反复冻融。

7 检测方法

按国家相关检测标准执行。

8 日常检测

8.1 实施主体

免疫抗体检测和流行病学调查由市动物疫病预防控制中心组织,县级动物疫病预防控制机构具体实施。病原学检测由市动物疫病预防控制中心具体实施。

8.2 检测频率

免疫抗体检测和流行病学调查每月进行一次;病原学检测至少每季度进行一次,当发现疑似病例时,要及时采样,及时检测。

8.3 检测时间

免疫抗体检测和流行病学调查从上月 25 日到本月 24 日之内进行。病原学检测每季度进行一次。

9 集中检测

9.1 实施主体

由市动物疫病预防控制中心组织,县级动物疫病预防控制中心具体实施。

9.2　检测时间

　　免疫效果检测在集中免疫后 1 个月进行,感染抗体检测在每年的 5 月和 11 月进行。

10　检测结果处理

10.1　日常检测结果处理

　　日常检测结果以表格形式于每月 25 日报市动物疫病预防控制中心。

10.2　集中检测结果处理

　　免疫效果检测完成后以县(市、区)为单位进行汇总、分析结果报市动物疫病预防控制中心。感染抗体检测结果于每年 5 月底和 11 月底将汇总、分析结果报市动物疫病预防控制中心。市动物疫病预防控制中心将结果汇总、分析后形成报告,报上级主管部门。

10.3　阳性结果处理

　　病原学及感染抗体呈阳性的,要立即按国务院令第 450 号规定上报处理。

附录 A

(资料性文件)

_____县(市、区)化验室门诊_____月汇总表

负责人：　　　　　填报人：　　　　　　　年　　月　　日

	病名	剖检诊断次数	化验确诊次数	主要发病日龄	存栏量	发病数	死亡数	死亡率
禽类	H9 禽流感							
	新城疫							
	传染性法氏囊炎							
	传染性支气管炎							
	传染性喉气管炎							
	马立克氏病							
	白血病							
	支原体病							
	大肠杆菌病							
	沙门氏菌病							
	葡萄球菌病							
	禽霍乱							
	球虫病							
	小鹅瘟							
	鸭瘟							
	传染性肝炎							
家畜	猪瘟							
	伪狂犬病							
	蓝耳病							
	大肠杆菌病							
	肺疫							
	气喘病							
	传染性胸膜肺炎							
	链球菌病							
	传染性胃肠炎							
	猪丹毒							
	炭疽							
	羊梭菌感染							
	羊痘							
	焦虫							
合计								

附录 B
（资料性文件）

县（市、区）重大动物疫病检测　___　月报表

负责人：　　　　填报人：　　　　填报日期：　　　年　　月　　日

检测项目	检测数	合格数/阳性数	合格率/阳性率
口蹄疫正向血凝（猪）	检测数	合格数	合格率
口蹄疫正向血凝（牛）	检测数	合格数	合格率
口蹄疫正向血凝（羊）	检测数	合格数	合格率
口蹄疫正向血凝（鸡）	检测数	合格数	合格率
H5 禽流感 HI（鸭）	检测数	合格数	合格率
H5 禽流感 HI（鹅）	检测数	合格数	合格率
鸡新城疫 HI	检测数	合格数	合格率
猪瘟正向血凝	检测数	合格数	合格率
鸡白痢平板凝集	检测数	阳性数	阳性率
鸡支原体凝集	检测数	阳性数	阳性率
牛结核变态反应	检测数	阳性数	阳性率
猪伪狂犬病酶联法抗体检测	检测数	阳性数	阳性率
猪蓝耳病酶联法抗体检测	检测数	阳性数	阳性率
马传贫琼扩	检测数	阳性数	阳性率
猪衣原体正向血凝	检测数	阳性数	阳性率
猪瘟荧光抗体	检测数	阳性数	阳性率
猪伪狂犬病酶联感染抗体检测	检测数	阳性数	阳性率
猪蓝耳病酶联感染抗体检测	检测数	阳性数	阳性率
猪传染性胸膜肺炎正向血凝	检测数	阳性数	阳性率
猪弓形体正向血凝	检测数	阳性数	阳性率
猪瘟酶联免疫抗体检测	检测数	阳性数	阳性率
猪瘟酶联病原检测	检测数	阳性数	阳性率
猪萎缩性鼻炎平板凝集	检测数	阳性数	阳性率
H9 禽流感 HI	检测数	合格数	合格率

385

续附录 B

月份	亚洲 I 型口蹄疫液相阻断 ELISA									马鼻疽变态反应			猪布病平板凝集			其他			其他			其他		
	猪			牛			羊																	
	检测数	合格数	合格率	检测数	合格数	合格率	检测数	合格数	合格率	检测数	阳性数	阳性率	检测数	阳性数	阳性率	检测数	阳性数	阳性率	检测数	阳性数	阳性率	检测数	阳性数	阳性率
月份	其他	阳性数	阳性率	其他	阳性数	阳性率	其他	阳性数	阳性率	其他	阳性数	阳性率	其他	阳性数	阳性率	其他	阳性数	阳性率	其他	阳性数	阳性率	其他	阳性数	阳性率
	检测数			检测数			检测数			检测数			检测数			检测数			检测数			检测数		

第三十九章 畜禽养殖场
消毒技术规范

(DB1302/T 450—2016)

本标准按照 GB/T 1.1—2009 给出的规则起草。

本标准由唐山市质量技术监督局提出。

本标准起草单位:唐山市动物疫病预防控制中心。

本标准主要起草人:张 军 刘志勇 张子佳 周忠良 李 颖 张晓利

董俊生 范 宇 严军生 陈建秋 李杏嫒 杨 凯

1 范围

本标准规定了畜禽养殖场的消毒对象、消毒方法、注意事项和消毒记录。

本标准适用于唐山市范围内畜禽养殖场的消毒。

2 规范性引用文件

下列文件对于本文件的应用是必不可少的。凡是注日期的引用文件,仅注日期的版本适用于本文件。凡是不注日期的引用文件,其最新版本(包括所有的修改单)适用于本文件。

GB 16548 病害动物和病害动物产品生物安全处理规程

GB 18596 畜禽养殖业污染物排放标准

NY/T 767 高致病性禽流感消毒技术规范

NY/T 1956 口蹄疫消毒技术规范

NY/T 1168—2006 畜禽粪便无害化处理技术规范

DB 1302/T 357 猪场清洁生产规范

3 消毒对象

3.1 畜禽体

畜禽的体表及浅表体腔。

3.2　环境

3.2.1　饲养畜禽的笼、舍、圈以及通往畜禽棚舍的通道及周围空间。

3.2.2　畜禽舍内的垫料、食槽、饮水器、畜禽排泄物等。

3.2.3　附属设施如饲料库、加工厂、供电、供水、供暖及饲养、清扫、运输工具等。

3.2.4　生活区。

3.3　人员

饲养员、防疫员、兽医等相关人员。

3.4　投入品

饲料、饮用水。

4　消毒方法

4.1　物理消毒法

畜禽养殖场常用的物理消毒法参见附录 A。

4.2　化学消毒法

畜禽养殖场常用的化学消毒剂参见附录 B。

5　不同消毒对象的常用消毒方法

5.1　紧急消毒

发生疫病时畜禽场应进行紧急消毒。养禽场按 NY/T 767 执行；养畜场按 NY/T 1956 执行,有芽孢杆菌污染的场所,用含 2.5%～3.5% 有效氯的漂白粉溶液喷洒地面,将表层土壤掘起 30 cm,混合漂白粉加水后原地压平。

5.2　预防性消毒

5.2.1　畜禽体消毒

采用喷雾消毒方法,选择对人和畜禽安全、无刺激的消毒剂,如季铵盐类、氧化剂类等。按养殖场具体情况确定消毒次数。

5.2.2　畜禽舍消毒

5.2.2.1　清扫和冲洗

清除粪便、垫料、剩余饲料等,保持料槽、水槽、用具、地面清洁。

5.2.2.2　消毒剂喷洒和熏蒸

清扫和冲洗干净后,用消毒剂进行喷洒和熏蒸。喷洒时,以表面湿润为宜,一般从离门远处开始,按墙壁、顶棚、地面顺序依次喷洒一遍后,再由内向外将地面重复喷洒一次。熏蒸消毒后关闭门窗 2～3 h,然后打开门窗通风换气。

5.2.3　舍外环境消毒

用高效、低毒、广谱的消毒剂进行定期消毒。

5.2.4　饮水和空气消毒

5.2.4.1 用含氯消毒剂等安全有效的消毒剂对饮水进行消毒。

5.2.4.2 利用紫外线辐射或熏蒸对空气进行消毒。

5.2.5 饮水器具消毒

对饮水器、水管及水箱浸泡、冲洗消毒。

5.2.6 粪便消毒

按 NY/T 1168 规定执行。

5.2.7 污水消毒

污水处理按 DB 1302/T 357 规定执行,污水的排放应符合 GB 18596 规定。

5.2.8 病死畜禽处理

病死畜禽送无害化处理场,病死畜禽的处理应符合 GB 16548 规定。

5.2.9 更衣室消毒

采用紫外灯消毒。

5.2.10 运载工具消毒

装运健康畜禽及其产品的运载工具,机械清除后用消毒剂喷洒;装运病原污染的畜禽及其产品的运载工具,应先用消毒剂喷洒,然后机械清除,再用含 3%~4% 有效氯的漂白粉或 2%~3% 烧碱溶液洗涤,0.5 h 后再重复进行一次上述消毒过程。

5.2.11 人员消毒

进入生产区前先淋浴,更换工作服和胶靴等,隔离一定时间后方可进入生产区。

6 注意事项

6.1 应选用广谱、高效、低毒以及使用方法简便易行的消毒剂。

6.2 酸类和碱类药物、氧化剂和还原剂、卤素类和其他类消毒剂等不得同时使用。

6.3 使用强酸类、强碱类及强氧化剂类消毒剂后,应用清水彻底冲洗。

6.4 根据不同病原特性和不同消毒对象,选择不同的消毒剂。

6.5 消毒剂应现配现用,在规定时间内用完。

6.6 消毒操作人员应做好自我保护,穿戴手套、胶靴和眼罩等防护用品。

7 消毒记录

包括消毒日期、消毒场所、消毒剂名称、消毒浓度、消毒方法、操作人员等,记录应保存 2 年以上。

附录 A

（规范性附录）
畜禽养殖场常用的物理消毒法

A.1　畜禽养殖场常用的物理消毒法

　　见表 A.1。

表 A.1　畜禽养殖场常用的物理消毒法

消毒方法	处理方法	主要设备	适宜用途	安全性
煮沸灭菌	100℃,15～30 min	煮锅、煮沸消毒器	耐热物品	无害
高压蒸汽灭菌	121℃,103 kPa,20～30 min	高压灭菌器(手提、立式、卧式压力锅等)	耐热耐压物品	无害
干燥消毒	140℃,4 h 160℃,2 h 170～180℃,1 h 280℃,15 min(真空)	干燥箱	耐热物品	无害
紫外线照射消毒	2.5 W/m²,1 h 以上	紫外灯及固定、移动设备	空气、薄层透明液体	防止发生臭氧中毒
火焰消毒	火焰喷射	火焰喷灯	耐火物品,墙壁、笼具等	防止烧伤及火灾等

附录 B
（规范性附录）
畜禽养殖场常用的化学消毒剂

B.1 畜禽养殖场常用的化学消毒剂

见表 B.1。

表 B.1 畜禽养殖场常用的化学消毒剂

类别	药名	理化性质	用途与用法
醛类	甲醛溶液	无色或几乎无色的澄明液体（含不低于 36% 的甲醛），有刺激性臭味、能刺激鼻喉黏膜，在冷处久置易发生浑浊，能和水或乙醇任意混合	熏蒸消毒，15 mL/m³
	戊二醛溶液	无色或淡黄色的澄明液体（含 20% 戊二醛），有刺激性臭味，轻摇时产生多量泡沫，能与水或乙醇任意混合	喷洒、清洗或浸泡；环境或器具（械）消毒，口蹄疫 1:200 稀释，猪水疱病 1:100 倍稀释，猪瘟 1:10 倍稀释，鸡新城疫和法氏囊病 1:40 倍稀释，细菌性疾病 1:500～1:1 000 倍稀释
酚类	甲酚皂	为黄棕色至粉棕色的黏稠液体，带甲酚的臭气，能与乙醇混合成澄清液体，与水混合成乳状液体	配成 5%～10% 溶液。用于器械、厩舍、场地、排泄物的消毒
醇类	乙醇	无色透明液体，易发辉，易燃，可与水任意混合	75% 溶液用于皮肤、小件医疗器械等消毒
季铵盐类	苯扎溴铵（新洁尔灭）	无色或淡黄色的澄明液体，芳香，味极苦，强力振摇则发生多量泡沫，遇低温可能发生浑浊或沉淀	0.01% 溶液用于创面消毒；0.1% 溶液（以苯扎溴铵计）用于皮肤、手术器械消毒。禁与肥皂、盐类配伍，不宜用于眼科器械和合成橡胶制品的消毒
	度米芬	白色或微黄色片状结晶，无臭或微臭，味苦，振摇水溶液则发生泡沫，在乙醇或氯仿中极易溶解，在水中易溶，在丙酮中略溶，在乙醚中几乎不溶	0.02%～0.05% 溶液用于创面、黏膜消毒；0.05%～0.1% 溶液用于皮肤、器械消毒。禁与肥皂及盐类和其他合成洗涤液配伍；避免使用铝制容器；金属器械消毒时加 0.5% 亚硝酸钠防锈
	月苄三甲氯胺溶液	无色或淡黄色的澄明液体，味苦，强力振摇则发生多量泡沫	畜禽舍消毒。喷洒 1:300 倍稀释；器具浸泡 1:1000～1:1500 倍稀释。禁与肥皂、酚类、酸类、磷化物等混用
	醋酸氯己定（醋酸洗必泰）	白色或几乎白色的结晶性粉末，无臭，味苦，乙醇中溶解，水中微溶	0.5% 醇（70%）溶液用于皮肤消毒；0.05% 溶液用于黏膜及创面消毒；0.02% 溶液用于手消毒；0.1% 溶液用于器械消毒。本品不能与肥皂等碱性物质和阳离子表面活性剂混用；金属容器消毒时，加 0.5% 亚硝酸钠防锈

续表 B.1

类别	药名	理化性质	用途与用法
氧化剂类	过氧乙酸	无色透明酸性液体,易挥发,具有浓烈刺激性,不稳定,对皮肤、黏膜有腐蚀性	0.1%溶液用于清洗,浸泡食槽、水槽等饲养工具消毒,作用 30～60 min;0.2%溶液用于喷洒运载工具、厩舍、器械和污染环境消毒,作用 30～60 min;3%～5%溶液熏蒸消毒,作用 60～90 min
	过氧化氢溶液	无色澄清液体,无臭或有类似臭氧味,遇氧化物或还原物即迅速分解并发生泡沫,遇光易变质	3%溶液用于清洗化脓性创口等
	高锰酸钾	深紫色、细长的菱形结晶或颗粒,带蓝色的金属光泽,无臭,与某些有机物或易氧化物接触,易发生爆炸,在沸水中易溶,水中溶解	0.05%～0.1%溶液用于腔道冲洗及洗胃;0.1%～0.2%溶液用于创伤清洗
卤素类	碘酊	红棕色的澄清液体,有碘与乙醇的特臭	2%碘酊用于术前或注射前的皮肤消毒;2%碘溶液用于皮肤的浅表破损或创面消毒
	聚维酮碘溶液	红棕色的澄清液体	5%溶液用于皮肤消毒及治疗皮肤病;0.5%～1%溶液用于奶牛乳头浸泡;0.1%溶液用于黏膜及创面冲洗
	含氯石灰(漂白粉)	灰白色颗粒粉末,有氯臭,空气中吸收水分遇二氧化碳缓慢分解,水或乙醇中部分溶解	每50 L水加1 g含25%有效氯的漂白粉用于饮水消毒;5%～20%混悬液用于畜禽舍消毒
	氯铵 T	白色结晶。有氯臭味,置空气中易分解,变为黄色并放出氯气,水中易溶	0.5%～2%溶液用于皮肤和伤口消毒;0.2%～0.3%溶液用于眼、鼻、阴道黏膜消毒;10%溶液用于毛、鬃消毒;1∶150 000 倍稀释用于饮水消毒
酸类	醋酸	含醋酸36%～37%的水溶液,无色澄清液体,味极酸	0.1%～0.5%溶液用于阴道冲洗;0.5%～2%溶液用于感染创面冲洗;2%～3%溶液用于口腔消毒
碱类	氢氧化钠(烧碱)	白色棒状、块状、片状,易溶于水,碱性溶液,易吸收空气中的二氧化碳	适用于厩舍、饲槽、运载工具、奶牛场地面草地等消毒;0.5%溶液用于煮沸消毒敷料备品等;2%用于口蹄疫、猪瘟、水疱病等病毒感染和猪丹毒、仔猪副伤寒、鸡白痢等细菌感染消毒;5%用于炭疽感染消毒
	生石灰	白色或灰白色块状、无臭、易吸水生成氢氧化钙	10%～20%石灰乳用于涂刷畜禽舍墙壁、畜禽围栏等消毒